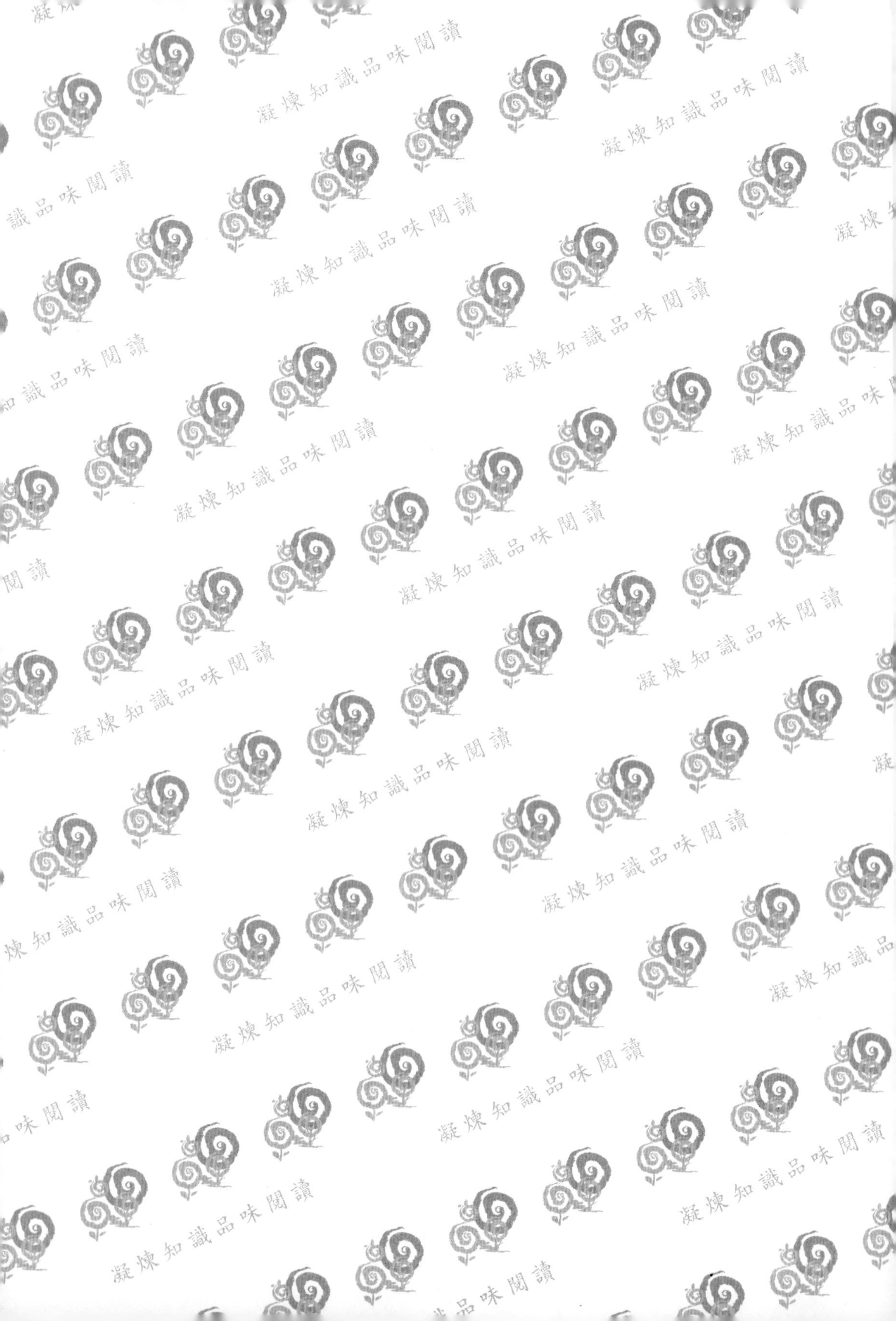
凝煉知識品味閱讀

半導體雷射導論

Introduction to Semiconductor Lasers

盧廷昌 王興宗 著

五南圖書出版公司 印行

序

半導體雷射已經成為當今科技生活中許多實際應用所需的重要光電主動元件，舉凡在光纖通信、高密度光儲存、條碼掃描、雷射列印等光電產品中需要用到半導體雷射，其他更包括娛樂、生醫、軍事、顯示和照明等重要領域上也需要用到半導體雷射，使得半導體雷射發展成為二十一世紀最重要的光電元件之一。半導體雷射發光波長包括了自遠紅外光、近紅外光、可見光以及藍紫外光的範圍，除此之外，目前半導體雷射發光波長的研究正繼續朝此頻譜的兩端：一邊往更短的波長紫外光和另一邊進入兆赫波的範圍發展。因此，能夠瞭解半導體雷射的基本物理並認識其操作的原理，對理工相關專業的大(專)學生以及實際需要接觸到相關半導體雷射的科技從業專員而言是非常重要的。

本書編排成可為講授半導體雷射的基礎教科書，亦可當成一本修習半導體雷射的參考教材，可適用於大(專)學三、四年級以及研究所一年級以上相關科系的學生，或是適用於想要了解半導體雷射的操作原理與元件特性相關領域的專業人員。本書的讀者需要具備在工程數學、近代物理與電磁學方面的基礎知識，若具有半導體物理方面的基礎背景會更好，而本書會針對半導體雷射相關的光電半導體物理作一系列的討論，儘管半導體雷射屬於量子光電元件的一種，但是本書的讀者並不需要具備量子物理的基礎，本書將會循序漸進地針對半導體雷射有關的量子結構作詳細的介紹。

本書共有五章。第一章回顧半導體雷射的發展過程與關鍵技術，我們將簡要地說明異質接面如何改善早期半導體雷射的特性，使其能在室溫下操作，此外，我們將簡介半導體雷射的基本操作原理與半導體雷射的特性，以及其相對於其他種類雷射器件的優點與廣泛的應用。第二章介紹基本光電半導體物理的概念，以幫助讀者瞭解半導體雷射中所使用的光電半導體材料的操作原理與特性，由於半導體雷射的操作是在高載子注入的條件下，我們將介紹準費米能階，以應用在高注入條件下計算載子濃度的依據，此外我們將討論載子的再結合與產生的機制。第三章將接著介紹如何把電子和電洞注入到主動層的 *p-n* 接面。*p-n* 接面為一般發光元件，如發光二極體與半導體雷射的重要結構之一，我們會針對同質接面與異質接面作一連貫的討論，接著我們會詳細的介紹使半導體雷射在室溫下操作的雙異質結構以及討論這些不同接面的注入效率，之後我們會說明雙異質結構應用到一般發光二極體的結構以及其輸入電流與輸出光功率之間的關係。第四章將介紹半導體雷射的主動層中電光轉換的部份，也就是增益介質將光放大的特性，我們會先用二能階的模型來介紹光和介質的三種交互作用，即受激吸收，受激放射以及自發放射，接著推導出居量反轉的條件，再推廣到半導體的系統中求得半導體的增益係數，我們會介紹方便實用的近似方式來將半導體的最大增益表示為輸入載子濃度或電流密度的函數，此函數可作為下一章推導半導體雷射特性的基礎。由於現今大部分的半導體雷射，其主動層都是量子井的結構，我們將以量子力學中的一維量子井的問題來說明與認識量子井結構的特性，並推導在能階量化下的 *E-k* 關係、能態密度，以求得費米能階與載子分佈的關係，最後求得量子井中的增益頻譜。此外，我們也將討論透明電流密度的概念與推導。第五章討論雷射振盪的條件與連續操作的特性。我們將建立出雷射振盪的兩組條件，包括振幅條件與相位條件。一開始，我們先介紹半導體雷射的共振腔結構、以及共振腔與主動層的相對位置；接下來我們使用振幅條件推導出自發性輻射和受激放射的閾值條件，進而得到雷射中最基本且重要的觀念－"閾值條件為增益等於損耗"，接著就可以求得閾值載子濃度與閾值電流和雷射結構中的各種參數包括：材料增益、內部損耗、雷射腔長與鏡面反射率的關係。半導體在達到閾值條件前，為發光二極體的狀態，其自發性輻射的頻譜很寬，而在閾值條件以上時，雷射光的頻譜縮減到很窄，我們將討論半導體雷射隨著注入載子密度的變化發光頻譜如何演變，以及我們將說明決定雷射光單頻波長的機制為何。同時我們將討論外在溫度如何影響半導體雷射的閾值電流密度與振盪波長的表現。另外，我們將介紹垂直共振腔面射型雷射的特點、以及與傳統邊射型雷射上特性的差異。接下來，我們會推導在閾值條件以上雷射光輸出的功率和注入電流的關係得到的 L-I 曲線，進而討論半導體雷射的操作效率包括：斜率效率、微分量子效率與整體效率。最後，我們介紹半導體雷射的速率方程式，引入載子生命期、光子生命期、自發性輻射因子等參數，列出載子密度與光子密度的速率方程式來推導半導體雷射的閾值條件與輸出特性。

本書在章節中編排了許多範例，這些範例不僅可幫助讀者熟悉半導體雷射材料與元件的概念，更可讓讀者迅速明瞭在書中所討論到的一些半導體物理參數的數值大小，使讀者學習到的概念更加實際與明確。在每章結束後，還列有許多習題，這些涵蓋了數值或分析的問題可供讀者在學習完該章節後有練習問題與推導公式的機會，而使用本書的教師也可以將這些習題作為學生的作業。為了讓讀者和教師擁有一本負擔不會太重的基礎用書，在此書中我們保留半導體雷射中最重要的觀念，而其他無法容納到本書中的內容，例如半導體雷射的製程與磊晶、半導體雷射的動態特性、DFB 雷射與面射型雷射的詳細分析與發展、半導體雷射劣化與信賴度測試以及一些最新的半導體雷射如光子晶體雷射的發展等，我們將會在未來將編寫的半導體雷射進階技術中一併討論，總而言之，本書所討論的範圍可提供欲深入了解半導體雷射一系列進階的主題完整的基礎。

本書的內容實源自這幾年在國立交通大學光電工程研究所開設的課程”半導體雷射”前半部的基礎教材，而修課的學生大多來自光電、電子、物理、與材料科系的大學部與研究所，本書內容的濃縮版本也成為美西 SPIE 會議中的短期課程的一部分，大多數參與短期課程的學員為來自世界各國的工業界與學術機構的專業人員，在這些授課的過程中，持續來自學員們的回饋與建議讓作者獲益良多，在此也感謝那些經常催促我們出版專書的學生們，因為他們終於可以不用再使用一本流傳已久的手抄版講義複印本！我們想感謝國立交通大學和光電工程研究所提供良好的授課環境，本書的完成經歷了很多不同版本的過渡與許多人的參與協助，我們要感謝努力打字且工作效率超高的研究助理麗君，也感謝碩博士班的學生家銘與宗憲設計出漂亮的版面與使用電腦軟體繪出許多精彩的圖表以及俊榮細心的數值驗算，此外，我們非常感謝國立交通大學光電系的郭浩中教授與陳瓊華教授對本書極為仔細的校稿，更感謝國立台灣大學的彭隆瀚教授給予本書極為受用的建議，我們同時想感謝史丹佛大學 A. E. Siegman 教授，因為他旺盛的精力與循循教誨的風範，持續激發我們完成此書。

最後，作者要深深感謝在寫書過程中不斷給我們鼓勵和支持的妻子竹美與詠梅。

王興宗

盧廷昌

2008 于交大

目錄

第三章 光電半導體異質接面 133

第四章 光增益與光放大 203

第五章 半導體雷射振盪條件與連續操作特性 277

第一章

半導體雷射簡介

1.1 半導體雷射的發展與演進

1.2 半導體雷射的基本操作原理

1.3 半導體雷射的特點

1.4 半導體雷射的材料與應用

在本章中，我們將先回顧半導體雷射的發展過程與開創性的關鍵技術，特別是異質接面(Heterojunction)的發明，促使半導體雷射從實驗室的新奇發明走出到人類生活中成為處處可見的基本應用，我們也將概要地說明異質接面如何改善早期半導體雷射的特性，使其能在室溫下操作；而雙異質接面(Double Heterojunction, DH)也成為現今半導體雷射的基本結構。值得一提的是這些在三十年前發明異質接面的科學家們(Zhores I. Alferov 和 Herbert Kroemer)在 2000 年獲得諾貝爾物理獎，以獎勵他們發展半導體異質結構對高速及光電半導體元件的偉大貢獻！此外，我們也將在本章中簡介半導體雷射的基本操作原理與半導體雷射的特性，以及其相對於其他種類雷射器件的優點與廣泛的應用。

1.1 半導體雷射的發展與演進

雷射的概念源自於西元 1958 年由 Schawlow 和 Townes 所提出[1]，而後由 Maiman 在西元 1960 年率先製作出紅寶石雷射(Ruby Laser)[2]。在這不久之後，以半導體來製作雷射的可行性構想在西元 1961 年被提出來；而在西元 1962 年，同時有好幾個研究群發表以砷化鎵(GaAs)材料製作的半導體雷射[3-5]。此雷射的構造為簡單的 *p-n* 同質接面(Homojunction)結構，電子和電洞在 *p-n* 接面的空乏區(depletion region)作復合(recombination)，而光學回饋則由垂直於 *p-n* 接面之二拋光端面所形成的共振腔(resonant cavity)所提供。然而此種半導體雷射的閾值電流密度(threshold current density)非常高(J_{th} > 50 KA/cm^2)，使得這種只能在低溫下以脈衝模式(pulsed mode)操作的半導體雷射無法有實際應用之價值。

西元 1963 年，Kroemer 和 Alferov 分別提出使用**雙異質接面**(double heterojunction)結構，即將**能隙**(bandgap)較小的材料置於二能隙較大之半導體材料夾層中，將可改善半導體雷射的特性進而達到室溫**連續模式**(continuous mode)操作。直到 1969 年，Kressel，Hayashi 以及 Alferov 等人分別以**液相磊晶**(liquid-phase epitaxy, LPE)的技術製作出可在室溫下操作的 $GaAs/Al_xGa_{1-x}As$ 雷射，其閾值電流密度為 J_{th} = 5 KA/cm^2，但仍為脈衝模式操作。西元 1970 年，Hayashi 與 Alferov 等人分別實現可在室溫下連續模式操作的半導體雷射，其 J_{th} 亦降低至 1.6 KA/cm^2，而其雷射結構正是使用雙異質接面，此項突破為半導體雷射發展中最重要的里程碑，因為可在室溫下連續操作的半導體雷射將可以走出實驗室，成為許多實際應用如光纖通訊、光儲存等重要的光輸出元件！而在其後的發展中，研究人員開始探討並改良半導體雷射的**信賴度**(reliability)與壽命。到了 1976 年，根據**加速壽命測試**(accelerated life test)的結果，半導體雷射在室溫下操作的壽命預估可達 5×10^4 小時，此穩定的操作壽命更加確立半導體雷射在光電系統應用中的重要地位。第一台使用半導體雷射的雷射印表機於 1977 年問世，而幾年後，使用半導體雷射的 CD 光碟機出現，使得光儲存成為半導體雷射的最大應用領域之一。

到了 1980 年代，由於製程技術的進步，如使用**氣相磊晶**(vapor-phase epitaxy, VPE)和**分子束磊晶**(molecular-beam epitaxy, MBE)等技術，可製作出具有**量子井**(quantum well)結構為**主動層**(active layer)的半導體雷射，這種非常薄(小於 300 Å)的量子井結構雷射可使閾值電流降低並增加**調制響應**(modulation response)的速度，這使得量子井結構成為大部分半導體雷射所採用的主動層結構。至此，半導體雷射的發展邁向成熟期，更多半導體雷射的應用被開發出來，而不同的半導體材料的發展，使得半導體雷射可操作的發光波長更加拓展，從紅外光、遠紅外光、到紅光可見光，甚至藍紫光等波段都有對應的半導體雷射。另外半導體雷射的結構發展，如**分布回饋**(distributed feedback, DFB)雷射對**單模**(single mode)操作的雷射元件非常重要，而**垂直共振腔面射型雷射**[6](vertical cavity surface emitting laser, VCSEL)有別於傳統**邊射型雷射**(edge emitting laser, EEL)，其雷射光的出射方向和雷射結構的 *p-n* 接面垂直，提供了許多應用上的優點。到了今日，仍有許多半導體雷射的技術在持續發展，如**量子線**(quantum wire)雷射、**量子點**(quantum dot)雷射、**光子晶體**(photonic crystal)雷射[7]等研究在進行；而在實際的應用上，半導體雷射已深入你我的日常生活領域，到目前為止，全世界累積統計所製作銷售的半導體雷射的數量已達數十億顆以上！

1.2 半導體雷射的基本操作原理

欲瞭解半導體雷射為何可應用在許多領域與系統中，首先我們必須先瞭解半導體雷射的操作原理與基本特性。本小節僅作扼要的概述，詳細的說明將會在之後的章節再做更有系統的討論。雷射基本上由四大部分組成，如圖 1-1 所示。(1)**增益介質**(gain medium)：具有可將在此介質中傳播的電磁波強度放大的功能；(2)增益介質之**泵浦**(pump 或 excitation)系統：提供能量給增益介質，使其具有放大電磁波強度的能力；(3)光學共振腔：可提供電磁波回饋的機制以儲存能量；(4)**輸出耦合**(output coupler)：可將光學共振腔中的雷射光輸出到共振腔外，而成為可供利用的雷射光。

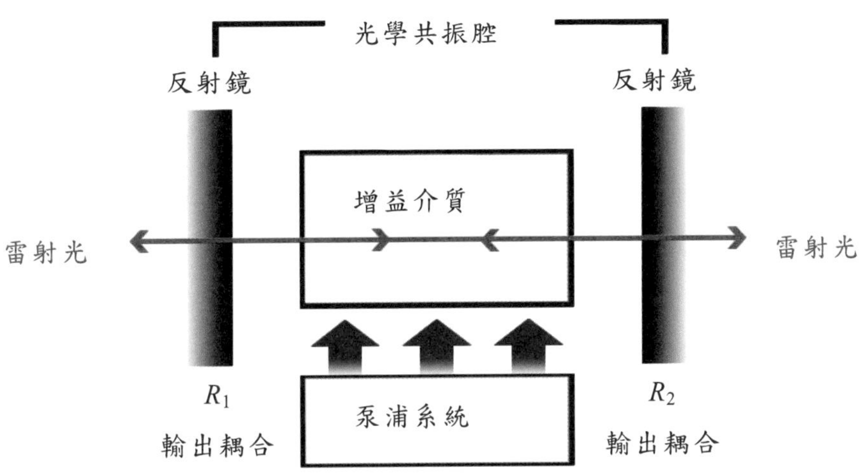

圖 1-1　簡易的雷射模型與其構成的要件

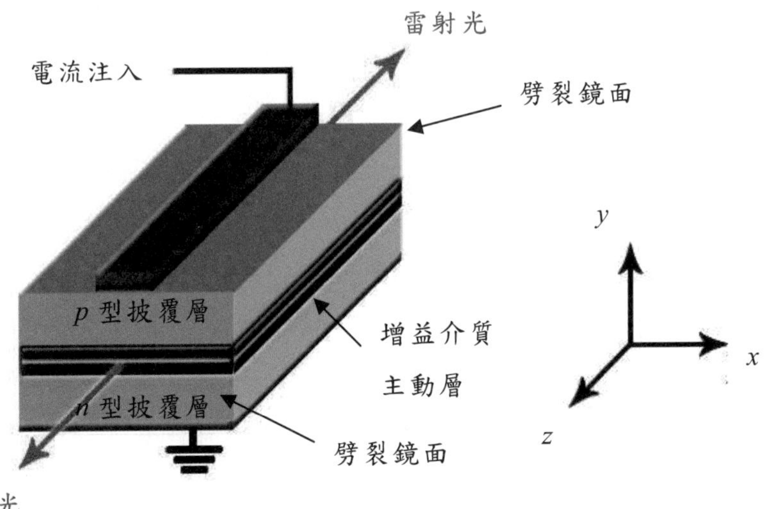

圖 1-2　雙異質結構半導體雷射示意圖

圖 1-2 為雙異質結構邊射型雷射(edge emitting laser, EEL)的示意圖。在半導體雷射中，增益介質即為主動層，而主動層通常被上、下二層能隙較大的 *p* 型及 *n* 型的半導體材料所披覆形成所謂的雙異質結構，而泵浦動作是當此 *p-n* 接面在順向偏壓時，電子經由 *n* 型披覆層與電洞經由 *p* 型披覆層注入至主動層，使主動層產生大量的電子與電洞經由復合(recombination)而放出光。另外一方面，此異質結構又具有光波導(waveguide)的功能，可使雷射光侷限在主動層上。半導體雷射的光學共振腔由垂直於 *p-n* 接面二端，直接由劈裂所形成的一對平行鏡面所構成，此對劈裂鏡面(cleaved facet)間的距離即為雷射共振腔的長度，在此邊射型雷射的結構中，雷射共振腔的長度正好與主動層的長度一致。由於此對劈裂鏡面的反射率不是百分之百，半通透的雷射劈裂鏡面即可提供光輸出耦合的功能。

1.2.1 主動層之 *p-n* 雙異質接面

p-n 接面可說是半導體雷射的核心，也說明了半導體雷射為何又被稱為雷射二極體的原因，圖 1-3(a)為 *p-n* 雙異質接面在偏壓 $V = 0$ 時的能帶圖(band diagram)，能帶圖中主要包含導電帶(conduction band)，價電帶(valence band)以及費米能階(Fermi level)，這些能帶的形成與性質將會在第二章中有詳細的討論。當偏壓為零時，電子與電洞在各層中呈現熱平衡(thermal equilibrium)狀態，費米能階呈現水平，亦即表示電子與電洞不會在各層之間移動。當此 *p-n* 接面受到外加的順向偏壓時，電子與電洞的能量將會逐步克服原本平衡狀態下的接面能障(energy barrier)而擴散(diffusion)至主動層中，當外加偏壓約為 E_g/e (E_g

為主動層之能隙大小，e 為電子電量)時，電子與電洞可大量注入主動層中，而主動層內的載子分佈已不處於熱平衡狀態，因此載子分佈改由二個準費米能階(quasi Fermi level)所描述，而此二個準費米能階之間的能量差異約為 E_g。儘管電子與電洞可大量地由 n 型披覆層與 p 型披覆層注入主動層，但雙異質結構的能帶構造卻可以阻止電子或電洞進一步往 p 型或 n 型披覆層擴散，使得電子與電動被侷限在主動層中，有效地提升電子與電洞復合的機率，如圖 1-3(c)所示，電子與電洞復合後，所放出的光子能量即約為主動層能隙 E_g 的大小。

1.2.2 雙異質結構的波導特性

欲達到有效率的雷射操作，雷射光場分佈最好要被侷限在主動層附近，而雙異質結構恰好可提供光侷限的功能。如圖 1-4(a)所示，能隙較小的主動層具有較大的折射率 n_2，而二側能隙較大的披覆層具有較小的折射率 n_1，此折射率的差異可使主動層扮演類似光波導的作用，如圖 1-4(b)的黑線所示，當在主動層中傳播的光波遇到了異質接面會產生反射與折射，當入射光和異質接面法線方向的夾角大於臨界角(critical angle)時，此入射光將不會折射透入披覆層，而會永遠在主動層中以全反射的形式來回傳遞，其在 y 方向的光場分佈(紅線)如圖 1-4(a)所示，和主動層在空間上有良好的重疊。

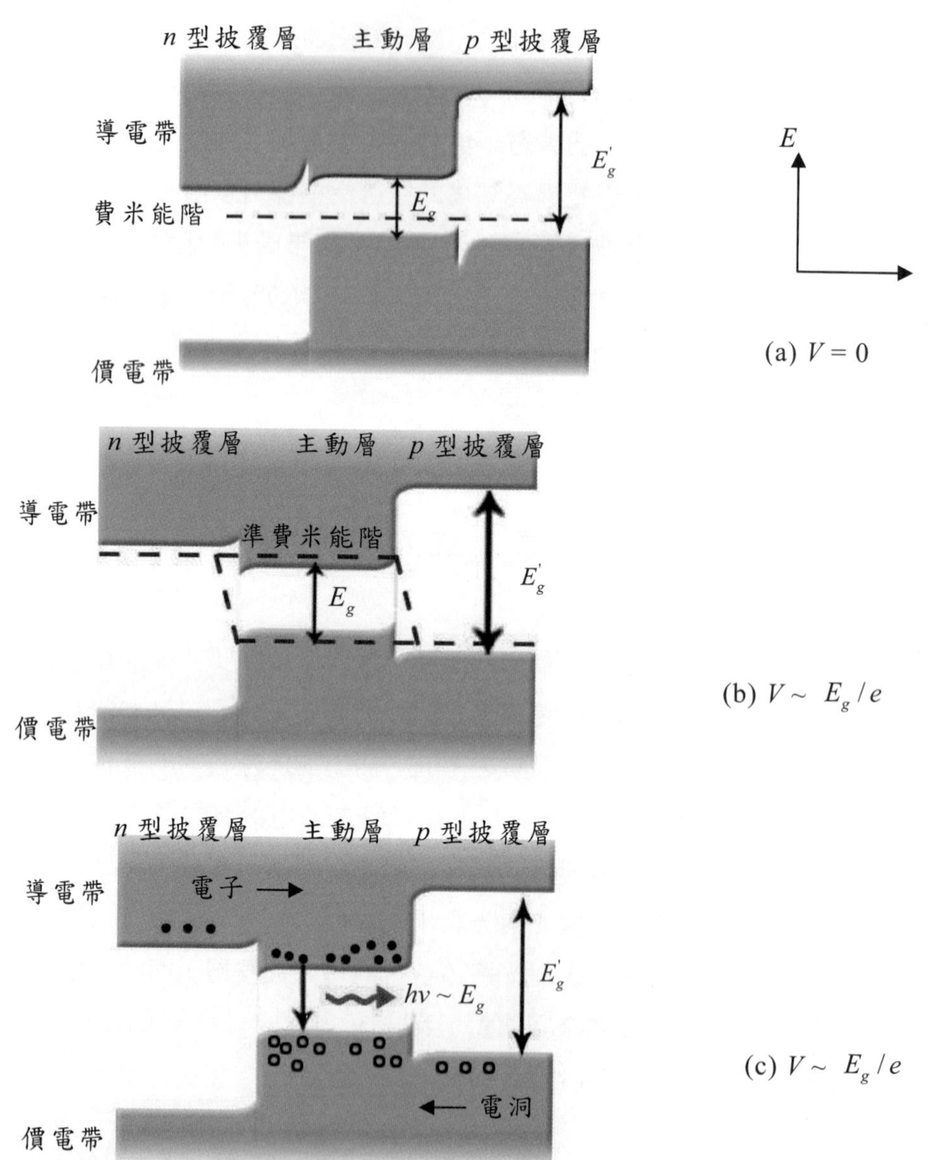

圖 1-3　p-n 雙異質接面的能帶圖(a)當外加偏壓 $V = 0$；(b) $V = E_g/e$；(c)順向偏壓時電子與電洞分佈與流動的示意圖

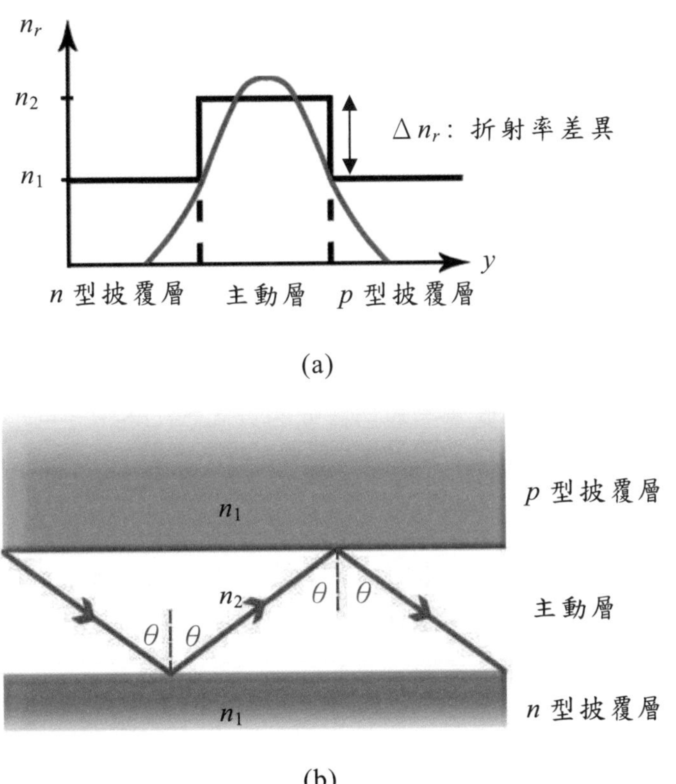

圖 1-4 (a)雙異質結構的折射率(黑線)與光場分佈(紅線)之示意圖；(b)雙異質雷射結構所提供的光波導特性

1.2.3 復合與放光機制

當電子與電洞注入主動層後，將開始進行電子與電洞復合的動作。復合的過程主要有兩種，可分為不會放出光子的**非輻射復合**(non-radiative recombination)以及會放出光子的**輻射復合**(radiative recombination)，當然只有輻射復合能產生光子，若能有效地降低非輻射復合的機率將可提升雷射操作的效率。而輻射復合中，又可分為自發放射(spontaneous emission)與受激放射(stimulated emission)，如圖1-5 所示。在自發放射中，電子與電洞會自發性地復合，其所放出的光子並沒有固定的方向，由於復合的過程是隨機產生的，因此自發放射所產生的光子與光子之間的相位(phase)毫無關聯，一般的發光二極體(light emitting diode, LED)所放出的光子即為此種自發放射。相對地，受激放射則需要一個原始光子做為誘導，促使電子與電洞復合放出光子，而這個放出的光子其放射的方向、能量大小與相位皆與原始誘發之光子相同，因此受激放射能使光以同調(coherent)的方式放大，所產生的雷射光具有獨特的性質：如單光性(monochromatity)、指向性(directionality)與同調性等特點。由於受激放射可以使入射光子的數目增加，可等同於將入射光放大，我們可以使用增益係數(gain coefficient)來描述光被放大程度的一個參數，關於增益係數的推導我們將在第四章有詳細的說明。由於具有直接能隙(direct bandgap)的半導體材料具有非常有效率的輻射復合，再加上具有非常大的能態密度(density of states)可供電子電洞填入，使得半導體材料的增益係數相對於傳統雷射的增益介質(如氣態雷射、固態雷射等)而言要大上許多，這使得半導體雷射的體積可以有效縮減。

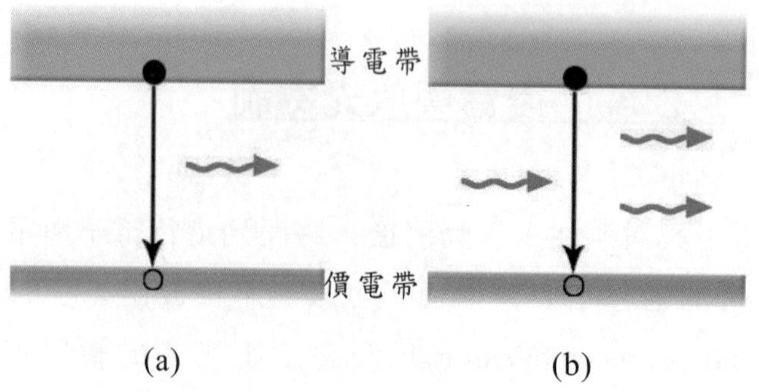

圖 1-5 (a)自發放射與；(b)受激放射的示意圖

1.2.4 自發放射與受激放射的分界：雷射閾值(laser threshold)

一旦電子與電洞注入至主動層中，雖可產生自發放射與受激放射，但唯有到達閾值電流(I_{th})之後，半導體雷射的光輸出才會由受激放射主導，如圖 1-6 所示。這是因為受激放射和光吸收(absorption)與損耗(loss)相互競爭，而這些光吸收和損耗的來源包括光子重新激發出電子電洞對而消失、光子藉由散射(scattering)而離開共振腔，或是光子由二端鏡面離開共振腔等損耗。當少數電子、電洞注入主動層中時，尚未達到居量反轉(population inversion)，主動層不具有足夠的增益來達到光放大的作用，此時電子電洞的復合大部分為自發放射，亦即是 LED 操作的階段；當電子電洞的注入增加時，主動層的增益開始大於零，此時的主動層不會吸收也不具放大光的能力，這個階段稱之為透明條件(transparency condition)；在此狀態下若沒有適當的光學回饋使光子能保存在主動層中，仍然很難發出雷射光，當我們加入光學共振腔，使光子能有效地存在共振腔中，加大電子與電洞的注入，使得主動層中的增益能補償光子在共振腔中的其他損耗時，即達到雷射閾值(laser threshold)。在閾值電流(threshold current)以上，電子電洞以受激放射復合放出光子，由於此復合的速率非常高且與光子數且成正比，使得半導體雷射的內部量子效率(internal quantum efficiency)可接近 100%，而雷射的光輸出也隨著輸入電流呈現線性的快速增加。這些雷射的操作特性會在第五章中有詳細的討論。

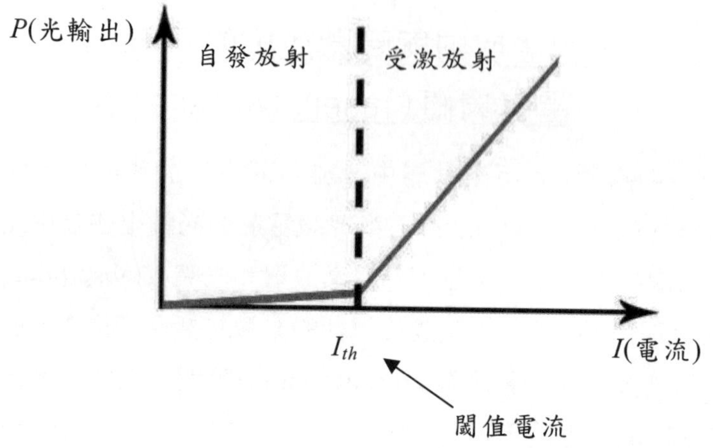

圖 1-6　半導體雷射輸入－輸出特性曲線圖

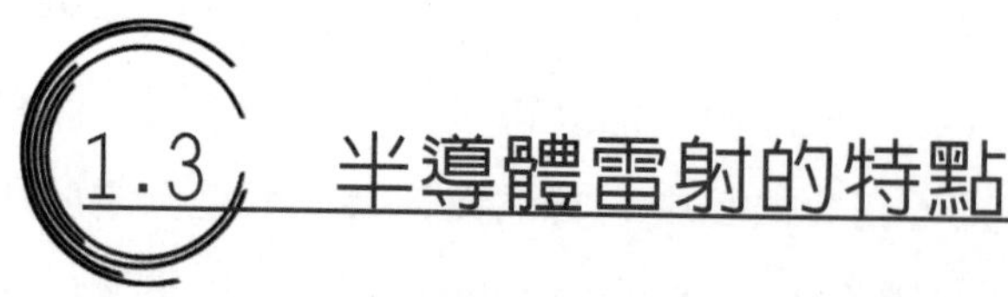

1.3 半導體雷射的特點

半導體雷射有許多優異的特性，使其能廣泛地應用在許多層面中。以下就半導體雷射的特性予以簡單的說明：

(1) **具有極小的體積與極輕的重量**：如前節所述，具有直接能隙的半導體材料具有非常大的增益係數(約為 100 cm^{-1} 以上)，對應的雷射共振腔的長度只要約數百微米即可達到閾值操作，而且縱方向的面積大約也只有數百微米乘上一百微米左右，體積及重量均也微型化，極有商業應用的潛力！

(2) **整合的雷射系統構造**：傳統氣態或固態雷射系統需要分別組合增益介質，泵浦系統、以及雷射反射鏡形成雷射共振腔；相對地，半導體雷射單體即整合了上述所有雷射的套件，其中增益介質和泵浦系統由 *p-n* 雙異質結構所組成，而光學共振腔直接由劈裂鏡面形成，使得半導體雷射在應用上更具彈性與整合其他元件的能力。

(3) **低操作電壓**：由圖 1-3(c)可知雷射的操作電壓和主動層的能隙(或雷射光的光子能量)有關，一般而言，在可見光或紅外光的波段下，只要數伏特即能驅動雷射二極體，這種低操作電壓的特性，和一般積體電子電路的操作電壓範圍相近，使得半導體雷射容易整合至電子電路系統中。

(4) **高效率和低耗能**：半導體雷射將注入載子轉換成雷射光子的效率非常高，一般而言可達數十百分比以上，加上半導體雷射的低操作電壓，使得一般數十毫瓦功率輸出的雷射元件僅需要相當低的輸入功率。

(5) **可操作的溫度範圍大**：半導體雷射除了可以在室溫下操作外，還可容忍許多嚴苛的環境溫度，如高溫的沙漠或是低溫的極地都可適用。

(6) **可直接調制的特性**：由於半導體雷射可直接由電流注入操作，因此半導體雷射元件可直接將類比(analog)或是數位(digital)的信號加在輸入電流中而產生對應的光輸出之調制信號。而大部分的雷射二極體的調制頻率可達到數個 GHz。

(7) **波長可調整的範圍大**：由於半導體雷射的**增益頻寬**(gain bandwidth)很大(約有數十 nm)，因此在增益頻寬範圍下雷射輸出波長的可調性也可以達到數十 nm 左右。

(8) **可供應的雷射波長多**：由於半導體雷射輸出波長取決於主動層材

料的能隙大小，藉由適當選擇不同的半導體材料，雷射的波長可從近紫外光、可見光，以及到紅外光等波段。

(9) 信賴度高、操作壽命長：雷射二極體的構造緊實，不包含需要更換保養的部份，因此信賴度高，而其操作壽命一般皆可達一萬小時以上。

(10) 具有可量產的特性：雷射二極體的製程相容於一般半導體的平面製程步驟，加上雷射二極體的體積很小，非常容易大量且快速地生產。

(11) 可相容於其他半導體元件：半導體雷射因體體積小，操作電壓低，可輕易地和其他半導體元件整合，例如可和驅動電子元件、光偵測二極體以及調制器整合成光電積體迴路(optoelectronic integrated circuit, OEIC)。

1.4 半導體雷射的材料與應用

前節介紹的半導體雷射的優異特性，使得半導體得以迅速的發展並應用在許多不同的領域上，舉凡光纖通信[8]，光儲存[9]，高速雷射列印[10]，雷射條碼識別，分子光譜與生醫應用，軍車用途，娛樂用途、測距與指示以及近期的雷射滑鼠等深入生活各個層面。而新的半導體材料不斷地發展，大大拓展了半導體雷射可應用的波長範圍。

從圖 1-7 可知，半導體雷射的波長可從紅外光、可見光到藍紫光波段，而選擇適當材料形成雙異質雷射結構的關鍵在於是否能形成高品質的異質接面，欲形成高品質的異質接面端賴接面二側材料的晶格常數差異要夠小以及減少晶格缺陷(defect)的產生。如圖 1-7 所示，不同的五族化合物(compound)系統大致上決定材料發光的範圍。由於放射的光子能量 $E = h\nu$大致等於材料的能隙大小，因此雷射光的波長可由半導體材料的能隙 E_g 計算出來。如果 E_g 的單位是電子伏特，則波長(單位為微米)的值為：

$$\lambda \cong \frac{1.24}{E_g} \tag{1-1}$$

例如，以 As 為五族材料，搭配 Ga 和 Al 形成 $Al_xGa_{1-x}As$ 三元(ternary)合金(alloy)，其能隙的大小為 $E_g(x) = 1.424+1.247x$ $(0 \leq x \leq 0.45)$，單位為電子伏特(eV)，而其發光的波長落在近紅外光波段，傳統 CD 用的雷射(波長為 780 nm)即是採用此三元合金。又如以 P 為五族材料，搭配 Ga、Al 和 In 形成 $In_{0.5}(Al_xGa_{1-x})_{0.5}P$ 的四元(quaternary)合金，其能隙大小 $E_g(x) = 1.91+0.61x$ $(0 \leq x \leq 0.53)$，其發光的波長落在紅、橙光附近，為可見光 LED 與紅光 DVD 用雷射所採用的材料系統。

另外像近十年來蓬勃發展的氮(N)化物材料，搭配 Ga,Al 和 In 可形成三元或四元的合金，其發光波長可涵蓋紅外光、可見光到紫外光，具有極寬廣的波長選擇性，然而由於異質接面晶格常數匹配的問題，實際上可製作出的發光元件波長有所限制，目前氮化鎵 LED 的波長可從紫外光(380 nm)到綠光(550 nm)有商品化的產品，而次世代藍光 DVD 所使用的雷射二極體波長約為 405 nm，然而製作比 405 nm 波長更短或更長的半導體雷射仍為目前極具挑戰性的技術！

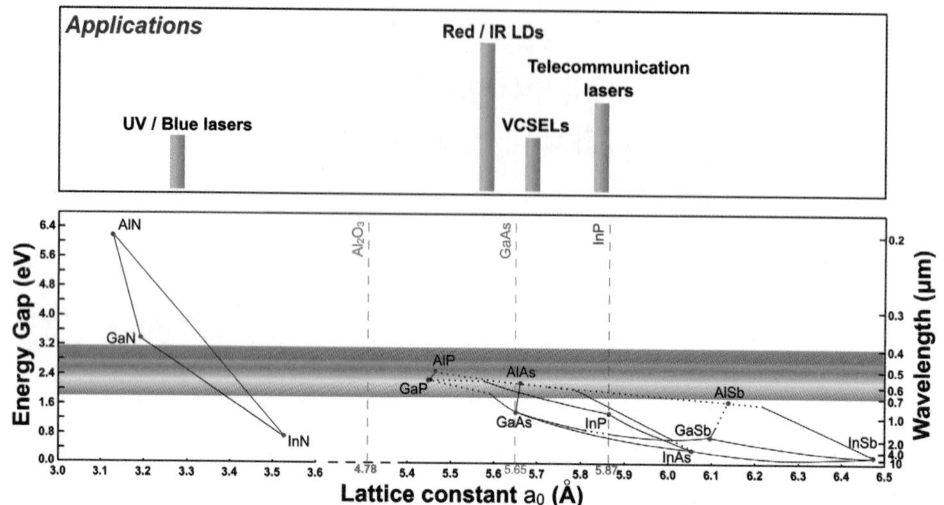

圖 1-7　顯示了半導體雷射常用材料的能隙與晶格常數(lattice constant)的大小，以及所對應的應用範圍

圖 1-8 列出半導體雷射的產值分布，由圖可知，光儲存用的半導體雷射的產值及數量是最多的，光通訊用的半導體雷射的市場銷售數量雖然不多(沒有顯示在圖 1-8 中)，但是其產值緊追在光儲存用的半導體雷射之後，事實上，在 2000 年以前，光通訊用的半導體雷射的市場產值是最高的，主要的原因是因為光通訊用的半導體雷射的單價較高所致。時至今日，雖然半導雷射已從原本實驗室中的研究品轉變成為隨處可見的消費性產品，半導體雷射新的發展仍持續不停歇，例如，其中一項新的發展是面射型雷射(VCSEL)的出現。相較於傳統邊射型雷射(EEL)，VCSEL 具有許多優點，其中包含了圓形且發散角小的輸

出光束，單一縱模(longitudinal mode)操作，不需要劈裂鏡面的製程步驟，可形成二維雷射陣列以及可在晶圓階段實施特性測試等大幅減少製造成本的優勢，目前短距離光纖乙太網路、雷射滑鼠等都已採用 VCSEL 為雷射光源。另一個新的發展是使用氮化物材料製作藍光與紫外光的雷射二極體，這些短波長的雷射光可使 DVD 光碟的儲存密度與容量提升數倍，此外，藍紫光雷射二極體具有相當大的潛力在開發高效率的節能固態照明系統以及生物醫療的感測分析系統上。

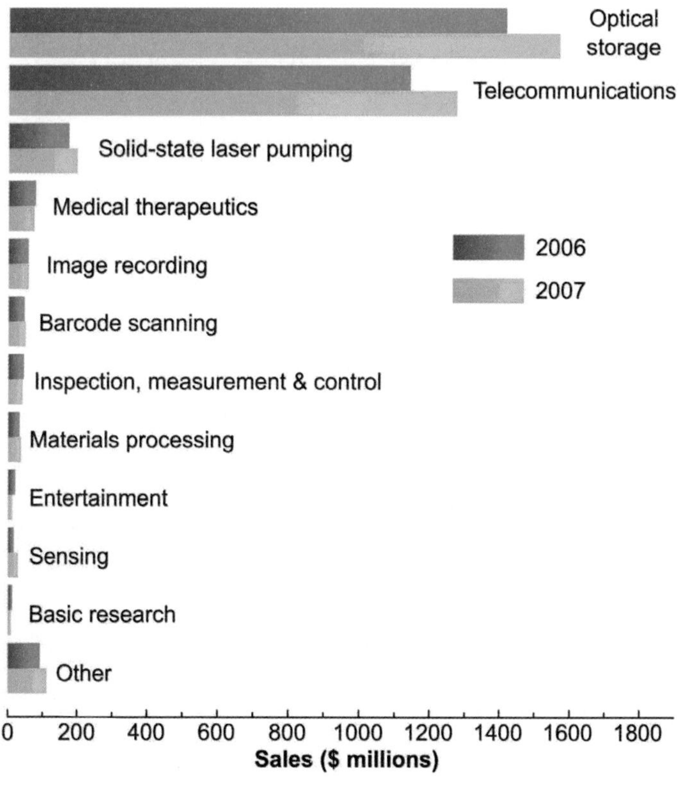

圖 1-8 2006 及 2007 年半導體雷射以應用領域別的產值

(取自 Laser Focus World 2007)

習題

1. 下列化合物半導體材料為半導體雷射中常用的主動層材料。
   (a) 請計算這些材料所對應的發光波長。
   (b) 請列出哪些材料的發光波長為可見光。
   (c) 請列出哪些材料可適用於光通訊的雷射。

材料	InGaN	InGaAsP	AlGaAs	InGaAlAs	InGaAlP
能隙 (eV)	2.9	0.8	1.6	0.95	1.98

2. 請說明雙異質結構如何同時達成載子與光場的侷限。
3. 請列出相對於氣態雷射而言，半導體雷射有哪些優點。
4. 當一四元材料 $In_{1-x}Ga_xAs_yP_{1-y}$ 和 InP 晶格匹配(lattice-matched)時，$x = 0.45y$，而此時的能隙大小變化為：

$$E_g(y) = 1.32\text{-}0.72y+0.12y^2 \text{ (eV)}$$

   (a) 請計算出主動層的成分(x, y)，當半導體雷射的發光波長為 1.3 μm 及 1.5 μm。
   (b) 若使用此材料為主動層，請計算此半導體雷射可操作最短與最長的波長。

參考資料

1. A. L. Schawlow and C.H. Townes, "Infrared and Optical Masers", **Phys. Rev. 112**, 1940 (1958)
2. T. H. Maiman, "Stimulated Optical Radiation in Ruby" **Nature 187**, 493 (1960)
3. R. N. Hall, G. E. Fenner, J. D. Kingsley, T. J. Soltys, and R. O. Carlson, "Coherent Light Emission from GaAs Junctions" **Phys. Rev. Lett. 9**, 366 (1962)
4. T. M. Quist, R. H. Rediker, R. J. Keyes, W. E. Krag, B. Lax, A. L. McWhorter, H. J. Zeigler, "Semiconductor maser of GaAs" **Appl. Phys. Lett. 1**, 91 (1962)
5. N. Holonyak Jr. and S. F. Bevacqua, "Coherent Visible Light Emission From Ga($As_{1-x}P_x$) Junctions" **Appl. Phys. Lett. 1**, 82 (1962)
6. Shing-Chung Wang, Tien-Chang Lu, Chih-Chiang Kao, Jong-Tang Chu, Gen-Sheng Huang, Hao-Chung Kuo, Shih-Wei Chen, Tsung-Ting Kao, Jun-Rong Chen, and Li-Fan Lin, "Optically Pumped GaN-based Vertical Cavity Surface Emitting Lasers: Technology and Characteristics" **Jpn. J. Appl. Phys.**, V46, No. 8B, pp5397-5407, (2007)
7. T. C. Lu, S. W. Chen, L. F. Lin, T. T. Kao, C. C. Kao, P. C. Yu, H. C.

Kuo, S. C. Wang and S. H. Fan, “GaN-based two-dimensional surface-emitting photonic crystal lasers with AlN/GaN distributed Bragg reflectors” **Appl. Phys. Lett., 92**, 011129 (2008)

8. Y. Suematsu, **Proc. IEEE 71**, 692 (1983)
9. R. A. Bartolini, A. E. Bell, and F. W. Spong. **IEEE J. Quantum. Electron. QE-17**, 69 (1981)
10. S. K. Ghandhi, R. Siviy, and J. M. Borrego, ”The growth of the oxide films at room temperature” **Appl. Phys. Lett.** 34, 835 (1979)

第二章

光電半導體物理回顧

2.1 半導體能帶的形成和意義

2.2 能態密度與載子統計

2.3 費米能階與載子濃度

2.4 準費米能階

2.5 載子傳輸行爲

2.6 載子躍遷

我們將在本章中回顧基本光電半導體物理的概念，以幫助讀者瞭解半導體雷射中所使用的光電半導體材料的操作原理與特性。首先，本章將先討論半導體能帶的起源與能帶的概念，特別是 ***E-k*** 關係圖所隱含的各種物理意義。接著，在半導體能帶的架構下我們將介紹載子的統計分布情形與能態密度(density of states)，進而推導出載子濃度和費米能階(Fermi level)之間在熱平衡(thermal equilibrium)狀態底下的關係。由於半導體雷射的操作是處於高載子注入的條件，熱平衡下的單一費米能階不足以描述此時在雷射主動層中的電子與電洞的分佈情形，因此，我們引入準費米能階(quasi Fermi level)來應用到計算雷射在高注入操作條件下載子濃度的依據。最後，我們將討論載子的復合(recombination)與產生(generation)的機制。

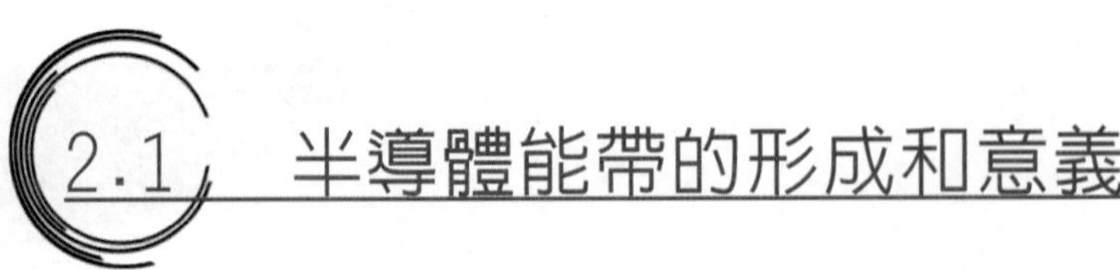

2.1 半導體能帶的形成和意義

2.1.1 能帶(energy band)形成的起源

要精確地計算半導體材料的能帶結構需要用到非常精巧複雜的量子力學的技巧、同時對晶體結構的空間分佈與對稱情形要有準確的描述與瞭解，這些內容無法在本書中詳細呈現；因此，為了要讓讀者對能帶的形成有初步的認識，我們將從原子能階的結構出發，介紹在半導體中能帶形成的原因，接著再引入 Kronig-Penney 模型導出半導體能帶的近似解以及 *E-k* 關係圖，而此 *E-k* 關係圖則會在本書之後的章節中陸陸續續的被使用到。

根據基本的原子模型理論，每一個原子中的電子可存在於特定且彼此分離的能階，如圖 2-1 所示，在庫倫吸引力的條件下，類氫原子的能階分離成 1s，2s2p，3s3p3d 等，而細部的能階分離需要用到更複雜的量子力學來計算，不過，重點是當原子與原子間的距離很遠或是原子與原子之間沒有交互作用時，能階是分立的，然而在半導體中，原子與原子之間靠得非常緊密而且排列的相當有規則，此原子模型中分立的能階不再成立。舉例來說，當二個原子彼此靠近時，此二個原子中的電子的**波函數**(wave function)會開始重疊，也就是這二個原子之間開始互相影響，這種交互作用或是**微擾**(perturbation)會使原本原子中各自單一分立的能階一分為二，如圖 2-2 中的二個原子的狀態，這種一分為二的結果也符合**庖立不相容原理**(Pauli exclusion principle)的要求。

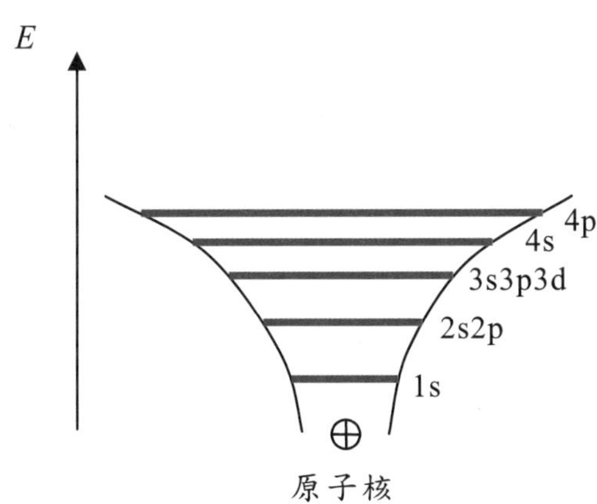

圖 2-1 單一類氫原子的能階示意圖

當有愈來愈多數目的原子彼此相互接近，就如同在半導體中原子排列的情形一般，原子原本單一分立的能階將會分裂成許多相近的能階如圖 2-2 所示，由於庖立不相容原理要求不能有二個以上的電子擁有相同的量子態，因此在半導體的原子系統中，原來單一的能階必須要分裂出對應的能階以滿足每一個原子中的電子可佔據一個量子態的條件。由於在半導體中每立方公分包含約 10^{23} 個原子，如果在圖 2-2 中任一組能階集合的寬度大小為 1 eV，則在此能階集合中每一能階的能量差約為 5×10^{-8} eV，這麼小的能量差異幾乎可視為連續分佈，因此，我們可將這些能階集合看作為一個**能帶**(energy band)，而能帶與能帶之間不容許電子存在的範圍稱之為**能隙**(energy gap)。這樣的解釋可以讓我很快地理解到半導體能帶的形成起源。

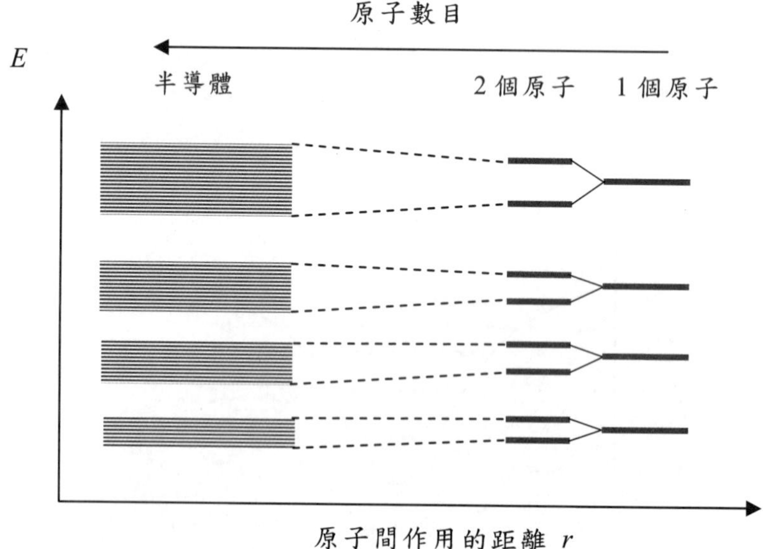

圖 2-2　能階分裂成能帶之示意圖

在晶體中，實際的能帶分裂情形比圖 2-2 要複雜得多。例如，圖 2-3 表示 Si 的能帶分裂的狀況。因為 $n = 1$ 和 $n = 2$ 的能階已全被電子佔滿，且被原子核緊密地吸引住，在此我們就只要考慮 $n = 3$ 的能階其電子的行為。圖 2-3 中在 $T = 0$K 時，3s 態在可有 2 個量子態的每個原子中，會有 2 個電子佔據此能階；而 3p 態可有 6 個量子態存在每個原子中，然而只剩下二個電子可以去佔據這 6 個量子態。當一個系統中有 N 個原子，若彼此間的距離很遠，3s 和 3p 的能階彼此分立，且共有 $2N$ 個電子在 3s 態以及有 $2N$ 個電子在 3p 態。當原子愈靠愈近，彼此間的相互作用愈來愈明顯，原本分立的能階開始分裂，在原子到達平衡距離 a_0 時形成上下二個能帶，在底下的能帶中每個原子包含 4 個量子態，而上面的能帶中每個原子亦包含了 4 個量子態。在絕對零度下，電子會填滿底下的能帶，我們稱之為**價電帶**(valence band)而上面的能帶稱為**導電帶**(conduction band)則無任何電子佔據。而上下能帶之間的差異則稱之為能隙。

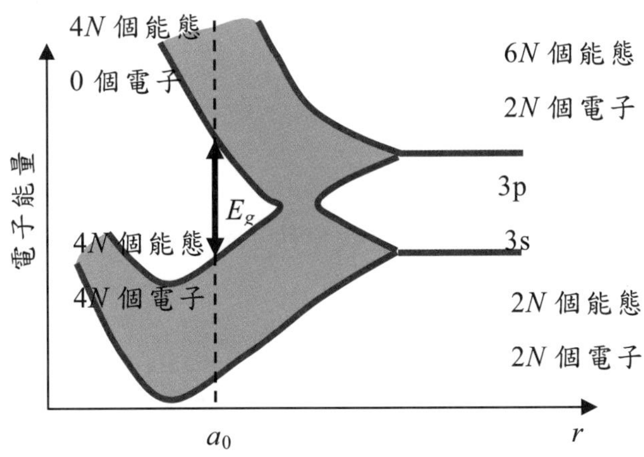

圖 2-3　Si 中 3s 和 3p 態分裂成能帶和能隙的示意圖

2.1.2 Kronig-Penney 模型

上一小節中的能帶和能隙可進一步考慮量子力學與使用 Schrödinger 波動方程式來獲得。圖 2-4(a)表示當如圖 2-1 中的原子彼此之間以一維陣列的方式彼此靠近時的位能分佈，而這些位能因為彼此重疊，最後可等同如圖 2-4(b)中的週期位能分佈。為了要讓計算更方便，圖 2-4(b)中的位能形式進一步簡化成如圖 2-4(c)中的方形週期性一維位能井陣列其位能井的高度為 V_0，Kronig-Penney 模型即是考慮一個電子在此週期位能陣列中運動，使用 Schrödinger 方程式來計算電子能量動量關係的解。我們考慮電子能量 $E < V_0$ 的情況，以代表電子被束縛在晶格中的情形，儘管如此，電子仍然可以穿隧(tunneling)的方式到週邊的位能井中。雖然 Kronig-Penney 模型為一簡化過的方形週期性一維位能井陣列，但其得到的解卻可以幫助了解許多半導體週期性晶格中的物理特性與電子在這樣的週期性晶格中的量子行為。

在解 Schrödinger 方程式前，我們先導入 **Bloch 理論**。Bloch 理論告訴我們，在週期性位能分佈的問題中，單一電子的波函數必呈現以下的形式：

$$\psi(x) = u(x)e^{jkx} \tag{2-1}$$

k 為運動中的參數，而 $u(x)$ 是一個週期性函數，其週期為 $(a + b)$。

由於 Schrödinger 方程式的解可分離成與時間獨立的解以及與時間相依的解，因此，我們可以寫成：

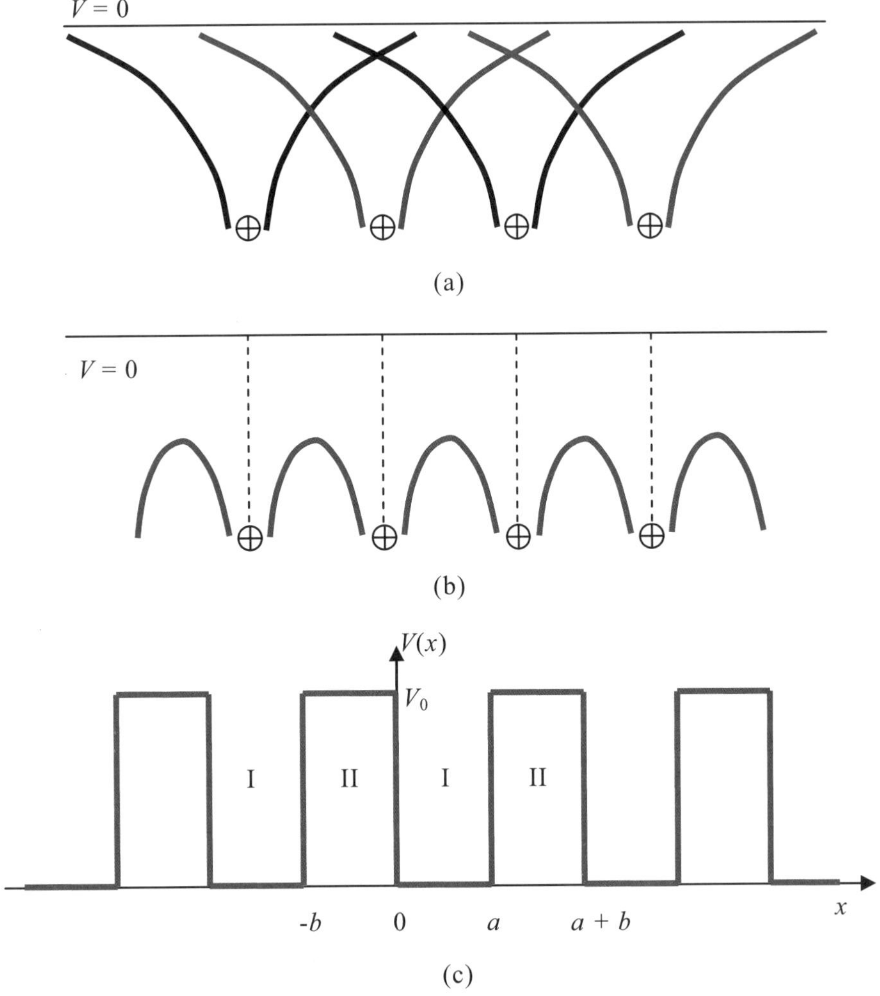

圖 2-4 (a)相近原子間位能重疊的示意圖；(b)一維晶格的位能分佈示意圖；(c)Kronig-Penney 模型中簡化的一維週期性位能分佈函數

$$\psi(x,t) = u(x)e^{j(kx-(\frac{E}{\hbar})t)} \tag{2-2}$$

表示單一電子在單一晶體中電子運動的波函數解。此波函數的振幅為週期性函數 $u(x)$，而 k 可先視為此波函數的波數(wave number)。

接下來，我們可以推導 k 和電子能量以及位能高度 V_0 間的關係。在圖 2-4(c)中的 I 區($0 < x < a$)，其 $V(x) = 0$，Schrödinger 方程式可表示為：

$$\frac{d^2u_1(x)}{dx^2} + 2jk\frac{du_1(x)}{dx} - (k^2 - \alpha^2)u_1(x) = 0 \tag{2-3}$$

其中 $u_1(x)$ 為 I 區中波動方程式的振幅，而 α 則定義為

$$\alpha^2 = \frac{2mE}{\hbar^2} \tag{2-4}$$

而在 II 區中($-b < x < 0$)中，$V(x) = V_0$，Schrödinger 方程式可表示為：

$$\frac{d^2u_2(x)}{dx^2} + 2jk\frac{du_2(x)}{dx} - (k^2 - \alpha^2 + \frac{2mV_0}{\hbar^2})u_2(x) = 0 \tag{2-5}$$

其中 $u_2(x)$ 為 II 區中波動方程式的振幅，我們定義

$$\frac{2m}{\hbar^2}(E-V_0)=\alpha^2-\frac{2mV_0}{\hbar}=\beta^2 \tag{2-6}$$

則(2-5)式可重寫為

$$\frac{d^2u_2(x)}{dx^2}+2jk\frac{du_2(x)}{dx}-(k^2-\beta^2)u_2(x)=0 \tag{2-7}$$

因此，(2-3)式之解為以下的形式：

$$u_1(x)=Ae^{j(\alpha-k)x}+Be^{-j(\alpha+k)x} \qquad (0<x<a) \tag{2-8}$$

而(2-7)式之解為：

$$u_2(x)=Ce^{j(\beta-k)x}+De^{-j(\beta+k)x} \qquad (\text{-}b<x<0) \tag{2-9}$$

由邊界條件，即$u(x)$和$\partial u(x)/\partial x$在每一個邊界上都要連續條件下，在$x=0$處，我們可解得二組聯立方程式：

$$A+B\text{-}C\text{-}D=0 \tag{2-10}$$

$$(\alpha-k)A-(\alpha+k)B-(\beta-k)C+(\beta+k)D=0 \tag{2-11}$$

同理，在$x\to a$與$x\to -b$處，我們可解得另二組聯立方程式：

$$Ae^{j(\alpha-k)a}+Be^{-j(\alpha+k)a}-Ce^{-j(\beta-k)b}-De^{j(\beta+k)b}=0$$
$$(\alpha-k)Ae^{j(\alpha-k)a}-(\alpha+k)Be^{-j(\alpha+k)a}-(\beta-k)Ce^{-j(\beta-k)b}+(\beta+k)De^{j(\beta+k)b}=0$$
(2-12), (2-13)

以上四式的解可化簡為：

$$\frac{-(\alpha^2+\beta^2)}{2\alpha\beta}(\sin\alpha a)(\sin\beta b)+(\cos\alpha a)(\cos\beta b)=\cos k(a+b) \tag{2-14}$$

由於我們假設 $E < V_0$，因此 β 值為一虛數的形式，因此我們可以令 $\beta = jr$ ，而此 r 則為一實數，(2-14)式可重寫為：

$$\frac{r^2-\alpha^2}{2\alpha r}(\sin\alpha a)(\sinh rb)+(\cos\alpha a)(\cos rb)=\cos k(a+b) \tag{2-15}$$

欲獲得更容易計算的解，(2-15)式需作進一步作近似。我們可將 $b\to 0$ 以及位能井高度 $V_0\to\infty$，使得 bV_0 的乘積仍為有限的固定值。則(2-15)式可化簡為

$$(\frac{mV_0ba}{\hbar^2})\frac{\sin\alpha a}{\alpha a}+\cos\alpha a=\cos ka \tag{2-16}$$

我們可定義

$$p'=\frac{mV_0ba}{\hbar^2} \tag{2-17}$$

則

$$p'\frac{\sin\alpha a}{\alpha a}+\cos\alpha a=\cos ka \tag{2-18}$$

在(2-18)式中，我們可以發現 p' 增加，可代表電子被位能井和原子束縛得更緊密。(2-18)式的左式可以定義成 $f(\alpha a)$，則

$$f(\alpha a)=p'\frac{\sin\alpha a}{\alpha a}+\cos\alpha a \tag{2-19}$$

由(2-18)式沒有解析解，我們將用圖解法找出對應的解。圖 2-5 為 $f(\alpha a)$ 對 αa 的圖形。因為(2-18)式的解為 $f(\alpha a)=\cos ka$，圖 2-5 也畫上了 $\cos ka=\pm 1$ 的二條直線，和 $f(\alpha a)$ 交會之間的曲線即為此波動方程式有解的範圍。

由(2-4)式知，α 參數和電子的總能量 E 有關，因此，電子能量 E 對波數 k 的關係圖可由圖 2-5 解出如圖 2-6 所示，由於(2-18)式中的右式是 $\cos ka$ 的函數，此函數是週期性的，因此：

$$\cos ka=\cos(ka+2n\pi)=\cos(ka-2n\pi) \tag{2-20}$$

其中 n 是一正整數，我們可將圖 2-6 中的曲線分別平移 2π 的整數倍，使得所有的曲線都落在 $-\pi/a<k<\pi/a$ 的區間內，如圖 2-7 所示，此圖又被稱之為縮減 k 空間圖表(reduced k-space diagram)或是縮減 **Brillouin** 區域圖表(reduced Brillouin zone diagram)。

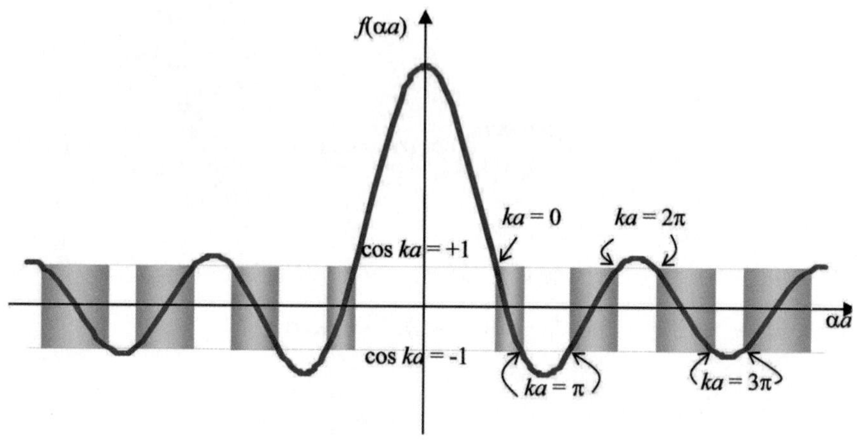

圖 2-5　$f(\alpha a)$ 以及 $\cos ka = \pm 1$ 的曲線，其中灰色的範圍即為有解區

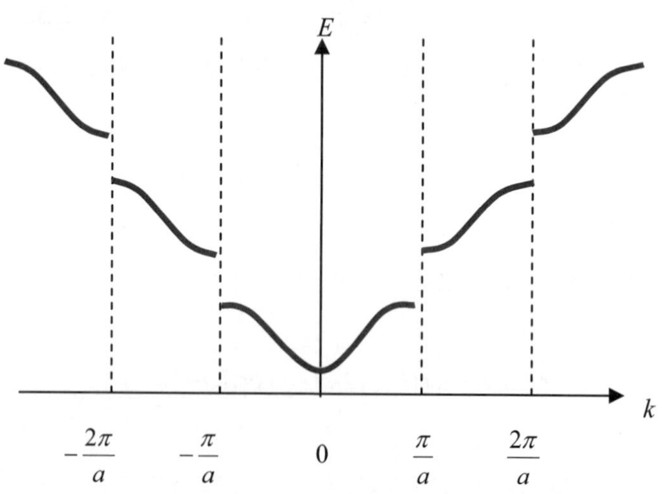

圖 2-6　能量 E 對應波數 k 的關係圖

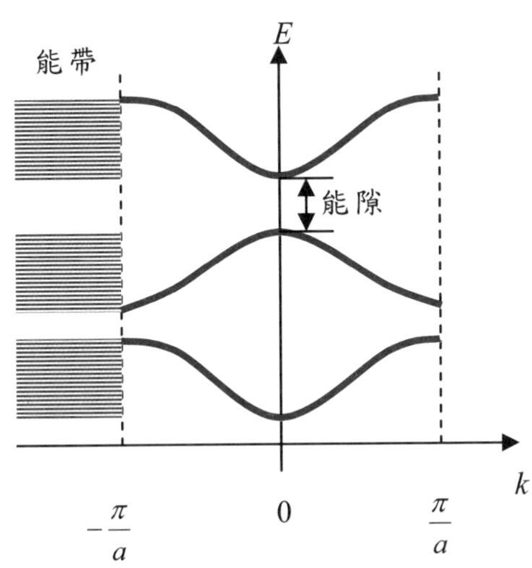

圖 2-7　由圖 2-6 平移後的縮減 k 空間圖表(reduced k-space diagram)

在圖 2-7 的 E-k 圖表中可知連續能量態的範圍稱之為能帶，而能帶與能帶之間禁止電子存在的範圍即為能隙。我們對應到自由電子的 E-k 關係，自由電子的動量 P 和物質波的波數 k 之間的關係為 $P=\hbar k$，而自由電子能量 E 和 k 的關係為 $E=\hbar^2k^2/(2m)$，其 E 和 k 為連續對應的二次曲線，而相對於圖 2-6 的曲線，圖 2-6 中的能量 E 在 $k=\pm n\pi/a$ 處曲線產生不連續的跳躍，此能量上的不連續即為能隙存在的範圍。另外對應於自由電子動量 P 的部份，在半導體晶體中的 $\hbar k$ 參數被稱之為**晶體動量**(crystal momentum)。此晶體動量並不表示電子在晶體中的實際動量，而是包含了和晶體間交互作用的參數。

圖 2-7 為一維週期性 Kronig-Penney 模型的解，對於實際的半導體材料而言，E-k 圖表複雜得許多，而且必須考慮到晶體中不同晶格方

向的差異。如圖 2-8 分別顯示了 Si 和 GaAs 的能帶結構。這二種材料的能帶結構剛好分別屬於間接能隙(indirect bandgap)與直接能隙(direct bandgap)。對於直接能隙的材料而言，上方導電帶的最低點和下方價電帶的最高點恰好位於相同的 k 值上；而對於間接能隙的材料而言，導電帶的最低點和價電帶的最高點並不在相同的 k 值上，如此的差異與隨之而來的影響，我們將於下一小節中討論。

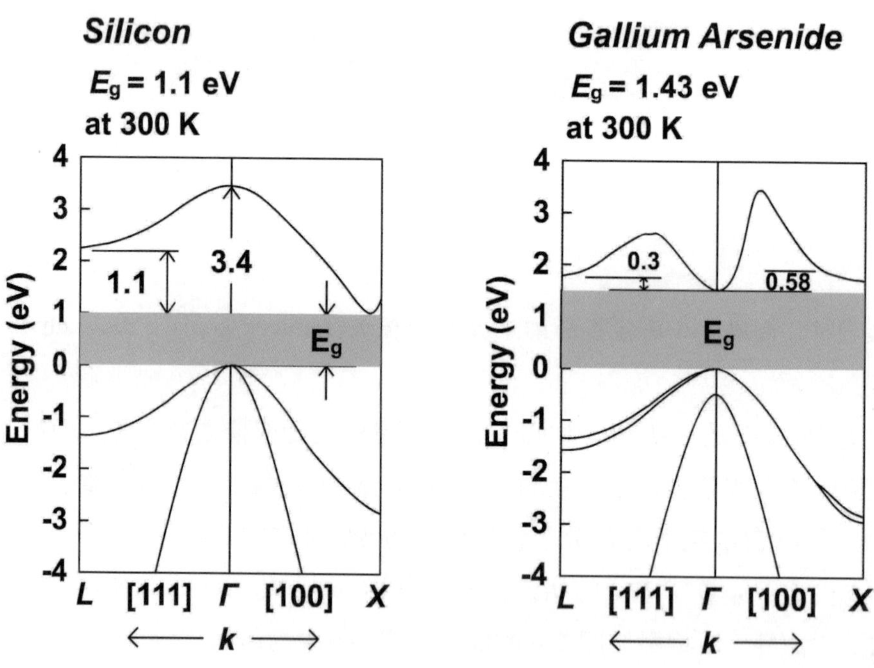

圖 2-8　Si 和 GaAs 的能帶結構圖表，此圖表分別繪製了由 Γ 點($k=0$)朝向[100]方向的 X 點與朝向[111]方向的 L 點縮減 E-k 圖表。這二個圖表說明了不同晶體方向上能帶結構的差異；有別於圖 2-6 中的單一價電帶 E-k 關係曲線，實際上的價電帶 E-k 曲線則分裂成複雜的多能帶結構

2.1.3 半導體 *E-k* 關係圖的意義

雖然 Kronig-Penny 模型只是簡化的一維晶格陣列，但其所獲得的結果卻可描述能帶的形式，更重要的是，這些結果可供半導體物理在應用上的依據以及協助我們瞭解與分析半導體雷射的操作原理。根據上一小節所獲得的能帶結構，我們在這一小節中整理出 *E-k* 關係圖中所隱含的物理意義，並討論在能帶間的光學躍遷過程。

(1) ***E-k* 關係圖：**

在上一小節所獲得的 *E-k* 關係圖(見圖 2-7)又被稱為色散曲線(dispersion curve)，表示電子能量 E 和波數 k 之間的關係，因為自由電子中的動量可表示為 $P=\hbar k$ 的關係式，而在半導體中 k 又和晶體動量相關，因此 *E-k* 關係圖即為描述單一電子在半導體晶格中的能量和動量的關係。在圖 2-7 中，我們可以看到有某些能量範圍可以有電子能量的存在(即為能帶)，而有某些能量範圍電子能態不能存在(即為能隙)。

當溫度 $T=0$K 時，所有的電子從最低的能帶開始往上填，直到價電帶被填滿，如圖 2-9(a)所示，此時價電帶的最高點為 E_v，而上方導電帶的最低點稱為 E_c，此時導電帶中沒有電子存在，因此無法導電。當溫度大於 0K 時，價電帶中的電子獲得能量的激勵，位於靠近 E_v 附近的電子有足夠的能量跳過能隙 $E_g=E_c-E_v$ 而到達導電帶，此時的導電帶中仍有許多未被佔滿的能態，因此這些電子如同自由電子可在晶格中移動而具備導電的能力。由此可知，絕緣體和半導體的差異在於絕緣體的能隙太大，造成價電帶中的電子無法躍過能隙到達導電帶形成自由電子；另一方面金屬材料的能隙相對於半導體要小得多，甚至價電帶和導電帶重合，使得晶格中一直存在自由電子負責電荷的傳遞。

(2) **有效質量**(effective mass)與**電洞**(hole)的概念：

能帶理論中隱含了一個重要的概念，稱為有效質量 m^* 的概念。對於在自由空間運動電子而言，電子的能量 E 可以表示成 $E=(\hbar^2k^2)/(2m)$，其中 m 為電子的靜止質量，而 E 和 k 的關係圖為**拋物線**(parabolic curve)形式(即為二次曲線)。換句話說，電子的質量可由 $E(k)$ 函數的二次偏微分求得，因為：

$$m=\frac{\hbar^2}{\left(\dfrac{\partial^2 E}{\partial k^2}\right)} \tag{2-21}$$

如圖 2-8 所示，雖然在半導體中 $E(k)$ 不再是簡單的拋物線，(2-21)式仍可以應用在半導體的 E-k 關係式中。因為對電子而言，電子運動的速度對應到電子物質波動中的**羣速度**(group velocity)：

$$\upsilon_g=\frac{\partial\omega}{\partial k}=\frac{1}{\hbar}\frac{\partial E}{\partial k} \tag{2-22}$$

因此電子的羣速度即為 E-k 曲線中斜率的大小。而電子的加速度為：

$$\frac{\partial \upsilon}{\partial t} = \frac{1}{\hbar}\frac{\partial^2 E}{\partial k^2}(\frac{\partial k}{\partial t})$$

$$= \frac{1}{\hbar}(\frac{\partial^2 E}{\partial k^2})(\frac{1}{\hbar}F_e) \tag{2-23}$$

其中 F_e 為作用到電子電荷的靜電力，因此從(2-23)式中，我們可以得到：

$$a_e = \frac{1}{m^*}F_e \tag{2-24}$$

而

$$m^* = \frac{\hbar^2}{\left(\frac{\partial^2 E}{\partial k^2}\right)} \tag{2-25}$$

因此在半導體中的有效質量 m^* 的意義為在一定靜電力的作用下，電子受到加速的程度。和自由電子運動不同的是由於半導體中的 E-k 關係式不再是拋物線，因此在不同能量 E 下，$E(k)$ 的二次導數不同，有效質量 m^* 也不同，這是因為電子在半導體中的運動受到了週期性晶格的影響，因此不同方向上的電子運動所表現出來的有效質量也會不同。

值得注意的是在接近 $k=0$ 時，導電帶與價電帶的曲線開口互為上下如圖 2-9 所示，因此所得到的有效質量在導電帶中為正，而在價電帶中卻有“負”的有效質量出現。因為有效質量是以靜電力為驅動力，負的有效質量代表負的加速度，意即是粒子加速運動的方向和施力方向相反，因為在價電帶中是以電洞為運動粒子，所帶的電荷和電子相反，因而呈現反向的加速效果。

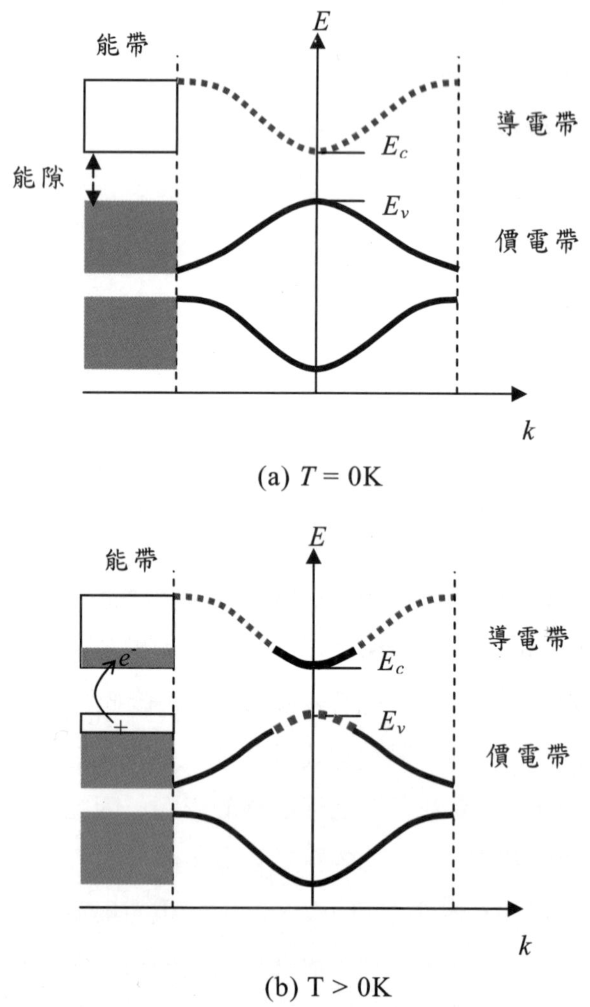

圖 2-9　半導體中(a) $T = 0$K 以及(b) $T > 0$K 時電子在價電帶與導電帶中分佈的情形

我們所感興趣的是電子在導電帶和價電帶中的躍遷，當電子從價電帶中獲得能量向上躍遷至導電帶，即在價電帶中形成一電洞，而在導電帶中生成一電子，此過程稱為**電子-電洞對產生**(electron-hole pair generation)；相反地，當電子從導電帶躍遷回價電帶中的空能態，即分別在導電帶和價電帶消滅了電子-電洞對，此過程稱為**電子-電洞對復合**(electron-hole pair recombination)。這二個過程在半導體雷射或是發光二極體中都發生在電子波數 k 很小的地方，儘管半導體材料中實際的 E-k 圖形不是拋物曲線，在 k 很小的範圍內，我們可以將 E-k 曲線近似成拋物線，以方便之後的各種計算，因此對導電帶與價電帶中的電子與電洞的有效質量可表示為

$$m^*_{e,h} = \frac{\hbar^2 k^2}{2E} \tag{2-26}$$

這種近似法又被稱為 E-k 曲線的**拋物線近似**(parabolic approximation)，由於實際的半導體晶格是三維的結構，因此 k 要展開成(k_x, k_y, k_z)的組合，而 $E(k)$ 和 k 的關係變為：

$$E(k_x, k_y, k_z) = \frac{\hbar^2}{2m^*_{iso}}(k_x^2 + k_y^2 + k_z^2) \tag{2-27}$$

在此 m^*_{iso} 被假設為 x, y, z 三個方向的有效質量皆相同。除了要考慮實際三維晶格構造外，由於價電帶中 p 軌域在空間中分別在 x, y 和 z 方向的對稱性以及電子自旋與軌道之間交互作用

的影響，使得價電帶的能帶又會分裂成三個，如圖 2-10 顯示了 GaAs 以拋物線近似繪製出的複雜能帶結構圖。

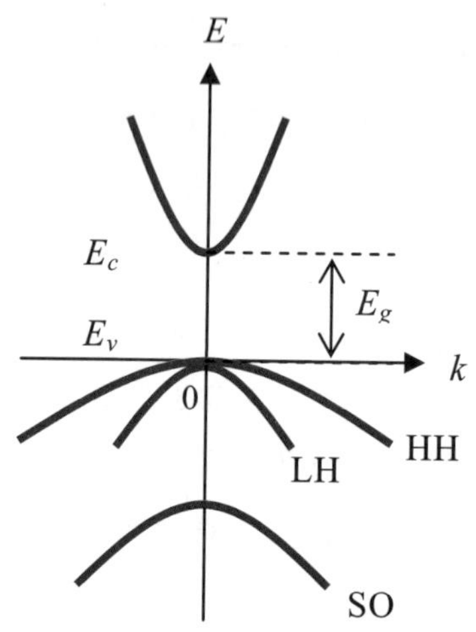

圖 2-10　GaAs 以拋物線近似法表示的能帶結構圖，其中

$$E_e = E_c + \frac{\hbar^2 k^2}{2m_e^*},\ E_{hh} = E_v - \frac{\hbar^2 k^2}{2m_{hh}^*} \text{ 以及 } E_{lh} = E_v - \frac{\hbar^2 k^2}{2m_{lh}^*}$$

其中在價電帶中，有效質量較大的**重電洞**(heavy hole)和有效質量較小的**輕電洞**(light hole)在 $k = 0$ 處**簡併**(degenerate)在一起，我們分別稱為 HH 能帶與 LH 能帶，另外還有一組因**自旋軌道**(spin-orbit)的交互作用所產生能帶**分離**(Split-off)的現象，這組電洞能帶被稱之為 SO 能帶，其能量較 HH 與 LH 能帶還要高的多(因電洞能量為負)。表 2-1 列出了 GaAs 和 Si 的電子與電洞的有效質量。

表 2-1 GaAs 與 Si 的有效質量列表；其中對 Si 而言 m_l^* 表示縱向的有效質量而 m_t^* 表示橫向的有效質量

GaAs	Si
$m_c^* = 0.067m_0$	$m_l^* = 0.98m_0$, $m_t^* = 0.19m_0$
$m_{hh}^* = 0.45m_0$	$m_{hh}^* = 0.49m_0$
$m_{lh}^* = 0.082m_0$	$m_{lh}^* = 0.16m_0$

(3) **能帶中的光學躍遷：**

半導體中光學躍遷的過程大致可分為吸收或放射出光子兩種，然而在這二種過程中都必須同時遵守**能量守恆與動量守恆**的原則。在能量守恆的條件下：

吸收光子： $E_i + h\nu = E_f$ (2-28)

放射光子： $E_i - h\nu = E_f$ (2-29)

其中 E_i 和 E_f 分別為電子初始和結束的能量態，而 $h\nu$ 則是光子的能量大小。另一方面，在動量守恆的條件下：

$$\vec{p}_i + \vec{p}_p = \vec{p}_f \tag{2-30}$$

其中 $\vec{p}_{i,f}$ 分別為電子初始和結束的動量，而 $\vec{p}_p$ 為光子的動量，因為 $\vec{p}_{i,f}$ 為晶體動量，可表示成 $\vec{p}_{i,f} = \hbar\vec{k}_{i,f}$ ，而光子的動量 $\vec{p}_p = \hbar\vec{k}_p$ ，則(2-30)式可表示成

$$\vec{k}_i + \vec{k}_p = \vec{k}_f \tag{2-31}$$

其中$\left|\vec{k}_{i,f}\right| \approx 2\pi / a$，$a$為晶格常數，大小約為 5Å；而$\left|\vec{k}_p\right| = 2\pi / \lambda$，$\lambda$為光波長，若以 5000Å 為例，由計算比較可知$\left|\vec{k}_{i,f}\right| >> \left|\vec{k}_p\right|$，(2-31)式則可近似成：

$$\vec{k}_i + \vec{k}_p \approx \vec{k}_i = \vec{k}_f \tag{2-32}$$

這意謂著電子在進行光子放射或吸收的前後，動量幾乎不變，在能帶中電子的光學躍遷保持著幾乎相同的k值，這樣的躍遷過程又被稱為**垂直躍遷**(vertical transition)。然而光學躍遷的過程還和半導體的能帶結構相關，如圖 2-11 所示，半導體材料的能帶結構可分為直接能隙(direct bandgap)和間接能隙(indirect bandgap)二種。

首先考慮直接能隙的光子放射過程，如圖 2-11(a)所示，由於電子和電洞分別位於導電帶的最低點與價電帶的最高點附近，因此電子可輕易地沿垂直的路徑直接躍遷至電洞的位置而放出一個光子，此過程符合前述的**垂直躍遷**的條件。

然而在間接能隙的材料中，情況便大不相同了。如圖 2-11(b)所示，在正常狀況之下，電子會聚集停留在導電帶中的最低點，而電洞則會聚集停留在價電帶中的最高點，然而此二點的k值差異很大，若電子要從E_c處躍遷至E_v，單單靠放出光子不足以滿足電子躍遷前後的動量差異，因為光子的動量和晶體動量相差太大，因此必須由聲子(phonon)來提供額外的動量守恆條件以達到所謂的“間接”的躍遷。由於這種間接躍遷的過程牽涉到額外的粒子，如聲子的參與，使得躍遷的發生機率相對於垂直躍遷而言小了很多，因此半導體雷射或發光二極體的主動層材料大部分都必須要用直接能隙的材料，因為垂直躍遷的發光效率比較好！

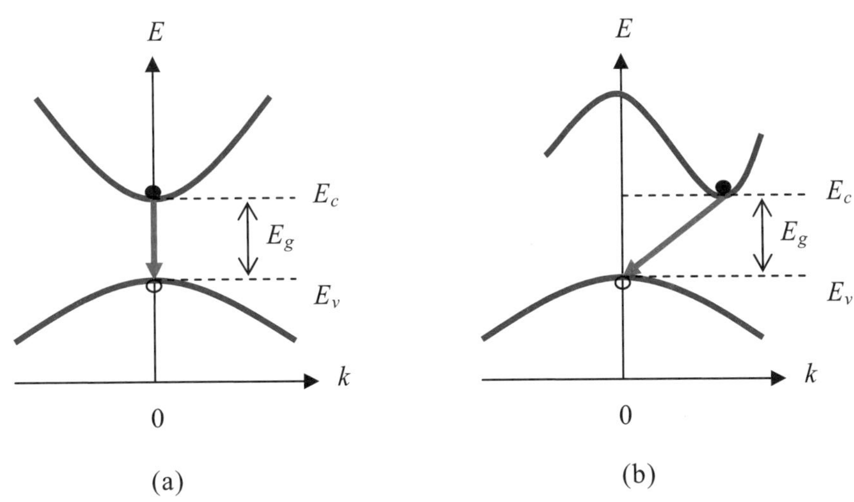

圖 2-11 (a)直接能隙材料與(b)間接能隙材料中的光學躍遷情形

2.1.4 影響能隙大小的因素

能隙 E_g 的大小雖然是由晶體結構所決定，但仍然會受到其它因素的影響。例如溫度的改變，晶格承受應力(stress)時所產生的應變(strain)，外加摻雜原子的濃度，載子的濃度、電場等，皆會使半導體的能隙產生或大或小的修正。例如，半導體的能隙會隨著溫度的變化而有以下的經驗式(Varshni formula)：

$$E_g(T) = E_g(0) - \frac{\alpha T^2}{T + \beta} \quad (2\text{-}33)$$

其中 T 為絕對溫度，α 和 β 為材料常數，$E_g(0)$為 $T = 0\text{K}$ 時之能隙大小。一般而言，能隙隨著溫度上升而變小，這是因為當溫度增加時，晶格受熱而產生的振動增加，使有效晶格常數變大，而原子之間的鍵結或交互作用的強度隨之減弱，使得在價電帶中的電子較容易躍遷至導電帶，如此一來，能隙的大小就有效地縮減了。表 2-2 列出了常見的半導體材料，其 $E_g(0)$，α 和 β 的值。

表 2-2　GaAs, InP 和 InAs 之 $E_g(0)$、α 和 β 的值

材料	$E_g(0)$	$\alpha(\frac{\text{eV}}{\text{K}} \times 10^{-4})$	β(K)
GaAs	1.519	5.405	204
InP	1.421	4.905	327
InAs	0.46	3.158	53

此外，當半導體受到靜電場的影響時，能隙大小也會跟著改變。如圖 2-12(a)所示，在熱平衡下，一半導體的能隙為 E_g，若施以一由右至左的電場時，原本的熱平衡條件受到破壞，而產生如圖 2-12(b)之由

左向右傾斜的能帶，由於此能帶圖使用的是電子能量為基準，這表示電子的能量左側較高，而右側較低，因此電子會由左向右受到電場的影響而移動，同理電洞會由右向左移動。除此之外，若有一道光源入射，其光子能量為 hv 照射到此受到電壓施加的半導體材料，價電帶中的電子獲得 hv 的能量向上躍遷，此時的電子所獲得的能量 $hv < E_g$，雖然無法直接躍遷到導電帶，但由於能帶在空間中傾斜，此電子可經由量子穿隧(Quantum tunneling)的方式跑到鄰近的導電帶上而形成電子、電洞對，因此能隙有效地變小了，此種現象又被稱為史塔克效應(Stark effect)，當結束電場施加在此半導體上後，半導體又可恢復原本能隙 E_g 的大小，因此，我們可以藉由調變外加電場的大小來控制材料的能隙或針對某一特定入射光波長的吸收係數的大小，可應用於電控吸收調制器(electro-absorption modulator, EAM)。

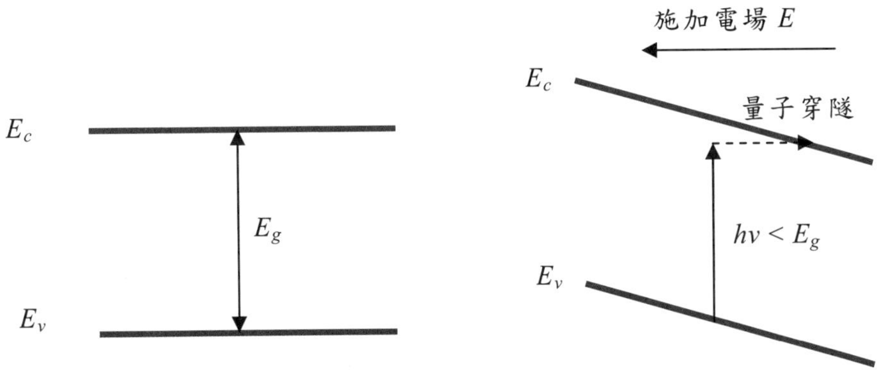

圖 2-12 (a)半導體材料在熱平衡狀態下之能帶圖，其能隙大小為 E_g；(b)當一電場 E 由右至左施加於此半導體材料時，其有效能隙會變小，稱之為史塔克效應

2.2 能態密度與載子統計

由於我們想要獲得半導體雷射或發光二極體等光電半導體元件的輸入電流與輸出光功率之間的關係，而在主動層中所流經的電流是由載子(即電子和電洞)的流動所形成的，因此我們計算半導體雷射輸入輸出關係的第一步是去決定在半導體中可供傳導之電子與電洞的數目或密度的大小。要瞭解半導體中電子與電洞的數目，必須知道在導電帶或在價電帶中可供電子或電洞存在的能態數目(或能態密度)的大小以及必須瞭解這些電子或電洞在可允許存在的的能態中是如何分佈的。因此首先在本節中，我們將先介紹在半導體中這些可允許存在的能態密度和能量關係，接著，我們將介紹載子的分佈統計函數。

2.2.1 能態密度函數

根據庖立不相容原理(Pauli exelusion principle)，每個電子僅能佔據一個能態，若考慮電子的二個自旋方向，則每一個能態僅能容納二個電子，因此載子在半導體中的數目必和能態數目有關。若考慮一塊材(bulk)半導體，假設此塊材的形狀為一立方體，長寬高皆為 L，而電子(或電洞)可在導電帶(或價電帶)中自由地移動，根據拋物線近似之 E-k 關係，

$$E(k)=\frac{\hbar^2k^2}{2m^*}=\frac{\hbar^2}{2m^*}(k_x^2+k_y^2+k_z^2) \qquad (2\text{-}34)$$

對電子的物質波在 x 方向而言，其最小的波數必須是 $k_x=2\pi/L$ 以滿足駐波的條件而穩定地存在於長度為 L 的塊材半導體中，而當電子在 x 方向的波數增加，也必須為 $2\pi/L$ 的整數倍；同理，對電子在 y 和 z 方向的波數也必須滿足 $2\pi/L$ 整數倍的條件，才能符合電子物質波的解，因此(2-34)式可表示為

$$E(k)=\frac{\hbar^2(2\pi)^2}{2m^*L^2}(n_x^2+n_y^2+n_z^2) \qquad (2\text{-}35)$$

其中 n_x，n_y 以及 n_z 皆為正整數。若我們把這些可容許解的量子態投射到以 k_x，k_y 和 k_z 為三軸的 k 空間中，我們會看到 k 空間上這些可容許的能態呈現分立的點散佈在 k 空間中，如圖 2-12 所示。圖 2-12 僅表示出其中一個可存在解的象限。對每一個可存在的能態而言，其所佔的 k 空間中的體積是固定的，其大小為：

$$V_k=(\frac{2\pi}{L})^3=\frac{(2\pi)^3}{V} \qquad (2\text{-}36)$$

其中 V_k 為單一能態所佔據 k 空間的大小，而 V 為實際塊材的體積。由圖 2-13 所示，對一任意 k 值而言，若要增加 dk，在 k 空間必須增加的體積大小為 $4\pi k^2dk$ ，而在這些增加 k 空間中所包含的能態數目為：

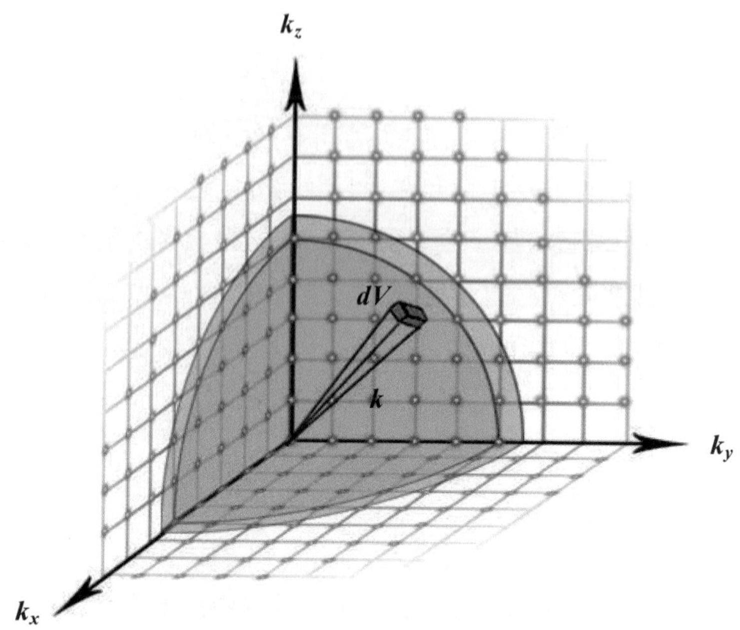

圖 2-13　三維 k 空間的能態解

$$\frac{4\pi k^2 dk}{V_k} = \frac{4\pi k^2 dk}{(2\pi)^3} V \tag{2-37}$$

因此，在 k 增加到 $k + dk$ 的區間裡，欲計算能態密度 dN，可將(2-37)式除上塊材體積 V 為：

$$dN = \frac{4\pi k^2 dk}{(2\pi)^3} \tag{2-38}$$

若考慮電子自旋，將上式乘上 2 變為：

$$dN = \frac{8\pi k^2 dk}{(2\pi)^3} \tag{2-39}$$

若我們將上式改為以能量 E 來表示，我們從(2-34)式出發二邊微分，則

$$dE = \frac{\hbar^2 k}{m^*} dk \tag{2-40}$$

由(2-34)式

$$k = \sqrt{\frac{2m^* E}{\hbar^2}} \tag{2-41}$$

將(2-41)式代入(2-40)式，得：

$$dE = \frac{\hbar^2}{m^*}\sqrt{\frac{2m^* E}{\hbar^2}} dk \tag{2-42}$$

將(2-41)式與(2-42)式代入(2-39)式，則：

$$dN = \frac{1}{2\pi^2}(\frac{2m^*}{\hbar^2})^{3/2}\sqrt{E}dE \tag{2-43}$$

因此，我們可以得到 $N(E)$ 能態密度(density of states, DOS)表示為

$$N(E) = \frac{1}{2\pi^2}(\frac{2m^*}{\hbar^2})^{3/2}\sqrt{E} \quad (\text{單位：} J^{-1}m^{-3}) \tag{2-44}$$

然而在半導體中，可允許電子存在的能量範圍在導電帶與價電帶中，因此導電帶中的能態密度為：

$$N_c(E) = \frac{1}{2\pi^2}(\frac{2m_c^*}{\hbar^2})^{3/2}(E - E_c)^{1/2} \tag{2-45}$$

價電帶中的能態密度為：

$$N_v(E) = \frac{1}{2\pi^2}(\frac{2m_v^*}{\hbar^2})^{3/2}(E_v - E)^{1/2} \tag{2-46}$$

其中 m_c^* 和 m_v^* 為導電帶和價電帶中的有效質量，而 E_c 和 E_v 為導電帶的最低能量和價電帶的最高能量。圖 2-14 表示了塊材半導體中導電帶和價電帶中的能態密度，由於電洞的有效質量通常比電子的大，因此兩組能態密度的圖形並不呈現對稱的曲線。

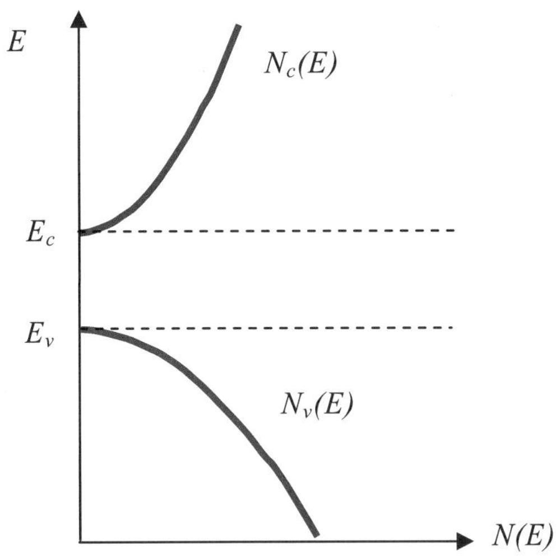

圖 2-14 塊材半導體內導電帶和價電帶中的能態密度

範例 2-1

若電子處在只有一維自由度的空間中，試求其能態密度和電子能量之間的關係。

解：

假設此一維空間的長度為 L，則電子物質波波數的最小值為 $dk = 2\pi / L$，因此在 k 空間上總能態數 n 可表示為

$$n = \frac{k}{dk} = (\frac{k}{2\pi}) \cdot L \tag{2-47}$$

因為：

$$E = \frac{\hbar^2 k^2}{2m} \tag{2-48}$$

將(2-47)式代入上式可得

$$n = (\frac{mL^2}{2\hbar^2 \pi^2})^{1/2} E^{1/2} \tag{2-49}$$

將上式二邊微分：

$$\frac{dn}{dE} = (\frac{mL^2}{2\hbar^2 \pi^2})^{1/2} \frac{1}{2} E^{-1/2} \tag{2-50}$$

將電子自旋加入，則

$$\frac{dn}{dE} \times 2 = (\frac{m}{2\hbar^2 \pi^2})^{1/2} L E^{-1/2} \tag{2-51}$$

將上式除上長度 L，我們獲得一維空間中單位長度下的能態密度：

$$N_{1D}(E) = (\frac{m}{2\hbar^2 \pi^2})^{1/2} E^{-1/2} \qquad (\text{單位：} \mathrm{J^{-1} m^{-1}}) \tag{2-52}$$

從範例 2-1 中我們看到一維能態密度和三維能態密度最大的差異是能態密度對能量變化的不同。一維能態密度是呈現 $E^{-1/2}$ 的形式，這表示能量愈大其能態密度愈低。而在實際應用上，量子線可將電子侷限在僅有一維自由度的空間上，而呈現一維能態密度的形式。同樣地，我們擴展到二維自由空間，電子的能態密度則和 E^0 成正比，也就是能態密度呈現定值而和能量變化無關。我們將此二維能態密度的推導留作習題練習，而在實際應用上，半導體雷射和發光二極體最常使用的主動層形式為量子井結構，也就是使電子僅在一維方向上受到異質結構的能量侷限，在另外二維方向，電子仍可自由移動，相關的推導，我們將會在第四章作詳細的說明。若我們進一步將電子侷限在一個極小的空間中，使其無法在三維空間中自由移動，則此種結構稱為量子點結構，其零維的能態密度形式為 delta 函數，其分立的能量態就好像單一原子的能階一般，故量子點又被稱為「人造原子」。不同的侷限結構具有不同的能態密度形式，我們統整在表 2-3 中，這些不同的形式會對半導體雷射或發光二極體造成不同的影響，我們會在後面章節陸續予以討論。

表 2-3　不同侷限結構的能態密度

電子運動自由度	和電子能量 E 的關係	實際應用的結構	能態密度圖示
3D	$E^{1/2}$	塊材半導體	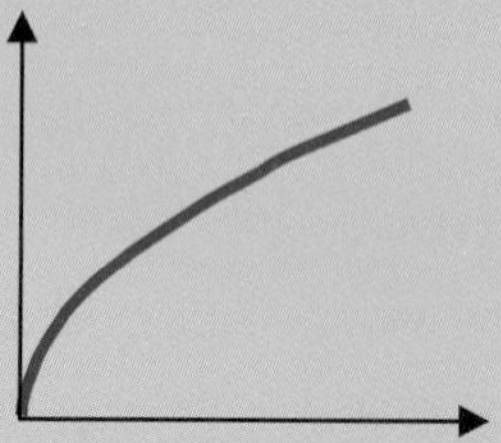
2D	E^{0}	量子井	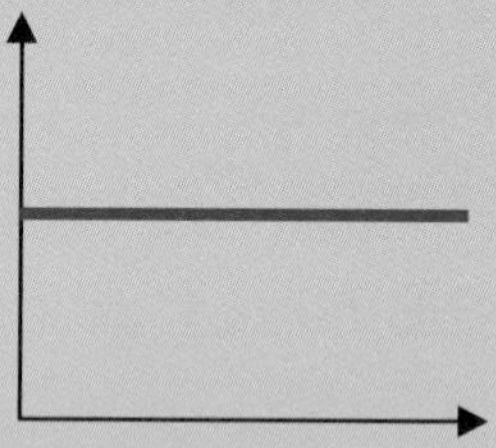
1D	$E^{-1/2}$	量子線	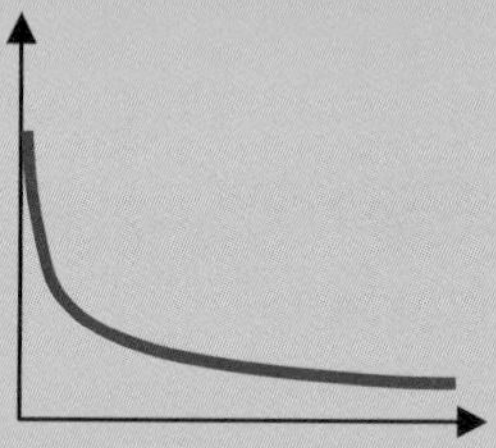
0D	Delta function	量子點	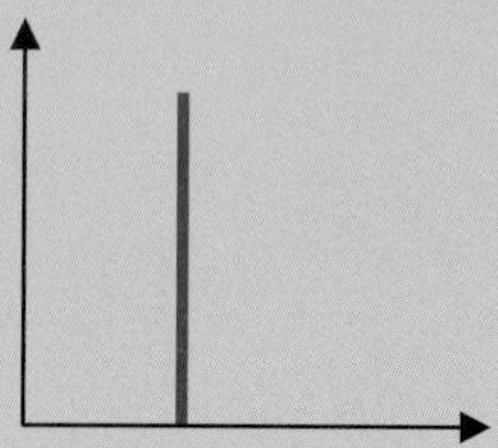

範例 2-2

試計算在能量為 0.1 eV 的三維能態密度。假設 $m^* = m_0$。

解：

由於三維能態密度為：

$$N_{3D}(E) = \frac{\sqrt{2} m_0^{3/2} E^{1/2}}{\pi^2 \hbar^3}$$

$$= \frac{\sqrt{2} \times (0.91 \times 10^{-30}\,\text{kg})^{3/2} \times E^{1/2}}{\pi^2 \times (1.05 \times 10^{-34}\,\text{J-s})^3}$$

$$= 1.07 \times 10^{56} E^{1/2} (\text{J}^{-1}\text{m}^{-3})$$

$$\because E = 0.1\,\text{eV}$$

$$\therefore N_{3D}(0.1\,\text{eV}) = 1.07 \times 10^{56} \times (0.1 \times 1.6 \times 10^{-19})^{1/2}$$

$$= 1.36 \times 10^{46}\,\text{J}^{-1}\text{m}^{-3}$$

$$= 2.17 \times 10^{21}\,\text{eV}^{-1}\text{cm}^{-3}$$

2.2.2 載子統計函數

在瞭解了半導體內導電帶與價電帶中的能態密度之後，接下來，我們要瞭解在這些可允許存在的能態中，電子是如何分佈的。由於載子在半導體中的數目可能非常的大，我們在處理這種情況通常只在意載子群體的統計行為，而不用去計算單一粒子的行為。傳統上可分為三種不同的粒子分佈函數：

(1) Maxwell-Boltzmann 機率函數：

這種函數在描述一群彼此之間沒有交互作用的粒子，粒子可以區分並可標示如 1 到 N，且粒子的波函數彼此並沒有重疊，其機率函數可表示為：

$$f_{MB}(E) = A \cdot e^{-E/k_BT} \tag{2-53}$$

其中 A 為常數，k_B 為 Boltzmann 常數，T 為絕對溫度。舉例來說，此機率函數可適用於一低壓容器中的氣體分子。

(2) Bose-Einstein 機率函數：

這種函數在描述一群不可區分的粒子，而粒子的波函數具有對稱性，例如自旋為零或為整數倍的光子或聲子等，皆遵循 Bose-Einstein 機率函數，此粒子又被稱為波色子(Boson)。其表示式為：

$$f_{BE}(E) = \frac{1}{e^{(E-E_B)/k_BT} - 1} \tag{2-54}$$

其中 E_B 為 Bose 能量，當 $E - E_B >> k_BT$ 時，上式近似於 Maxwell-Boltzmann 函數。

(3) Fermi-Dirac 機率函數：

這種函數同樣在描述一群不可區分的粒子，但粒子的波函數具有反對稱性，其自旋數等於 $n+1/2$，其中 n 為包含零的正整數。我們所要計算的電子即是這種粒子，此粒子又被稱為費米子(Fermion)。其機率函數為：

$$f_{FD}(E)=\frac{1}{e^{(E-E_f)/k_BT}+1} \tag{2-55}$$

其中 E_f 為費米能階(Fermi level)。

為了要瞭解上式 Fermi-Dirac 機率函數的意義，我們可以先繪製出在不同溫度下此函數的圖形，如圖 2-15 所示。

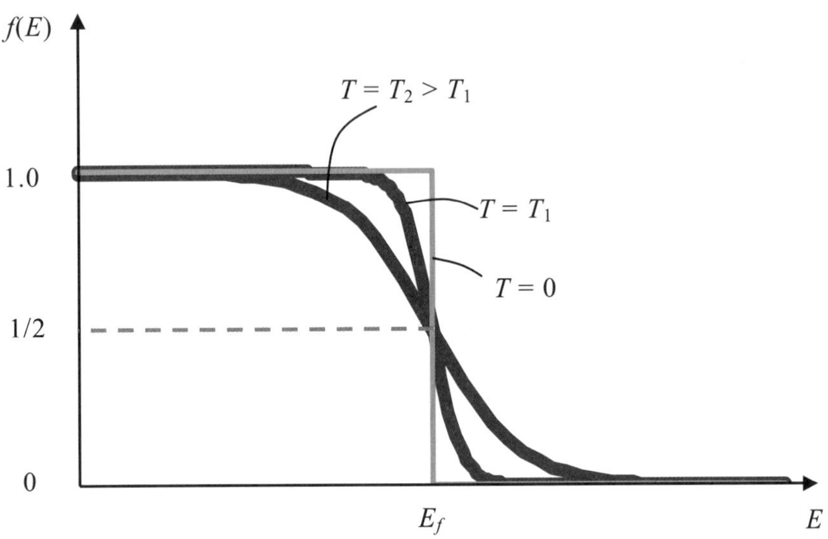

圖 2-15　在不同溫度下的 Fermi-Dirac 機率對能量的曲線

當溫度為零度時，所有的電子只出現在費米能階以下，此時

$$f(E)=1 \quad 當\ E\le E_f \tag{2-56}$$

而電子在溫度為零時，從最低的能階開始往上填直到達費米能階為

止，在 E_f 以上則沒有任何電子存在，此時

$$f(E)=0 \quad 當\ E>E_f \tag{2-57}$$

當溫度大於零時，電子開始受到熱能的激勵而躍往高能態的區域，愈靠近費米能階能量的電子愈有機會獲得能量向上躍遷，因此留下空洞(意即 $f(E)<1$)，而在 $E>E_f$ 的地方，其 $f(E)$ 開始不為 0，如圖 2-15 中 $T=T_1$ 所示。此時，在 $E=E_f$ 處的電子存在機率為：

$$f(E_f)=\frac{1}{e^0+1}=\frac{1}{2} \tag{2-58}$$

也就是說在費米能階的位置，電子存在的機率為百分之五十。

當溫度更高為 $T_2>T_1$，如圖 2-15 所示，在費米能階以下將有更多的電子獲得能量而向上躍遷至更高能量處，然而在費米能階處，電子存在的機率仍為百分之五十。

若要計算在能量遠大於費米能階 E_f 處的電子存在機率時，我們可使用 **Boltzmann** 近似(Boltzmann approximation)，因為當 $(E-E_f)>>k_BT$ 時，

$$e^{(E-E_f)/k_BT}>>1$$

則(2-55)式可近似為：

$$f(E)=\frac{1}{e^{(E-E_f)/k_BT}+1}\approx e^{-(E-E_f)/k_BT} \tag{2-59}$$

此近似如圖 2-16 中，在 $(E-E_f)>>k_BT$ 時，Fermi-Dirac 機率分佈和 Boltzmann 近似可以重疊得很好。

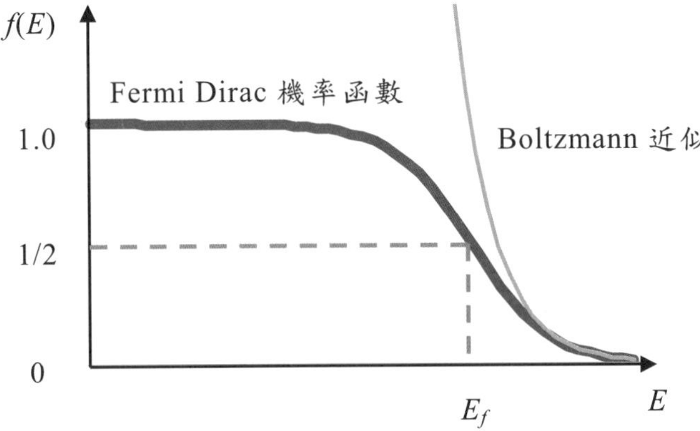

圖 2-16　Fermi-Dirac 機率分佈和 Boltzmann 近似在 $(E-E_f)>>k_BT$ 時曲線重疊的情形

2.3 費米能階與載子濃度

在本小節中我們將討論半導體在熱平衡(thermal equilibrium)狀態下載子濃度和費米能階的值與相關性。在這裡所謂的熱平衡是指半導體本身沒有受到外部能量的干擾，譬如外加電壓、外加電場、外加磁場，(或外加光照)，或受到溫度梯度分佈的影響，在熱平衡條件底下的物理特性不呈現時間上的變化。我們將先推導本質半導體(intrinsic semiconductor)中的特性，並介紹二種較常用的近似方式以簡化計算半導體中的載子濃度與費米能階，接著我們再介紹外質半導體(extrinsic semiconductor)的特性。

2.3.1 有效能態密度(effective DOS)與Fermi-Dirac積分式

由前面一小節得知，欲計算半導體中的載子濃度必須知道載子的能態密度和機率分佈。對半導體中的導電帶和價電帶而言，其能態密度分別為：

$$N_c(E)=(\frac{1}{2\pi^2})(\frac{2m_c^*}{\hbar^2})^{3/2}(E-E_c)^{1/2} \tag{2-60}$$

$$N_V(E)=\frac{1}{2\pi^2}(\frac{2m_v^*}{\hbar^2})^{3/2}(E_V-E)^{1/2} \tag{2-61}$$

而在導電帶中，電子的機率分佈為

$$f(E)=\frac{1}{e^{(E-E_f)/k_BT}+1} \tag{2-62}$$

但是在價電帶中，電洞實為沒有被電子佔據的空態，因此電洞的機率分佈為

$$1-f(E)=1-\frac{1}{e^{(E-E_f)/k_BT}+1} \tag{2-63}$$

所以結合(2-60)，(2-61)，(2-62)和(2-63)式對所有可允許存在的能態積分，我們可以得到在導電帶中的電子濃度 n 以及在價電帶中的電洞濃度 p：

$$n=\int_{E_c}^{\infty}N_c(E)f(E)dE \tag{2-64}$$

$$p=\int_{-\infty}^{E_v}N_v(E)\left[1-f(E)\right]dE \tag{2-65}$$

圖 2-17 分別顯示出 $f(E)$，$[1-f(E)]$，$N_c(E)$，$N_v(E)$以及 n 和 p 對能量的分布圖。圖 2-17 中的 E-k 關係圖中我們對電子和電洞使用了相同的有效質量，因此 E-k 關係圖上、下曲線為對稱圖形，同理也反應到 $N_c(E)$和 $N_v(E)$的曲線也形成上、下對稱；若此半導體為**本質半導體**，即此半導體為一單晶結構，沒有其他的原子摻雜在其中，在熱平衡的

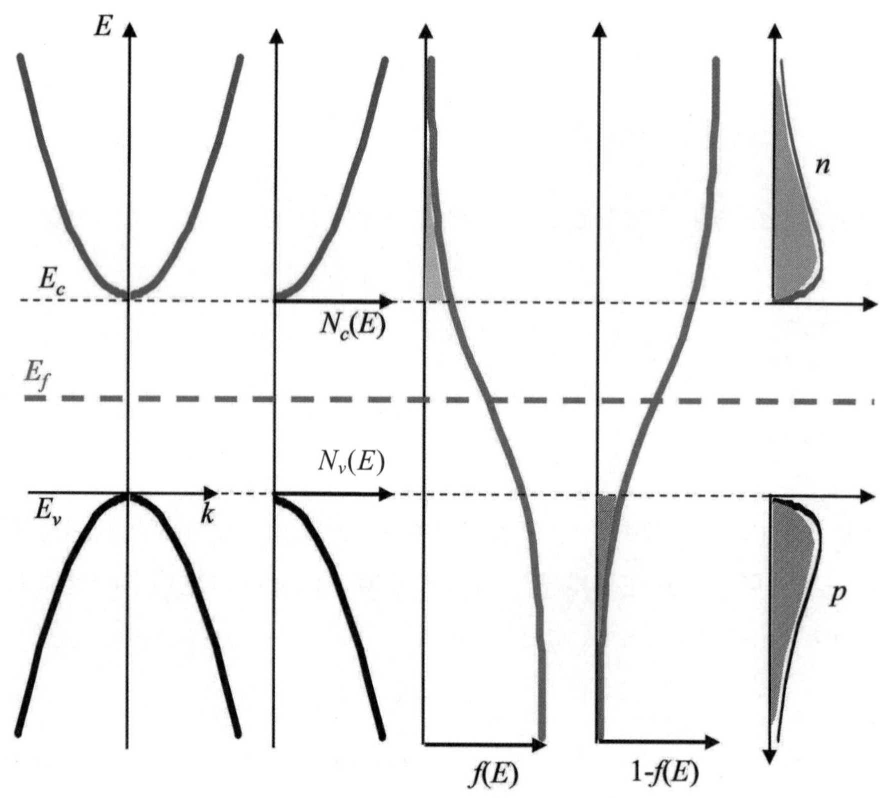

圖 2-17 本質半導體在熱平衡下的 $E-k$ 關係圖、$f(E)$、$[1-f(E)]$、$N_c(E)$、$N_v(E)$ 以及 n 和 p 的能量分布圖

情況下，電子的濃度和電洞的濃度應該要相同，因為價電帶中的電洞即為躍遷到導電帶上電子所留下來的空態，由此可知，費米能階的位置應該要在圖 2-17 中能隙的一半位置上，此時我們可以得到相同的 n

和 p。然而我們從 2-1 小節中知道，在實際的半導體 E-k 關係圖中，電子的有效質量通常比電洞小。反應出電子在導電帶中具有較小的能態密度，為了維持相同的 n 和 p 的大小，此時的費米能階會由能隙一半的位置向導電帶靠近。

我們將(2-64)式展開，可得：

$$n = \int_{E_c}^{\infty} (\frac{1}{2\pi^2})(\frac{2m_c^*}{\hbar^2})^{3/2} \frac{(E-E_c)^{1/2}}{e^{(E-E_f)/k_BT}+1} dE$$

$$= 2(\frac{2\pi m_c^* k_B T}{h^2})^{3/2} F_{\frac{1}{2}}(\eta)$$

$$= N_c F_{1/2}(\eta) \qquad (2\text{-}66)$$

其中 N_c 定義為導電帶中的有效能態密度(effective density of states)，可表示為：

$$N_c \equiv 2(\frac{2\pi m_c^* k_B T}{h^2})^{3/2} \qquad (2\text{-}67)$$

相同的，若我們展開(2-65)式，將和能量無關的參數提到積分前，同樣可以得到在價帶電中的有效能態密度 N_v 為：

$$N_v \equiv 2(\frac{2\pi m_v^* k_B T}{h^2})^{3/2} \qquad (2\text{-}68)$$

(2-66)中的 $F_{1/2}(\eta)$ 稱為 Fermi-Dirac 積分式，其表示式為

$$F_{1/2}(\eta)=\frac{2}{\sqrt{\pi}}\int_0^{\infty}\frac{x^{\frac{1}{2}}dx}{1+e^{(x-\eta)}} \tag{2-69}$$

其中

$$x\equiv\frac{E-E_c}{k_BT} \tag{2-70}$$

$$\eta\equiv\frac{E_f-E_c}{k_BT} \tag{2-71}$$

由此，我們可以二條簡潔的方程式來表示電子和電洞的濃度：

$$n=N_cF_{1/2}(\eta) \tag{2-72}$$

$$p=N_vF_{1/2}(\eta') \tag{2-73}$$

讓我們先檢驗(2-67)和(2-68)式有效能態密度的表示式，可整理成：

$$\begin{aligned}N_{c,v}&=2(\frac{2\pi m_{c,v}^{*}k_BT}{h^2})^{3/2}\\&=2(\frac{2\pi}{h^2}k_B)^{3/2}(\frac{m_{c,v}^{*}}{m_0})^{3/2}m_0^{3/2}(\frac{T}{300})^{3/2}(300)^{3/2}\\&=2.5\times10^{25}(\frac{m_{c,v}^{*}}{m_0})^{3/2}(\frac{T}{300})^{3/2}\ (\mathrm{m}^{-3})\\&=2.5\times10^{19}(\frac{m_{c,v}^{*}}{m_0})^{3/2}(\frac{T}{300})^{3/2}\ (\mathrm{cm}^{-3})\end{aligned} \tag{2-74}$$

上式為簡單使用的有效能態密度計算式，一般我們習慣使用 cm 這個單位來計算半導體中的各項物理量，因此在計算時要注意單位的轉換。

範例 2-3

試計算在室溫 $T = 300\text{K}$ 下，GaAs 的 N_c 值。

解：

使用(2-74)式來計算 N_c

$$N_c = 2.5\times 10^{19}(\frac{m_c^*}{m_0})^{3/2}(\frac{T}{300})^{3/2}\ (\text{cm}^{-3})$$

對 GaAs 而言，$m_c^* = 0.067m_0$

$$\therefore N_c = 2.5\times 10^{19}\times (0.067)^{3/2}$$
$$= 4.34\times 10^{17}\ (\text{cm}^{-3})$$

若一半導體材料處在特定的溫度下，則其有效能態密度 N_c 和 N_v 為定值。表 2-4 列出了 GaAs，InP 和 Si 的有效能態密度，其中 n_i 為本質載子濃度(intrinsic carrier concentration)，其定義將會在之後介紹。雖然(2-72)和(2-73)式用來計算載子濃度 n 和 p 看來簡單，N_c 和 N_v 又是在特定溫度下材料的參數，但是 Fermi-Dirac 積分式僅能用電腦數值計算或查表法獲得，我們使用(2-70)和(2-71)式的定義，以 η 為 x 軸將 $F_{1/2}(\eta)$ 繪製於圖 2-18 中，其中 η 的意義為費米能階 E_f 距離導電帶最

表 2-4　GaAs、InP 和 Si 在 T=300K 的有效能態密度與本質載子濃度

cm^{-3}	T = 300K		
	GaAs	InP	Si
N_c	4.4×10^{17}	5.4×10^{17}	2.9×10^{19}
N_v	8.2×10^{18}	1.2×10^{19}	1.1×10^{19}
n_i	5.0×10^{6}	1.2×10^{7}	1.0×10^{10}

低值 E_c 的能量差異。我們知道當 η 越大，E_f 值大於 E_c 值時 $F_{1/2}$ 的值越大，表示電子濃度越大；當 η 為零時，代表 E_f 和 E_c 重合，此時 $F_{1/2}$ 的值為 0.77，我們由(2-72)式得知，電子的濃度 n 則為 0.77 N_c，我們可以說在 $E_f = E_c$ 時電子濃度大約等於有效能態密度的值。對於電洞濃度 p 的計算(2-73)式而言，Fermi-Dirac 積分式為 $F_{1/2}(\eta')$，其定義為：

$$F_{1/2}(\eta') = \frac{2}{\sqrt{\pi}}\int_0^{\infty}\frac{x^{1/2}}{1+e^{(x-\eta')}}dx \tag{2-75}$$

其中

$$x \equiv \frac{E_V - E}{k_B T} \tag{2-76}$$

$$\eta' \equiv \frac{E_V - E_f}{k_B T} \tag{2-77}$$

其 Fermi-Dirac 積分式的圖形仍為圖 2-18 所示，只是當 $\eta' > 0$ 時，表示 E_f 低於 E_v，其電洞 p 的濃度增加，此趨勢和電子濃度 n 剛好相反。

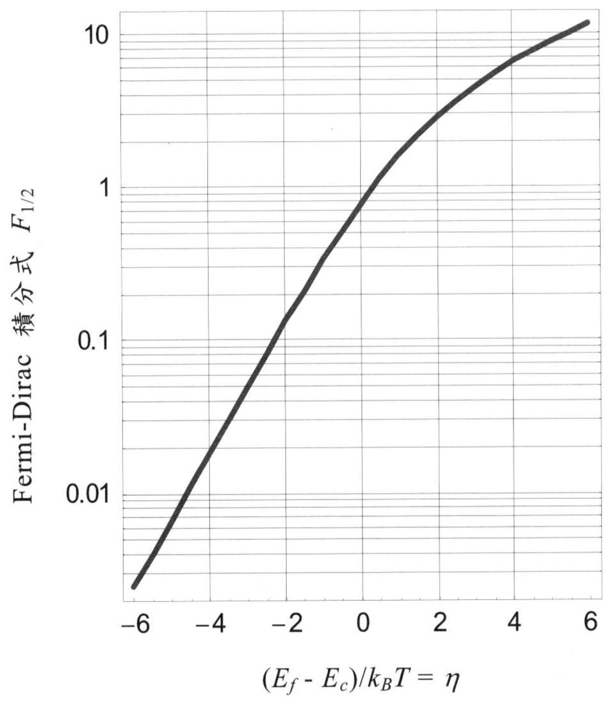

圖 2-18 Fermi-Dirac 積分式對η變化的值

2.3.2 Boltzmann 近似和 Joyce-Dixon 近似

儘管 Fermi-Dirac 積分式可以用電腦數值計算求得，但在計算較為複雜的問題時，使用 Fermi-Dirac 積分式則顯得過於緩慢，且不容易體會其物理意義。我們接下來要介紹二種近似的方法將 Fermi-Dirac 積分式簡化為可解析的形式以方便載子濃度的計算，其中一種稱為 **Boltzmann 近似**，也就是將 Fermi-Dirac 機率分佈函數近似為 Boltzmann 分佈，這樣的近似適用於載子濃度較低的情況。另一種近似稱 **Joyce-Dixon 近似**，它先假設已知的載子濃度，再用 Fermi-Dirac 積分式的反函數去求得費米能階近似的方程式並以載子濃度和有效能態密度表示，這種近似法可適用於較大的載子濃度範圍。以下我們將就以上二種近似法加以討論。

(1) Boltzmann 近似

Boltzmann 近似適用於計算類似本質半導體這種具有較低載子濃度的情況。在這樣的情況下，費米能階如圖 2-17 所示將很接近能隙的一半。而對於大部分我們感興趣的光電半導體材料而言，能隙的大小約為 1 eV 左右，因此能隙的一半約有 0.5 eV，而對於室溫的能量 $k_B T \cong 0.026\ \text{eV}$，我們可以知道：

$$\left| E_{c,v} - E_f \right| \geq 3k_B T$$

對導電帶而言，

$$\frac{E_c - E_f}{k_B T} >> 1$$

由於電子只能存在$E > E_c$的導電帶，因此

$$\frac{E - E_f}{k_B T} >> 1$$

因此，Fermi-Dirac 機率分佈函數可近似為：

$$\begin{aligned} f(E) &= \frac{1}{e^{(E-E_f)/k_B T} + 1} \approx e^{-(E-E_f)/k_B T} \\ &= e^{-(E_c - E_f + E - E_c)/k_B T} \\ &= e^{-(E_c - E_f)/k_B T} e^{-(E-E_c)/k_B T} \\ &= e^{-(E_c - E_f)/k_B T} e^{-x} \end{aligned} \quad (2\text{-}78)$$

其中x的定義和(2-70)式相同，我們將上式代入(2-64)式，提出和能量無關的項，得到：

$$n = N_c e^{-(E_c - E_f)/k_B T} \cdot \frac{2}{\sqrt{\pi}} \int_0^{\infty} x^{1/2} e^{-x} dx \quad (2\text{-}79)$$

而其中 gamma 函數

$$\frac{2}{\sqrt{\pi}} \int_0^{\infty} x^{1/2} e^{-x} dx = 1$$

因此，(2-79)式可簡化為：

$$n = N_c e^{-(E_c - E_f)/k_B T}$$
$$= N_c e^{\eta} \qquad (2\text{-}80)$$

其中η的定義和(2-71)式相同。同理，對電洞的濃度，其 Boltzmann 近似為

$$p = N_v e^{-(E_f - E_V)/k_B T}$$
$$= N_v e^{\eta'} \qquad (2\text{-}81)$$

其中η'的定義和(2-77)式相同。

我們也可以改寫(2-80)和(2-81)式如下：

$$E_f = E_c + k_B T \ln(\frac{n}{N_c}) \qquad (2\text{-}82)$$

$$E_f = E_v - k_B T \ln(\frac{p}{N_v}) \qquad (2\text{-}83)$$

來表示E_f和E_c或E_v的相對位置。由此二式可以很清楚地看到當電子濃度增加時，費米能階E_f的位置會由能隙的一半朝向E_c靠近，當$n = N_c$時，E_f會和E_c重合，這和我們在前面討論以 Fermi-Dirac 積分式所求得的情況有所偏差，這表示 Boltzmann 近似在載子濃度較高的時候，並不適用。

(2) Joyce-Dixon 近似

Joyce-Dixon 使用了 Fermi-Dirac 積分式的反函數並將與費米能階相關的參數 η 表示如下：

$$\eta = F_{\frac{1}{2}}^{-1}\left[F_{\frac{1}{2}}(\eta)\right] \tag{2-84}$$

$$\eta = \frac{E_f - E_c}{k_B T}$$

則(2-84)式可展開成級數為

$$\eta \approx \ln r + A_1 r + A_1 r^2 + ... \tag{2-85}$$

其中 $r \equiv n / N_c$ ，而係數 A_1, A_2 ...等擬合常數值如下：

$$A_1 = \frac{1}{\sqrt{8}} = 0.3536$$

$$A_2 \approx -4.95009 \times 10^{-3}$$

$$A_3 \approx 1.48386 \times 10^{-4}$$

$$A_4 \approx -4.42563 \times 10^{-6}$$

由於 A_1 的值遠大於其它高階項，因此我們取到 A_1 後，(2-85)可近似為

$$\eta \approx \ln r + A_1 r \tag{2-86}$$

而(2-86)式又可表示成：

$$E_f = E_c + k_B T\left[\ln(\frac{n}{N_c}) + \frac{1}{\sqrt{8}}(\frac{n}{N_c})\right] \tag{2-87}$$

同理

$$E_f = E_v - k_B T\left[\ln(\frac{p}{N_v}) + \frac{1}{\sqrt{8}}\left(\frac{p}{N_v}\right)\right] \tag{2-88}$$

因此，(2-87)式和(2-88)式即為在已知載子濃度下，計算費米能階 E_f 的 **Joyce-Dixon** 近似式，仔細比較上二式和 Boltzmann 近似，可發現 Joyce-Dixon 近似式僅在 Boltzmann 近似式後多加入一修正項，使其可適用於較大的載子濃度範圍。

範例 2-4

使用(1) Boltzmann 近似以及(2) Joyce-Dixon 近似來計算當 GaAs 材料中注入載子濃度 $n = 10^{17}\ \text{cm}^{-3}$ 時的費米能階，並比較其不同。

解：

(1) Boltzmann 近似

$$E_f - E_c = k_B T\left[\ln\frac{n}{N_c}\right]$$

$$= 0.026\left[\ln\left(\frac{10^{17}}{4.45\times 10^{17}}\right)\right] = -0.039\ \ \text{eV}$$

(2) Joyce-Dixon 近似

$$E_f - E_c = k_B T\left[\left(\ln\frac{n}{N_c}\right)+\frac{1}{\sqrt{8}}\left(\frac{n}{N_c}\right)\right] = -0.037 \quad \text{eV}$$

由此可知Boltzmann近似的結果低估了約2 meV，也就是約5 % 左右！

範例 2-5

假設在 $T = 300\text{K}$ 下 GaAs 的費米能階和導電帶的 E_c 重合，試用(a) Boltzmann 近似，(b) Joyce-Dixon 近似，以及(c) Fermi-Dirac 積分式來計算電子濃度

解：

(a) Boltzmann 近似

$$n = N_c e^{-(E_c - E_f)/k_B T}$$

因為 $E_c = E_f$

$$n = N_c = 2\left[\frac{m_c^* k_B T}{\hbar^2}\right]^{3/2} = 2\left(\frac{2\pi m_c^* k_B T}{h^2}\right)^{3/2}$$

$$m_c{}^* = 0.067 m_0$$

$$n = N_c = 4.4\times10^{17}\ \text{cm}^{-3}$$

(b) Joyce-Dixon 近似

$$E_f = E_c + k_B T\left[\ln\left(\frac{n}{N_c}\right)+\frac{n}{\sqrt{8}}N_c\right]$$

$$\ln\left(\frac{n}{N_c}\right)=-\frac{1}{\sqrt{8}}\left(\frac{n}{N_c}\right)$$

由迭代法

$$\frac{n}{N_c}=0.76$$

$$n=0.76\times4.4\times10^{17}=3.34\times10^{17}\ \text{cm}^{-3}$$

(c) Fermi-Dirac 積分式

$$\eta=\left(\frac{E_c-E_f}{k_BT}\right)=0$$

由圖 2-18 可知 $F_{1/2}(\eta)\approx0.77$ ，因此

$$n=N_c\cdot F_{1/2}(\eta)=0.77\times4.4\times10^{17}=3.39\times10^{17}\ \text{cm}^{-3}$$

由此可知 Joyce-Dixon 近似的結果較 Boltzmann 近似為準確！

2.3.3 本質半導體

所謂的本質半導體(intrinsic semiconductor)是指一單晶結構中沒有摻雜(doping)其它的元素，在 T = 0K 時，電子會將價電帶填滿，而導電帶為空態，此時的 Fermi-Dirac 機率函數為「步階」型式。當溫度 $T>0$K 時，價電帶上方的電子受到熱的激勵，獲得足夠的能量而向上

躍遷到導電帶，如圖 2-19 所示。因此，在價電帶上方留下的空洞則形成電洞，其濃度為 p_0；而在導電帶中的電子濃度為 n_0，n_0 和 p_0 在熱平衡下要相等，即：

$$n_0 = p_0 = n_i \tag{2-89}$$

其中 n_i 被稱為本質載子濃度(intrinsic carrier concentration)。因為 n_0 和 p_0 的值很小，且 E_f 位於能隙一半的位置左右，因此在室溫下$(E_c\text{-}E_f) >> 3k_BT$，我們此時可用 Boltzmann 近似，所以

$$n_0 = N_c e^{-(E_c - E_f)/k_BT} \tag{2-90}$$

同理

$$p_0 = N_v e^{-(E_f - E_v)/k_BT} \tag{2-91}$$

因為 $n_0 = p_0$，因此整理(2-90)和(2-91)式並使用(2-74)得：

$$\begin{aligned}
N_c e^{-(E_c - E_f)/k_BT} &= N_v e^{-(E_f - E_v)/k_BT} \\
E_f &= \frac{E_c + E_v}{2} + \frac{k_BT}{2}\ln(\frac{N_v}{N_c}) \\
&= \frac{E_g}{2} + E_v + \frac{k_BT}{2}\ln(\frac{N_c}{N_v}) \\
&= \frac{E_g}{2} + E_v + \frac{3}{4}k_B \ln(\frac{m_v^*}{m_c^*})
\end{aligned} \tag{2-92}$$

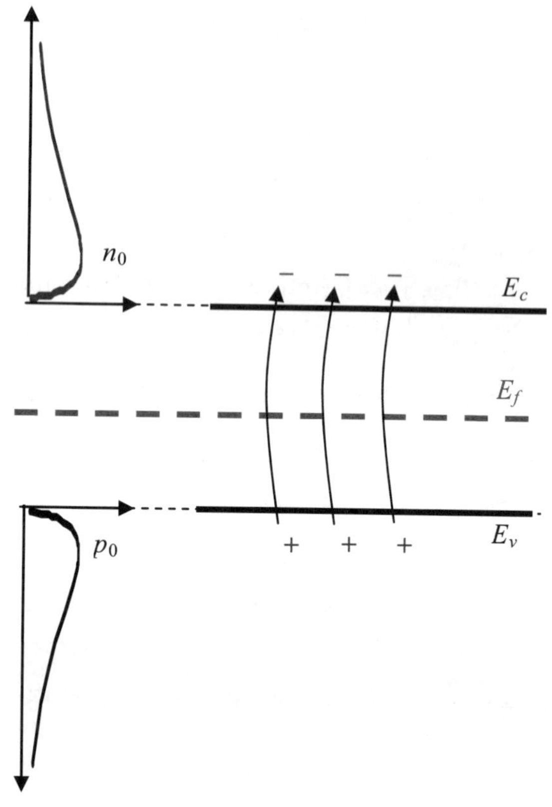

圖 2-19　本質半導體在熱平衡電子躍遷之示意圖

由(2-92)式我們可以知道，若 $m_c^* = m_v^*$，則費米能階位於能隙一半的位置；但通常 $m_c^* < m_v^*$，因此費米能階在本質半導體中會位於比能隙一半還要高一點的位置上。因為 $n_0 = p_0 = n_i$，我們若將(2-90)和(2-91)式乘在一起，可得：

$$n_0 p_0 = n_i^2 = N_c N_v e^{-\left[(E_c - E_f)+(E_f - E_v)\right]/k_B T}$$

$$= N_c N_v e^{-(E_c - E_v)/k_B T}$$

$$= N_c N_v e^{-E_g / k_B T} \tag{2-93}$$

開根號後，得：

$$n_i = (N_c N_v)^{1/2} e^{-E_g / 2k_B T} \tag{2-94}$$

(2-94)式中 N_c 和 N_v 為材料的參數，而 E_g 為能隙大小，亦為材料的參數，因此，在特定材料與固定溫度下，n_i 為一定值，不受到費米能階的影響。雖然(2-93)式中 $n_0p_0= n_i^2$ 看起來非常簡單，但卻是在熱平衡狀態下半導體基本運作原則之一。這個關係式的重要性在於不管是本質半導體或是我們接下來要介紹的外質半導體，儘管電子和電洞的濃度不同，但在一定的溫度下 n 和 p 的乘積為定值，此現象稱之為群體作用定律(mass-action law)。然而要注意的是，(2-93)式的推導是基於 Boltzmann 近似，要在符合 Boltzmann 近似的條件下才能適用。

範例 2-6

在 T = 300K 時，試計算 Si 的本質費米能階相對於能隙中央的差異，若 $m_c^* = 1.08m_0$ 以及 $m_v^* = 0.56m_0$。

解：

在本質半導體中，費米能階和能隙中央的差異為

$$E_f - (\frac{E_g}{2} + E_v) = \frac{3}{4} k_B T \ln(\frac{m_v^*}{m_c^*})$$

$$=\frac{3}{4}\times(0.0259)\ln(\frac{0.56}{1.08})$$

=-0.0128 eV

=-12.8 meV

由於在 Si 中 $m_c^* > m_v^*$，因此在 Si 中的費米能階會略低於能隙一半的位置。

範例 2-7

試估計在 $T = 300\text{K}$ 時，Si($E_g = 1.1$ eV)以及鑽石(diamond)($E_g = 5.6$ eV)的 n_i 值。

解：

(a) 對 Si 而言，$N_c = 2.9\times10^{19}$ cm^{-3}，$N_v = 1.1\times10^{19}$ cm^{-3}

所以

$$n_i = (2.9\times10^{19}\times1.1\times10^{19})^{1/2}e^{-\frac{1.1}{2\times0.026}}$$

$$=1.1\times10^{10}\ \text{cm}^{-3}$$

(b) 對於鑽石(diamond)而言，N_c 約為 $10^{20\sim22}$ cm^{-3}

因此：

$$n_i \approx 10^{20\sim22}\times e^{-\frac{5.6}{2\times0.026}}$$

$$\approx 10^{-27}\ \text{cm}^{-3}$$

$$\approx 0$$

從範例 2-7 中我們可以發現鑽石(diamond)的能隙非常大，因此價電帶中的電子躍遷到導電帶的機會很低，使得在室溫熱平衡的狀態下幾乎沒有可供導電的載子。圖 2-20 為二種不同的材料在不同溫度下使用(2-94)式所計算出來的結果。我們可以看到能隙愈大的材料如 GaAs 相對於 Si 其本質載子濃度有較低的趨勢。

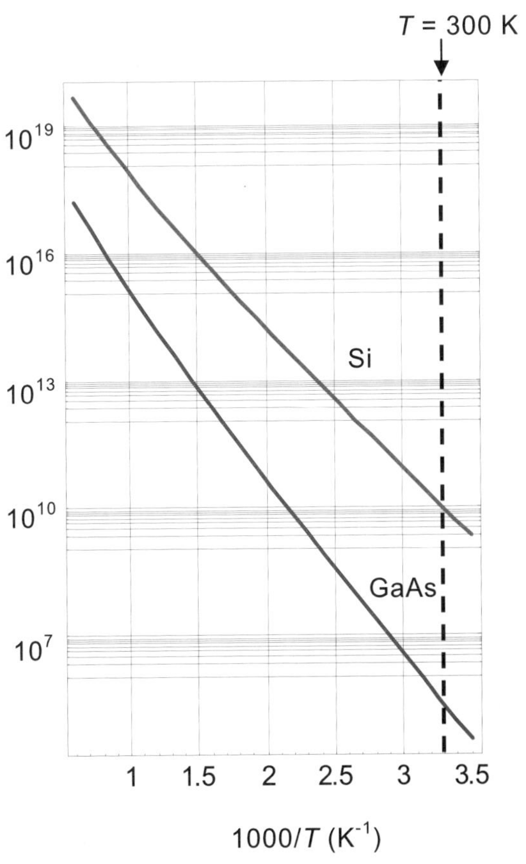

圖 2-20 Si 和 GaAs 在不同溫度下的 n_i 值

2.3.4　外質半導體

若在單晶材料的本質半導體中加入其它種元素，我們稱為**摻雜**(doping)，而含有這些雜質的半導體則被稱為**外質半導體**(extrinsic semiconductor)。我們知道在本質半導體中，其特別之處在於內部的載子濃度或導電能力與溫度以及能隙的大小有關。然而，外質半導體進一步可藉由外加雜質的種類以及雜質數量的多寡來輕易地調整半導體的載子濃度與導電特性。這也構成了半導體雷射或發光二極體中擔任電流傳導與載子注入的主要部分。

一般而言，對於能提供電子的雜質，我們稱為**施體**(donor)；相反的，對於能提供電洞的雜質，我們稱之為**受體**(acceptor)。舉例來說，對四價的元素半導體如 Si 或 Ge 而言，若我們摻雜五價的原子(如 P, As 或 Sb)來取代部分四價的原子，如圖 2-21(a)所示，則多出來的一個價電子，就會進入導電帶而形成自由電子，因此我們稱這些五價的雜質為施體，而此具有多餘自由電子的半導體稱為 ***n* 型半導體**。

就**能帶圖**(energy band diagram)的概念來看，如圖 2-21(b)所示，若一本質半導體的導電帶邊緣為 E_c，價電帶邊緣為 E_v，摻質的施體其數量和原單晶原子數量相比較少，因此其能階 E_d 可視為獨立分布在能隙當中，若 E_d 和 E_c 的能量差異很小，在室溫下 E_d 裏的施體可輕易**游離**(ionization)出電子到導電帶中，到達導電帶中的電子即形成自由電子，而游離後的施體則形成不能移動的帶正電離子。

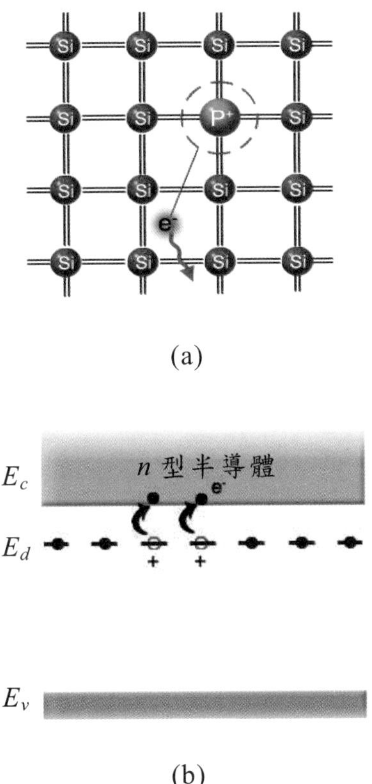

(a)

(b)

圖 2-21 (a)二維表示 Si 晶格中摻雜 P 的示意圖；(b)能帶圖中電子從雜質原子游離到導電帶形成自由電子

相反地，若我們加入的是三價的雜質(如 B, Ga 等)，由於少一個電子形成共價鍵，價電帶就不會全部填滿而形成電洞，如圖 2-22(a)所示。因此我們稱這些三價的雜質為受體，而此具有電洞的半導體為 ***p* 型半導體**。同樣地，我們還是可以就能帶圖來說明電洞出現的成因，如圖 2-22(b)所示，若摻雜受體的能階 E_a 很靠近 E_v，在價電帶中的電子可以輕易地往上躍遷至 E_a 而留下空態形成可自由移動的電洞，此時受體因捕捉到電子而形成不可移動帶負電的離子。

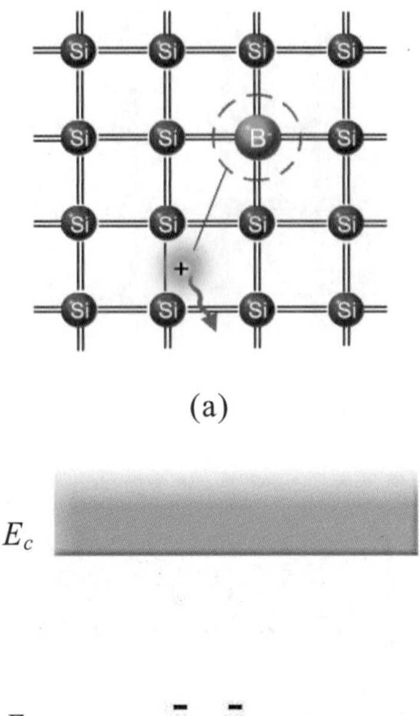

(a)

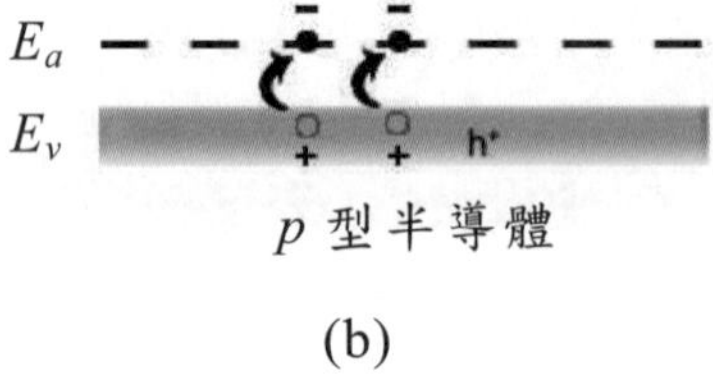

(b)

圖 2-22　(a)二維表示 Si 晶格中摻雜 B 的示意圖；(b)能帶圖中電洞從雜質原子游離到價電帶形成自由電洞

由於我們所表示的 *E-k* 關係圖以及能帶圖都是以電子能量做為基礎，因此對電洞而言，代表電洞能量高低的方向恰和電子相反，所以圖 2-22(b)可以由電洞的觀點來說明，以電洞而言，E_v 的能量比 E_a 還大，在溫度的能量激勵下，電洞可獲得能量從受體中游離到價電帶中形成自由的電洞，而留下帶負電的受體。

由圖 2-21(b)與圖 2-22(b)的能帶圖可知，若溫度為 0K 時，電子和電洞沒有足夠的能量可以躍遷或游離至導電帶和價電帶形成自由載子，而隨著溫度的昇高，自由載子的數目才會逐漸增加直到完全游離為止。以 n 型半導體而言，當五價元素取代四價元素的晶格位置，其第五個電子不需要和離近四個原子作共價鍵結，因此其游離能特別低，這種情形就像 I 族的元素中內層電子軌道會被填滿，而最外層留下一個電子。我們可使用氫原子模型來計算此電子的游離能，但其中的價電常數，電子的有效質量必須改為半導體中的值，因此對氫原子而言，其能量和波爾半徑(Bohr radius)為：

$$E_H = -\frac{m_0 e^4}{8\varepsilon_0^2 h^2} \cdot \frac{1}{n^2} = -\frac{13.6}{n^2}\ \text{eV} \tag{2-95}$$

$$a_H = \frac{h^2 \varepsilon_0}{e^2 \pi m_0} = 0.529\ \text{Å} \tag{2-96}$$

而對雜質原子而言，其施體或受體的游離能可改寫為：

$$\begin{aligned} E_i &= -\frac{m^* e^4}{8\varepsilon_r^2 \varepsilon_0^2 h^2} \cdot \frac{1}{h^2} \\ &= -(\frac{m^*}{m_0})(\frac{m_0 e^4}{8\varepsilon_0^2 h^2})(\frac{1}{h^2})(\frac{1}{\varepsilon_r^2}) \\ &= -(\frac{13.6}{n^2})(\frac{m^*}{m_0})(\frac{1}{\varepsilon_r^2})\ (\text{eV}) \end{aligned} \tag{2-97}$$

$$a_i = (\frac{m_0}{m^*})\varepsilon_r \cdot a_H \tag{2-98}$$

其中 ε_r 為半導體中的相對介電常數(relative dielectric constant)。若考慮 $n = 1$ 時電子位於基態，而 $n = \infty$ 時電子已成為自由電子進入導電帶。

範例 2-8

試計算 GaAs 在室溫下施體的游離能與波爾半徑大小。

解：

對 GaAs 而言，m_c^*=0.067m$_0$，ε_r=13.1

因此

$$E_d = 13.6\times0.067\times(1/13.1)^2$$
$$= 5.31\ (\text{meV})$$

因為在室溫下，能量為 26 meV，施體很容易地就可以游離出電子。

另一方面，

$$a_i = (\frac{1}{0.067})\times13.1\times0.529\ \text{Å}$$
$$= 103.4\ \text{Å}$$

由此可知，施體最外圍的電子和施體之間並沒有緊密的束縛，在接近 100Å 的範圍裏，電子很容易就受到聲子的擾動而離開施體形成自由電子。

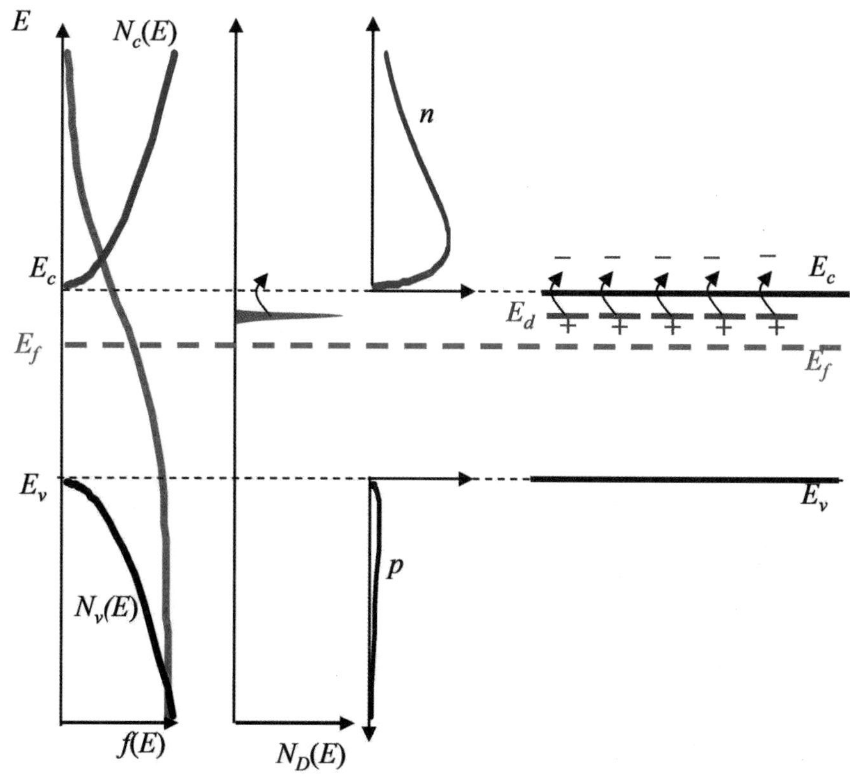

圖 2-23 n 型半導體中電子濃度 n、電洞濃度 p 以及施體 N_D 的分布

對於多數常用的半導體而言，外加雜質的能隙位置通常很靠近導電帶或價電帶，因此在室溫下，我們可將外加的雜質視為完全游離化。因此對 n 型半導體而言，若外加施體濃度為 N_D，其能階位置為 E_d，如圖 2-23 所示，由於施體完全游離，我們可將 N_D 的濃度等同於在導電帶中電子的濃度 n，因此我們可以反推此 n 型半導體的費米能階 E_f:

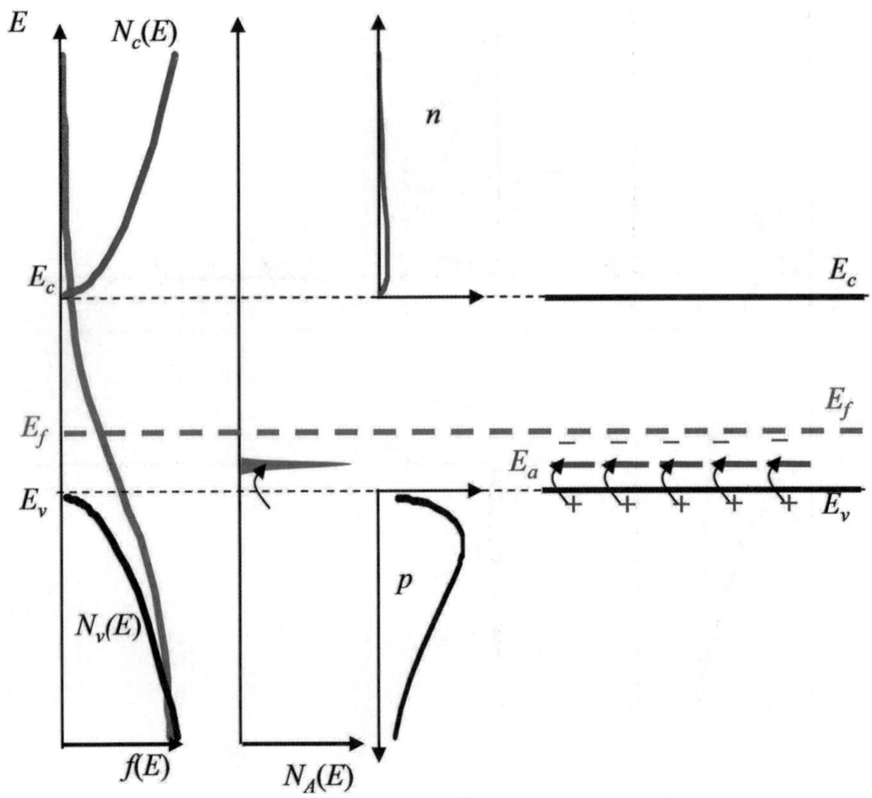

圖 2-24　p 型半導體中電子濃度 n，電洞濃度 p 以及受體 N_A 的分布

$$n = N_D = N_c e^{-(E_c - E_f)/k_B T} \tag{2-99}$$

$$E_f = E_c - k_B T \ln(\frac{N_c}{N_D}) \tag{2-100}$$

由圖 2-23 中我們可以瞭解，在 n 型半導電中，電子的濃度遠大於電洞濃度 ρ，因此電子為**多數載子**(majority carrier)，負責主要的傳導任務，而電洞則為**少數載子**(minority carrier)，其濃度可由群體作用定律(2-93)式求得，即：

$$p = \frac{n_i^2}{n} = \frac{n_i^2}{N_D} \tag{2-101}$$

相反地，對 p 型半導體而言，若外加受體濃度為 N_A，其能階位置為 E_a，如圖 2-24 所示，我們可以將受體視為完全游離，即所有的受體皆捕捉到來自價電帶中的電子，使得價電帶中產生和 N_A 濃度相同的電洞濃度 p，我們也可藉此反推 p 型半導體費米能階的位置 E_f：

$$p = N_A = N_v e^{-(E_f - E_v)/k_B T} \tag{2-102}$$

$$E_f = E_v + k_B T \ln(\frac{N_v}{N_A}) \tag{2-103}$$

此時，在 p 型半導體的多數載子電洞的濃度為 $p = N_A$，而少數載子電子的濃度 n 為：

$$n = \frac{n_i^2}{p} = \frac{n_i^2}{N_A} \tag{2-104}$$

在一些特定的情況下，外質半導體中可能同時存在施體和受體，此時稱為**補償半導體**(compensated semiconductor)。在熱平衡的狀況下，半導體呈電中性，也就是在半導體所有電荷的總和必須為零。而

n* 型補償半導體**是指半導體中 $N_D > N_A$ 的條件成立的情況，如圖 2-25 所示，電子濃度大於電洞濃度，相對的，p* 型補償半導體**是指半導體中 $N_A > N_D$ 時的條件如圖 2-26 所示，電子濃度小於電洞濃度。若 $N_A = N_D$ 時，此半導體呈現完全的補償，也就是具有本質半導體的特性。

不管是 *n* 型或 *p* 型補償半導體，在熱平衡的條件下，圖 2-25 和圖 2-26 中的電荷總合都要維持電中性，即

$$n + N_A^- = p + N_D^+ \tag{2-105}$$

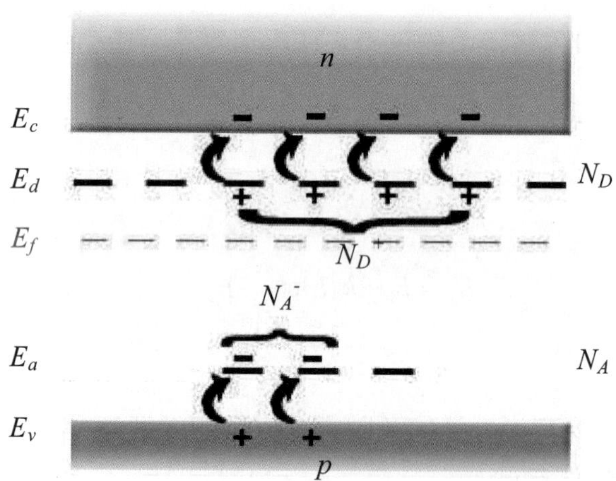

圖 2-25　n 型補償半導體中 N_D 大於 N_A，有較多的電子濃度為 *n* 從 N_D 處游離至導電帶，留下 N_D^+ 的正電荷；而由於 N_A 濃度較小，從價電帶躍遷至 N_A 中形成 N_A^- 的負電荷而留下帶正電的電洞濃度 *p* 較電子濃度 *n* 要低，因此形成以帶負電為主要傳導任務的 *n* 型半導體

其中 n 為在導電帶中所有的自由電子濃度；p 為在價電帶中所有的自由電洞的濃度；N_A^- 為已游離但無法自由移動的受體；而 N_D^+ 為已游離但無法自由移動的施體。若假設所有的施體和受體都被游離化，則 $N_A^-=N_A$，$N_D^+=N_D$，則：

$$n + N_A = p + N_D \qquad (2\text{-}106)$$

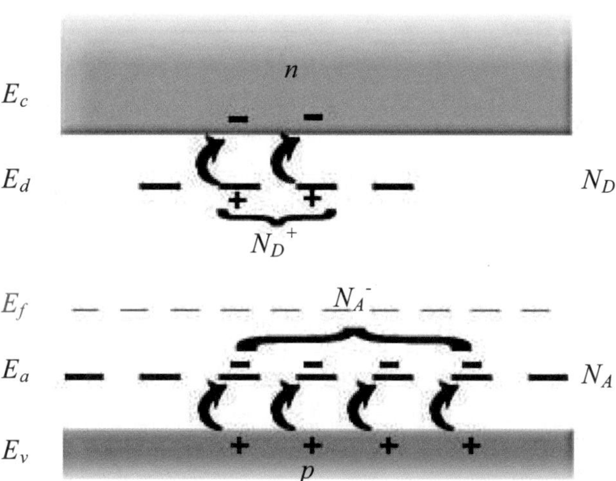

圖 2-26 p 型補償半導體中 N_A 大於 N_D，因此有較多的電子從價電帶中躍遷至 N_A 中形成 N_A^- 負電荷，而在價電帶中產生電洞 p；相對地，由於 N_D 濃度較低，從 N_D 游離到導帶中的電子濃度 n 較電洞濃度 p 要少，因此形成以帶正電為主要傳導任務的 p 型半導體

若我們將 p 表示為 n_i^2/n，則(2-106)變為

$$n + N_A = \frac{n_i^2}{n} + N_D \tag{2-107}$$

整理可得：

$$n^2 + (N_A - N_D)n - n_i^2 = 0 \tag{2-108}$$

因此，電子濃度 n 可從二次方程式中解得：

$$n = \frac{(N_D - N_A)}{2} + \sqrt{(\frac{N_A - N_D}{2})^2 + n_i^2} \tag{2-109}$$

此時 N_D 要大於 N_A。若 N_D=N_A 時，上式即成為 $n = n_i$，意即呈現本質半導體的特性。同樣地，若 $N_A > N_D$，我們可以解得

$$p = \frac{(N_A - N_D)}{2} + \sqrt{(\frac{N_A - N_D}{2})^2 + n_i^2} \tag{2-110}$$

範例 2-9

假設在室溫下 300K 下 Si 被摻雜 10^{16} cm^{-3} 的 A_S^{5+}，試求電子濃度 n，電洞濃度 p 以及費米能階 E_f。

解：

$$\because n \approx N_D = 10^{16}\ \text{cm}^{-3}$$

$$p = \frac{n_i^2}{n} = \frac{(1.0\times10^{10})^2}{10^{16}} = 1.0\times10^4\ \text{cm}^{-3}$$

$$\therefore E_f = E_c - k_B T \ln(\frac{N_c}{N_D})$$

$$= E_c - 0.026\ln(\frac{2.9\times10^{19}}{10^{16}})$$

$$= E_c - 0.207\ \text{eV}$$

範例 2-10

設一個 Ge 樣品在 300K 下，N_D =5×10^{13} cm^{-3} 以及 N_A = 0，假設 Ge 的 n_i = 2.4×10^{13} cm^{-3}，試計算熱平衡下，此 Ge 的電子與電洞的濃度。

解：

由於電子為多數載子，其濃度用(2-104)計算可得

$$n = \frac{5\times10^{13}}{2} + \sqrt{(\frac{5\times10^{13}}{2})^2 + (2.4\times10^{13})^2}$$

$$= 5.97\times10^{13}\ \text{cm}^{-3}$$

而少數載子的電洞濃度為：

$$p = \frac{n_i^2}{n} = \frac{(2.4\times10^{13})^2}{5.97\times10^{13}} = 9.65\times10^{12}\ \text{cm}^{-3}$$

在上面範例中我們可以發現，若雜質的濃度和本質載子濃度差別不大時，則多數載子的濃度會受到本質載子濃度的影響。事實上，我們前面就已討論過，本質載子濃度會受到溫度的影響，當溫度上升時，會有更多的電子電洞對產生，(2-93)式中的 n_i^2 項會漸漸地主導電子濃度的大小，而外質半導體也會失去其濃度和摻質濃度間的關係。圖 2-27 顯示了在不同溫度下半導體中電子的濃度。當溫度很低時，只有部分的施體被游離，因此電子濃度隨著溫度上升而增加，當施體完全被游離後，電子濃度的大小即為所摻雜的施體濃度，此時半導體表現出外質的特性。而當溫度進一步上升時，本質載子濃度開始主導電子濃度，此時半導體呈現本質的特性，也就是電子和電洞的濃度相等。

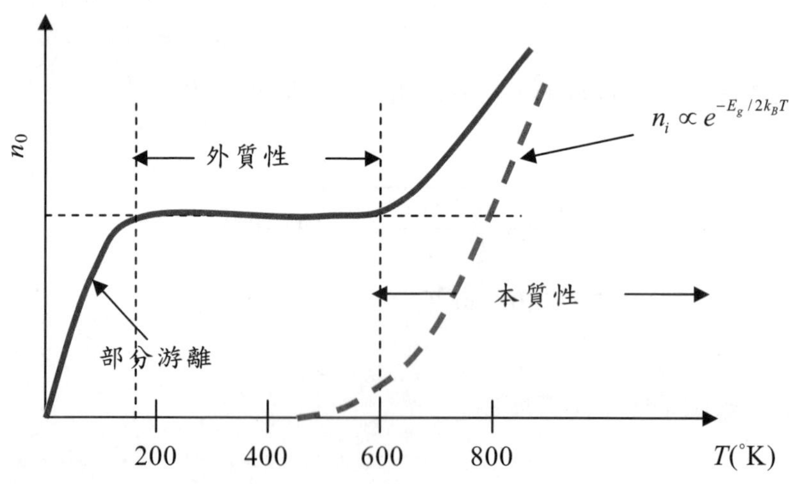

圖 2-27　電子濃度和溫度間的關係呈現三個溫度區間，低溫的部分游離；中溫的外質性以及高溫的本質性

2.3.5 簡併(degenerate)半導體

在前面所討論的外質半導體中，我們假設半導體中所加入的摻雜原子的數目不多，彼此之間並沒有交互作用，因此我們可以將摻雜原子的能隙視為一獨立的能階，如 E_d 或 E_a，這種外質半導體，我們又稱為**非簡併半導體**(nondegenerate semiconductor)。若我們增多摻雜的濃度，使得摻雜原子之間的距離愈靠愈近，彼此之間開始作用，則原本單一獨立的施體或受體能階將會開始分裂成一能量帶，這種現象就像前面所討論的能帶形成的起源一般。若摻雜的濃度持續提高，摻雜原子所形成的能量帶將會擴張延伸到導電帶或價電帶，而此時施體或受體的濃度將和有效能態密度差不多。當摻雜的濃度高於有效能態密度時，費米能階將位於導電帶或價電帶中，這時我們稱之為**簡併半導體**(degenerate semiconductor)。

由於載子濃度高，費米能階位於導電帶或價電帶中，如圖 2-28 所示 n 型簡併半導體，因為 E_f 在 E_c 之上，在計算電子濃度 n 時，宜使用 Joyce-Dixon 近似或 Fermi-Dirac 積分式方能得到較精確的結果。此外，由於施體的能帶和導電帶重疊，這些**帶尾能態**(band tail state)使得半導體的能隙大小被有效地縮減至 $E_g^{'}$，舉例來說，根據實驗 GaAs 在室溫下，其能隙大小和電子及電洞濃度之間的關係為(**J. Appl. Phys.** V47 P5380, 1976)

$$E_g(n,p) = 1.424 - 1.6\times10^{-8}(p^{1/3} + n^{1/3}) \text{ (單位：eV)} \tag{2-111}$$

其中 p 和 n 為電洞和電子的濃度，單位為 cm^{-3}。若 p 型 GaAs 中電洞濃度 p 為 3×10^{19} cm^{-3}，則有效能隙從 1.424 eV 變小到 1.374 eV。此現象又稱之為能帶重整化(energy band renormalization)或是能隙縮減(bandgap narrowing)效應。

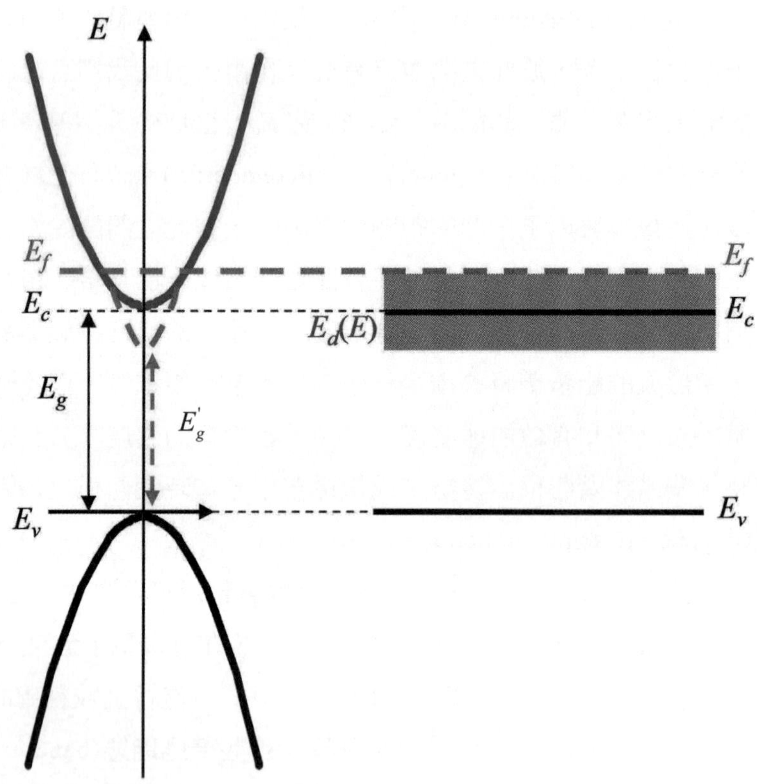

圖 2-28　n 型簡併半導體之示意圖，其中施體的能帶延伸至導電帶，費米能階位在 E_c 之上，而原本半導體能隙 E_g 則縮小為 E_g'

範例 2-11

假設在室溫下，GaAs 中的費米能階 E_f 在 E_c 之上 $3k_BT$ 處，試求其電子濃度 n。

解：

此為 n 型簡併半導體的狀況，我們使用 Joyce-Dixon 近似來計算 n。因為：

$$E_f - E_c = k_BT\left[\ln(\frac{n}{N_c}) + \frac{1}{\sqrt{8}}(\frac{n}{N_c})\right]$$
$$= 3k_BT$$

整理可得

$$3 = \ln(\frac{n}{N_c}) + \frac{1}{\sqrt{8}}\frac{n}{N_c}$$

使用迭代法可得

$$\frac{n}{N_c} = 4.4$$

對 GaAs 而言

$$n = 4.4 \times N_c$$
$$= 4.4 \times 4.4 \times 10^{17}$$
$$= 1.9 \times 10^{18}\ \text{cm}^{-3}$$

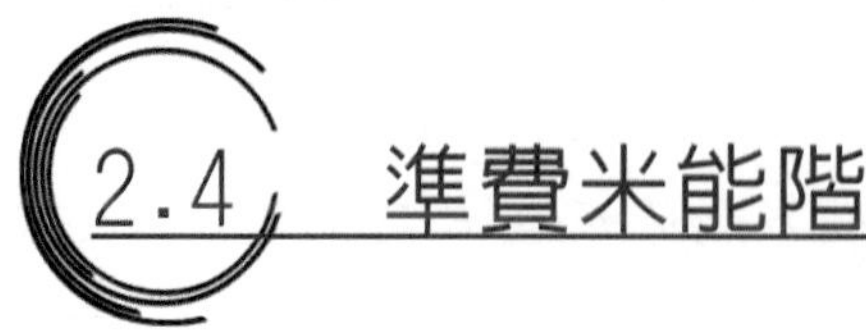

2.4 準費米能階

前面一小節所討論的電子和電洞的濃度是僅在熱平衡的狀態下成立，然而雷射二極體或發光二極體都是在有多餘載子注入的條件下操作，如何表示在非熱平衡狀態下電子電洞的濃度是我們關心的重點，因為這會決定載子注入和發光間的關係。多餘的載子注入可以由光激發或電激發的方式進行。如圖 2-29 所示，在熱平衡下，我們可用一個費米能階 E_f 來計算在導電帶和價電帶中的電子和電洞的濃度，當有多餘且大量的載子注入時，例如在光激發的情況下，有 N 個價電帶的電子躍遷至導電帶形成電子電洞對，此時在導電帶中的電子濃度與在價電帶中的電洞濃度都約等於 N，我們將在這一小節中計算非熱平衡條件下之載子濃度所決定出的準費米能階(quasi-Fermi level)。

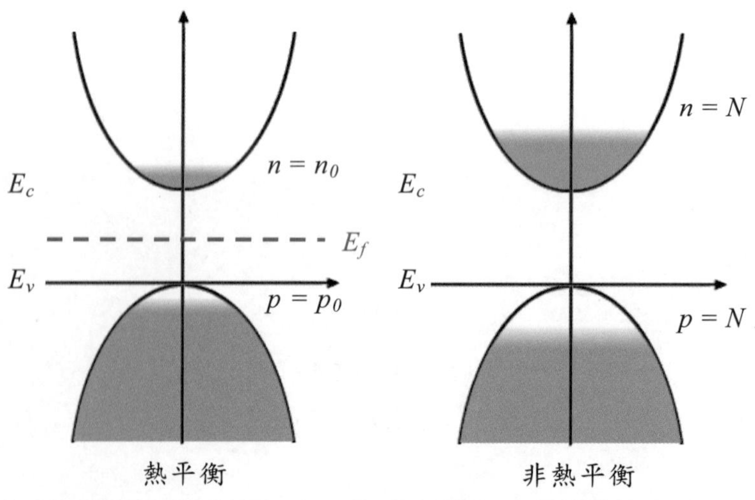

圖 2-29　載子在熱平衡和在非熱平衡高注入的狀況下分佈的情形

要使用準費米能階需具備幾個條件。首先是在高注入下，電子和電洞分別可以在導電帶和價電帶中迅速地達到暫時的熱平衡，換言之，就是電子和電洞注入後可以很快地不再和晶格中的原子有能量間的交換。其次，電子和電洞之間的復合時間要比他們彼此分別在導電帶與價電帶中的弛豫(relaxation)時間還要長的多。如圖 2-30 所示，若一電子電洞對由光激發產生在導電帶和價電帶的能量高處，電子會迅速地經由和晶格原子振動即聲子(phonon)碰撞而損失能量，向下至導電帶底部累積，同樣地，電洞也會迅速地和聲子碰撞而損失能量至價電帶頂部累積，一般而言，這樣的弛豫時間約為 psec 的數量級，反觀電子若欲和電洞復合，其時間常數約為 nsec 的數量級。因此，我們可以想像在電子尚未和電洞作復合之前，電子可在導電帶作暫態的熱平衡，我們可定義一準費米能階 E_{fn} 來計算這暫態平衡中電子的濃度；相同地，由於電洞也可以在價電帶作暫態的熱平衡，我們可以定義一準費米能階 E_{fp} 來計算暫態平衡中電洞的濃度。而其對應的電子或電洞的濃度與 Fermi-Dirac 分佈函數分別可表示為：

$$n=\int_{E_c}^{\infty} N_c(E) f_n(E) dE \tag{2-112}$$

$$p=\int_{-\infty}^{E_v} N_v(E)\left[1-f_p(E)\right] dE \tag{2-113}$$

其中 N_c 和 N_v 為有效能態密度，而 $f_n(E)$ 和 $f_p(E)$ 分別為：

$$f_n(E)=\frac{1}{e^{(E-E_{fn})/k_BT}+1} \tag{2-114}$$

$$f_p(E)=\frac{1}{e^{(E-E_{fp})/k_BT}+1} \tag{2-115}$$

而

$$1-f_p(E)=\frac{1}{e^{(E_{fp}-E)/k_BT}+1} \tag{2-116}$$

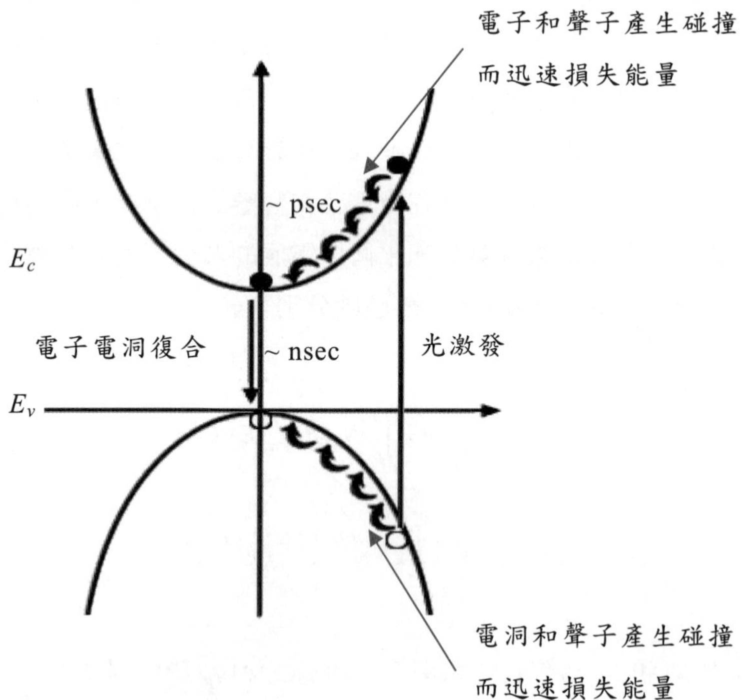

圖 2-30　電子電洞對在光激發下產生之後，迅速地和晶格原子碰撞損失能量之示意圖

準費米能階的示意圖如 2-31，我們可以知道在熱平衡的條件之下圖 2-31 中只有一條費米能階，也就是 $E_f = E_{fn} = E_{fp}$，當有多餘載子注入時，E_{fn} 和 E_{fp} 開始分裂並分別向導電帶和價電帶移動。若注入的載子並不多時，我們可以使用 Boltzmann 近似來計算電子和電洞的濃度：

$$n = N_c e^{(E_{fn}-E_c)/k_BT} = N_c e^{-(E_c-E_{fn})/k_BT} \tag{2-117}$$

$$p = N_v e^{(E_v-E_{fp})/k_BT} = N_v e^{-(E_{fp}-E_v)/k_BT} \tag{2-118}$$

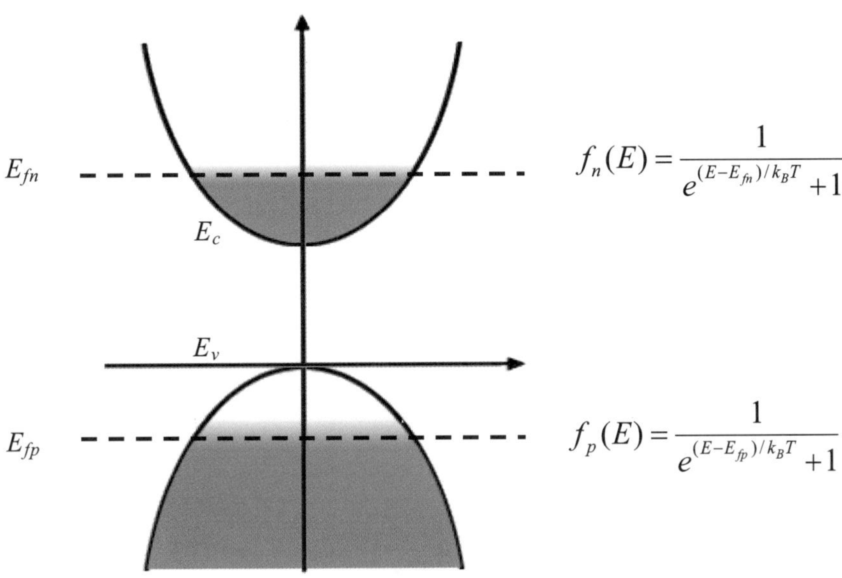

圖 2-31　準費米能階在導電帶和價電帶中的位置與相對應的 Fermi-Dirac 分佈函數

若是在高注入的條件之下，使用 Joyce-Dixon 近似較為適當：

$$E_{fn} - E_c = k_B T\left[\ln(\frac{n}{N_c}) + \frac{1}{\sqrt{8}}\frac{n}{N_c}\right] \tag{2-119}$$

$$E_v - E_{fp} = k_B T\left[\ln(\frac{p}{N_v}) + \frac{1}{\sqrt{8}}\frac{p}{N_v}\right] \tag{2-120}$$

範例 2-12

在室溫 300K 下，若本質半導體 Si 中外加的電子電洞濃度為 10^{17} cm^{-3}，請使用 Boltzmann 近似來分別計算電子和電洞的準費米能階位置與彼此之間能量的差異。

解：

在室溫 300K 下，Si 的導電帶與價電帶中的有效能態密度分別為

$$N_c = 2.8\times10^{19}\ \text{cm}^{-3}$$

$$N_v = 1.04\times10^{19}\ \text{cm}^{-3}$$

外加的電子電洞濃度為 $n = p = 10^{17}\ \text{cm}^{-3}$

而室溫能量 $k_B T = 0.026\ \text{eV}$

我們可以獲得

$$\begin{cases} E_{fn} = E_c + k_B T\ln\left(\dfrac{n}{N_c}\right) = E_c - 0.146\ \text{eV} \\ E_{fp} = E_v - k_B T\left[\ln\dfrac{n}{N_v}\right] = E_v + 0.121\ \text{eV} \end{cases}$$

因為 Si 的能隙 $E_g = 1.1\ \text{eV}$

因此

$$E_{fn}-E_{fp}=\left(E_c-E_v\right)-\left(0.146+0.121\right)\text{ eV}$$
$$=1.1-0.267=0.833\text{ eV}$$

我們可以將準費米能階的位置標示如下圖：

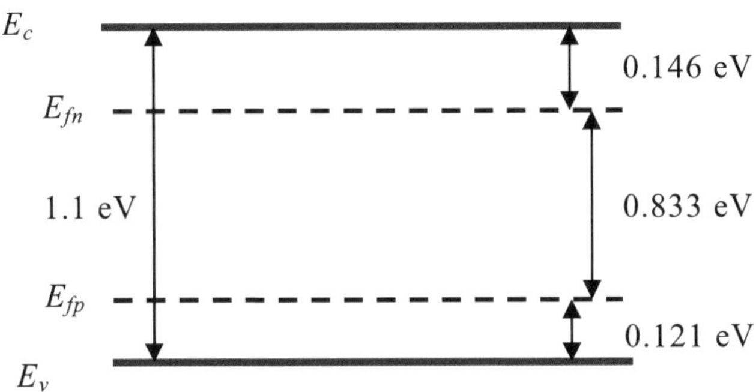

圖 2-32　Si 中的準費米能階的位置

若電子電洞注入的濃度變為 $n=10^{15}\text{ cm}^{-3}$，則準費米能階彼此之間的能量差異縮小為

$$E_{fn}-E_{fp}=\left(E_c-E_v\right)-\left(0.266+0.24\right)$$
$$=1.1-0.506=0.59\text{ eV}$$

由此範例我們可以知道，當注入的電子電洞的濃度增加時，準費米能階彼此之間的能量差異 $E_{fn}-E_{fp}$ 會隨之變大。

範例 2-13

在室溫 300K 下，試計算若欲達到 GaAs 之準費米能階與導電帶與價電帶的邊緣重合，即 $E_{fn} \approx E_c$ 以及 $E_{fp} \approx E_v$ 所需要注入的電子電洞濃度。

解：

在室溫 300K 下，由於在 $E_{fn} \approx E_c$ 以及 $E_{fp} \approx E_v$ 的條件下，Boltzmann 近似的條件不再成立，因此我們將使用 Joyce-Dixon 近似來計算濃度：

由於 E_{fn} 與 E_{fp} 和電子或電洞濃度有關，由 Joyce-Dixon 近似，我們可列出：

$$E_{fn} - E_c = kT\left[\ln\left(\frac{n}{N_c} + \frac{1}{\sqrt{8}} \cdot \frac{n}{N_c}\right)\right]$$

$$E_v - E_{fp} = kT\left[\ln\left(\frac{p}{N_v} + \frac{1}{\sqrt{8}} \cdot \frac{p}{N_v}\right)\right]$$

因為 $E_{fn} \approx E_c$，則

$$\ln\left(\frac{n}{N_c}\right) + \frac{1}{\sqrt{8}} \cdot \frac{n}{N_c} = 0$$

欲計算上式中的 n 值，我們需使用迭代法。首先，我們先假設 $n = p$，以及 GaAs 中有效能態密度 $N_c \approx N_v = 4 \times 10^{17}$ cm^{-3}，一開始猜測 n 值為：

(1) $n = 2 \times 10^{17}$，則

$$\ln\left[\frac{2 \times 10^{17}}{4 \times 10^{17}}\right] + \frac{1}{\sqrt{8}} \cdot \frac{2 \times 10^{17}}{4 \times 10^{17}}$$

$$= -0.69 + 0.177 = -0.51 < 0$$

由於此值小於零，表示濃度不夠高，因此我們再增加濃度為

(2) $n = 3\times10^{17}$

$$\ln\left(\frac{3}{4}\right)+\frac{1}{\sqrt{8}}\cdot\frac{3}{4}$$

$$=-0.288+0.265=-0.023<0$$

此值仍小於零，表示濃度仍不夠高，因此我們再增加濃度為

(3) $n = 3.5\times10^{17}$

$$\ln\left(\frac{3.5}{4}\right)=-0.1335$$

$$\frac{1}{\sqrt{8}}\cdot\frac{3.5}{4}=0.309$$

上兩式之和已大於零，表示濃度已超過，我們必須稍微降低濃度為

(4) $n = 3.2\times10^{17}$

$$\ln\left(\frac{3.2}{4}\right)+\frac{1}{\sqrt{8}}\cdot\frac{3.2}{4}$$

$$=-0.223+0.2828=0.0598$$

此值已接近但大於零，我們再稍微降低濃度為

(5) $n = 3.1\times10^{17}$

$$\ln\left(\frac{3.1}{4}\right)+\frac{1}{\sqrt{8}}\left(\frac{3.1}{4}\right)$$
$$=-0.2549+0.274=+0.0191$$

在如此迭代的結果漸漸收斂的情況下，若我們設定誤差小於 10^{-3} 為可接受的範圍，我們可以得到所需注入的電子電洞的濃度約為 3.05×10^{17} cm^{-3}

由於注入的載子濃度會影響準費米能階的位置，我們在之後的章節將提到準費米能階的位置將可決定此一半導體材料在此注入條件下是否能有光放大的作用以及決定其放大**增益**(gain)的頻寬大小，同時，準費米能階的位置也將影響半導體射的**閾值電流**(threshold current)的條件，因此準費米能階的大小對半導體雷射或半導體光放大器(semiconductor optical amplifier)而言是非常重要的參數。

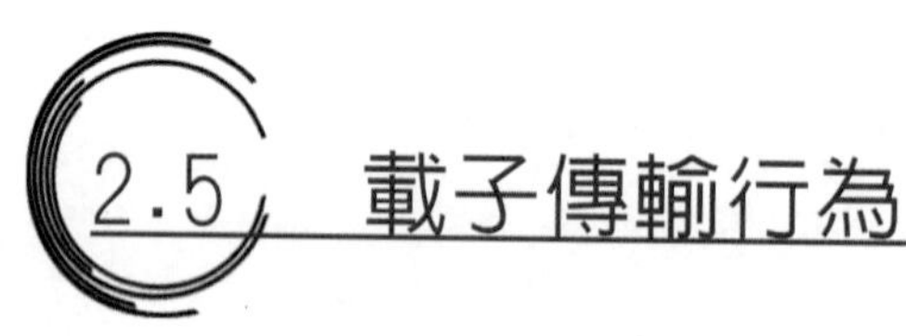

2.5 載子傳輸行為

載子在能帶中的傳輸或移動需要二個條件，其一是需有部份填滿的能帶供載子移動，因為若在完全填滿的能帶中，載子無法移動，相對的若在完全空態的能帶中，也沒有載子可供傳導的作用；第二個條件是要有外部力量的驅動，例如外加的電場、注入的電流、或是外部光子的激發等以破壞熱平衡的條件。基本上，本小節要討論的是載子在空間中做橫向的傳導行為，載子的傳輸行為主要有二種機制，分為**漂移電流**(drift current)以及**擴散電流**(diffusion current)，我們分別討論如下：

2.5.1 漂移電流

在熱平衡的狀態下，載子不會移動，若在半導體中施加一電場如圖 2-33 所示，因載子為帶電粒子，受到電場的作用下會產生運動：

$$\vec{F} = e\vec{\varepsilon} = m^{*}\vec{a} \tag{2-121}$$

其中 $\vec{F}$ 是電力，$\vec{\varepsilon}$ 為電場，m^{*}是載子有效質量，$\vec{a}$ 為加速度，因為電子和電洞帶電荷相反，因此運動的方向相反，但是對電流而言卻是同一方向的。由於電流密度 J 的定義是單位時間內單位面積中經過的電荷數，因此對電洞流而言：

$$J_{p/drf} = \rho_p \upsilon_{dp} \tag{2-122}$$

其中 ρ_p 為電荷密度，而 υ_{dp} 為電洞平均漂移速度(drift velocity)，若我們以電洞的濃度來表示的話，則

$$J_{p/drf} = ep\upsilon_{dp} \tag{2-123}$$

在一定的電場施加下，載子的速度應該要隨著時間而增加，然而載子在半導體移動的過程中可能會和振動的晶格原子或是游離的雜質原子發生許多次的碰撞而改變了原本的運動行為，在低電場的條件之下其平均的漂移速度和外加電場成正比：

$$\upsilon_{dp} = \mu_p \varepsilon \tag{2-124}$$

其中 μ_p 為電洞的**移動率**(mobility)，此參數描述了半導體中載子受到外加電場的作用下載子移動的行為，為半導體中一項重要的參數，其單位為 $cm^2/V\text{-}sec$。因此，我們可以合併(2-123)和(2-124)，得到漂移電洞流密度為：

$$J_{p/drf} = e\mu_p p\varepsilon \tag{2-125}$$

同理，漂移之電子流密度可表示為

$$J_{n/drf} = (-en)(-\mu_n\varepsilon) = e\mu_n n\varepsilon \tag{2-126}$$

如前所述，電子和電洞之電流密度為同一方向，因此其符號相同。

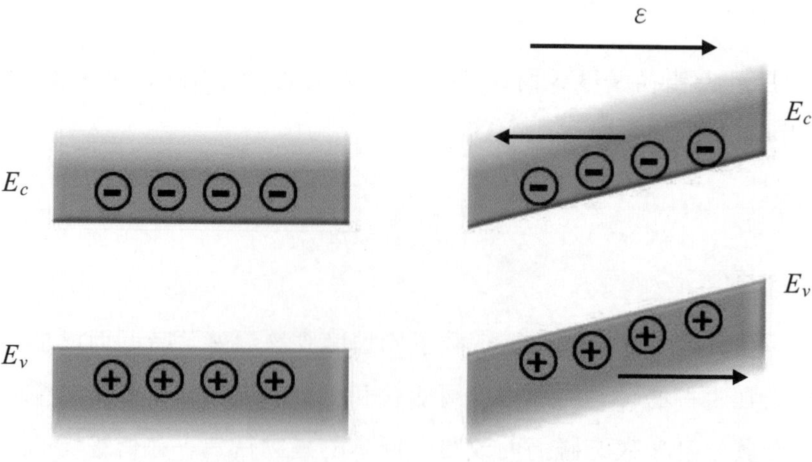

圖 2-33　電子和電洞在受到外加電場下移動的情形

電子和電洞的移動率和半導體中的雜質濃度以及溫度相關，不同的材料其移動率也不同，表 2-5 列出了在室溫下，低雜質濃度時，電子與電洞的移動率。

表 2-5　室溫 $T = 300$K 下，低摻雜濃度時各種材料之移動率

材料	μ_n(cm^2/V-sec)	μ_p(cm^2/V-sec)
Si	1350	480
GaAs	8500	400
Ge	3900	1900

一般而言，溫度愈低，載子和晶格原子的碰撞減少，移動率會提高，然而，當溫度低於某一程度之後，載子和游離之摻雜原子間的散射會增加，導致移動率又下降；另一方面，若半導體中的摻雜濃度降低，載子移動時和游離之摻雜原子間碰撞的機率變小，移動率也會提高。在這裡要注意的是在低電場的情況下，漂移速度υ_d遵從 $\mu\varepsilon$ 的關係，此時移動率為定值，但若電場持續增大，漂移速度υ_d將會漸漸飽和而進入非線性區域，最後在高電場下將會由飽和速度(saturation velocity)來主導載子的移動。

我們若將(2-125)和(2-126)加起來，將得到總合的漂移電流：

$$J_{drf} = e(\mu_p p + \mu_n n)\varepsilon \tag{2-127}$$

而

$$J_{drf} = \sigma\varepsilon \tag{2-128}$$

其中 σ 為導電率(conductivity)，單位為$(\text{ohm-cm})^{-1}$，其定義可標示為

$$\sigma = e(\mu_p p + \mu_n n) \tag{2-129}$$

而導電率和電阻率(resistivity)為倒數關係，因此我們可得到電阻率 ρ 為：

$$\rho = \frac{1}{\sigma} = \frac{1}{e(\mu_p p + \mu_n n)} \tag{2-130}$$

範例 2-14

在室溫下 $T = 300\text{K}$，Si 的摻雜濃度 $N_A = 0$ 以及 $N_D = 10^{17}\ \text{cm}^{-3}$，若一電場施加在 Si 上的大小為 $\varepsilon = 60$ V/cm，試估計漂移電流密度。

解：

由於 $N_D > N_A$，此半導體為 n 型半導體，電子為多數載子，其濃度為

$$n = \frac{N_D - N_A}{2} + \sqrt{\left(\frac{N_D - N_A}{2}\right)^2 + n_i^2}$$

$$\cong 10^{17}\ \text{cm}^{-3}$$

而少數載子電洞的濃度為：

$$p = \frac{n_i^2}{n} = \frac{(10^{10})^2}{10^{17}} = 10^3\ \text{cm}^{-3}$$

因此，漂移電流密度為：

$$\begin{aligned} J_{drf} &= e(\mu_n n + \mu_p p)\varepsilon \\ &= (1.6\times10^{-19})(1350\times10^{17} + 480\times10^3)(60) \\ &= 1296\ \text{A/cm}^2 \end{aligned}$$

我們可以從這個例子中知道，即使只有很小的電場也能產生很大的漂移電流，而漂移電流主要是由多數載子所主導。

2.5.2 擴散電流

在半導體中若載子的分佈在某時間不是均勻而呈梯度分佈時，儘管沒有電場的存在，載子仍將受到溫度的熱能激勵而產生隨機運動，而由高濃度的區域流向低濃度的區域，其流動速率和濃度梯度成正比。如圖 2-34(a)所示，電子在 $t = 0$ 時的濃度分佈呈現一梯度，此梯度促使電子往正 x 方向移動，造成電子流往負方向移動，由於此濃度梯度恰好為負，因此電子的擴散電流可表示為：

$$J_{n/dif} = eD_n \frac{dn}{dx} \tag{2-131}$$

其中 D_n 為電子的擴散係數(diffusion coefficient)，單位為 cm^2/sec。

同樣地，在圖 2-34(b)中，電洞在 $t = 0$ 時的濃度分佈呈現一負的梯度，電洞將往正 x 方向移動，形成正的電流，因此電洞的擴散電流可表示為：

$$J_{p/dif} = -eD_p \frac{dp}{dx} \tag{2-132}$$

其中 D_p 為電洞的擴散係數。

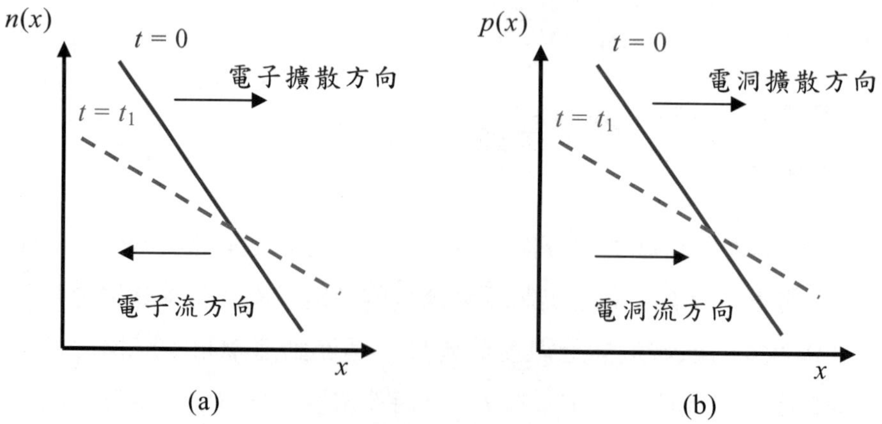

圖 2-34 (a)由於電子濃度分佈的梯度，產生電子擴散；(b)由於電洞濃度分佈的梯度，產生電洞擴散

若我們同時考慮漂移電流和擴散電流，可以得到

電子流：$J_n = e\mu_n n\varepsilon + eD_n \frac{dn}{dx}$ (2-133)

電洞流：$J_p = e\mu_p p\varepsilon - eD_p \frac{dp}{dx}$ (2-134)

而總電流為

$$J = J_n + J_p \tag{2-135}$$

若考慮一半導體在平衡狀態下，淨電流為 0，則(2-134)式表示為：

$$J_p(x) = 0 = e\mu_p p(x)\varepsilon(x) - eD_p \frac{dp(x)}{dx}$$

則

$$\varepsilon(x) = \frac{D_p}{\mu_p}\frac{1}{p(x)}\frac{dp(x)}{dx} \tag{2-136}$$

若 $dp(x)/dx = 0$，也就是說載子分佈均勻，也就不會有內建電場產生。我們從 Boltzmann 分佈函數可知

$$p = n_i e^{(E_i - E_f)/k_B T} \tag{2-137}$$

則

$$\frac{dp(x)}{dx} = \frac{dp(x)}{dE}\frac{dE}{dx}$$

$$= \frac{p(x)}{k_B T} e\varepsilon(x) \tag{2-138}$$

代回(2-136)式

$$\varepsilon(x) = \frac{D_P}{\mu_p} \frac{1}{p(x)} \frac{p(x)}{k_B T} e\varepsilon(x) \tag{2-139}$$

整理可得愛因斯坦關係式(Einstein relationship)

$$\frac{D_p}{\mu_p} = \frac{k_B T}{e} \tag{2-140}$$

此關係式以 k_BT/e 聯結了半導體中二個重要的參數：移動率和擴散係數。一般而言在室溫下，移動率是擴散係數的四十倍左右。表 2-6 列出了常用的半導體材料在室溫下其移動率和擴散係數的值。

表 2-6　在室溫 $T = 300$K 下，常用半導體之移動率擴散係數
(μ = cm^2/V-sec，D = cm^2/sec)

材料	μ_n	D_n	μ_p	D_p
GaAs	8500	220	400	10.4
Si	1350	35	480	12.4
Ge	3900	101	1900	49.2

範例 2-15

室溫 T = 300K 下，有一 GaAs 摻雜受體 $N_A = 10^{18}\ \text{cm}^{-3}$，若有一道雷射光射入 GaAs 中產生出 $10^{16}\ \text{cm}^{-3}$ 的電子電洞對，並在 10 μm 的距離內，少數載子的濃度從 $10^{16}\ \text{cm}^{-3}$ 線性地降到 $10^{14}\ \text{cm}^{-3}$，試計算擴散電流的大小。

解：

此 p 型 GaAs 中，$p = N_A = 10^{18}\ \text{cm}^{-3}$ 為多數載子，受到雷射光激發的多餘載子並不會造成多數載子在濃度上產生很大的變化。而對少數載子電子濃度而言：

$$n = \frac{n_i^2}{p} = \frac{(5\times10^6)^2}{10^{18}} = 2.5\times10^{-5}\,cm^{-3}$$

雷射光激發產生的多餘載子主導了少數載子的傳輸行為，而多餘載子在空間中濃度的變化就會明顯地貢獻到擴散電流了，因此：

$$J_{n/dif} = eD_n\frac{\Delta n}{\Delta x}$$

$$= (1.6\times10^{-19})(220)(\frac{10^{16}-10^{14}}{10\times10^{-4}})$$

$$= 348.5\ \text{A/cm}^2$$

由此可知相對於漂移電流，擴散電流大部分是由少數載子所主導。

2.6 載子躍遷

在上一小節中我們討論了載子的傳輸，這種載子的動態變化是屬於空間上的變化，在能帶圖中表現出橫方向的遷移。接下來，在這一小節中，我們要討論載子在能帶圖中垂直方向的躍遷，也就是在能量上的變化。當一個電子從價電帶向上躍遷至導電帶時，我們稱為電子與電洞的產生(generation)，相反的，若是一個電子從導電帶向下躍遷至價電帶時，我們稱之為電子與電洞的復合(recombination)。由於這是在能量上的躍遷變化，因此載子的產生必會伴隨著能量的吸收，如吸收外部光激發或電激發的能量，相反地，載子的復合必會伴隨著能量的釋放，其中若以光子的形式釋放能量，則稱之為輻射復合，若不是以光子的形式釋放能量，而改以如熱能的形式釋放的過程，則稱之為非輻射復合。

2.6.1 載子產生與復合

我們先考慮最簡化的情形，在熱平衡的條件下，導電帶中的電子和價電帶中的電洞作復合，這種過程稱之為帶間復合(band-to-band recombination)。如圖 2-35 所示，價電帶中的電子所受到熱擾動而向上躍遷至導電帶產生電子電洞對，然而電子在導電帶中並不會久待，經過一段時間後，因為導電帶中的電子相對於價電帶而言具有較高的能量，電子會傾向跳回價電帶中，由於半導體是處在熱平衡的情況，導電帶中的電子數目和價電帶中的電洞數目應該要維持不變，我們知道載子的產生速率必須和復合的速率相同，以維持熱平衡的條件，因此電子和電洞的數目其實是維持在動態的平衡狀況。

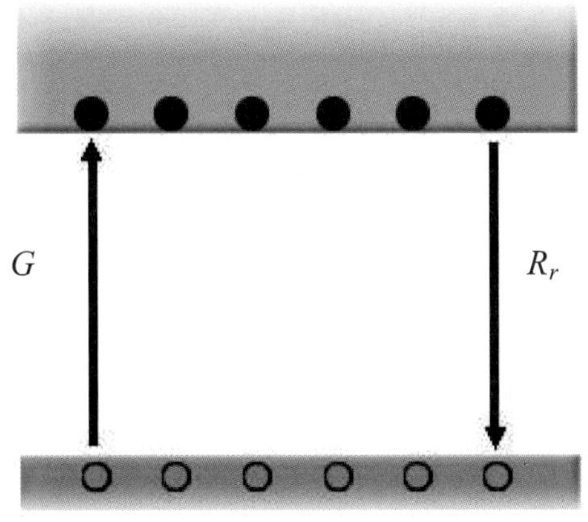

圖 2-35 熱平衡狀態下帶間復合

我們可以定義單位體積下的復合速率(recombination rate)為 R_r ($cm^{-3}sec^{-1}$)，而產生速率(generation rate)為 G ($cm^{-3}sec^{-1}$)，而復合速率和電子與電洞的濃度乘積成正比，即：

$$R_r = Bn_0p_0 = G_0 \tag{2-141}$$

其中 n_0 和 p_0 為本質電子與電洞濃度，而 B 為復合常數，其單位為(cm^3sec^{-1})。對一般本質半導體而言，n_0 和 p_0 的值都很小，因此產生速率和復合速率都很慢；若是外質 n 型半導體，僅管其電子濃度 n 很大，但相對的，電洞濃度 p 會變小，因此 n 和 p 的乘積還是很小，復合的速率仍然很慢；同理，對外質 p 型半導體而言，也是相同情況。因此在熱平衡的條件下，載子產生和復合的速率一般而言都不大。

若在非熱平衡的條件下，例如在某一瞬間，外加了多餘的載子到半導體中，假設多餘載子的濃度為 Δn (= Δp，維持電中性的條件)，則電子的濃度變為 $n_0+\Delta n$，而電洞的濃度變為 $p_0+\Delta p$，假設輻射復合為主導整體復合的過程，因此淨復合速率為：

$$R_r = -(\frac{dn}{dt})_{rad}$$
$$= B \cdot n \cdot p - G_0 \qquad (2\text{-}142)$$

其中 n 和 p 為所有的電子和電洞的濃度，由於外加載子的動作已完成了，在半導體中的載子產生機制僅剩前面所提到的熱擾動提供向上躍遷的過程，其速率為 $G_0 = Bn_0p_0$，因此(2-142)式可整理為：

$$\begin{aligned} R_r &= B(n_0 + \Delta n)(p_0 + \Delta p) - Bn_0p_0 \\ &= B(n_0\Delta p + p_0\Delta n + \Delta n\Delta p) \\ &= B(n_0 + p_0 + \Delta n)\Delta n \qquad (2\text{-}143) \end{aligned}$$

我們可以定義在外加注入的條件下載子生命期(carrier lifetime) τ_r 為：

$$R_r = \frac{\Delta n}{\tau_r} = -\frac{d\Delta n}{dt} \qquad (2\text{-}144)$$

$$\tau_r = \frac{1}{B(n_o + p_0 + \Delta n)} \qquad (2\text{-}145)$$

(2-144)式的解為：

$$\Delta n(t) = n_0 e^{-t/\tau_r} \tag{2-146}$$

表示多餘載子會以 τ_r 為時間常數之指數函數形式逐漸變少。對一般半導體雷射的操作範圍而言，外加注入的載子濃度通常遠大於本質半導體載子的濃度，因此載子生命期可簡化為：

$$\tau_r \cong \frac{1}{B\Delta n} \tag{2-147}$$

也就是說，在高注入下，載子生命期和注入載子的濃度有關，當注入愈多，載子之間碰撞的機率變大，復合的速率變快，因此載子生命期變短。(2-147)式適用於當多餘載子濃度的值落在 10^{17} 到 10^{18} cm^{-3} 間，當注入濃度更高時，載子生命期會趨近一定值，其值之大小和材料有關，例如對 GaAs 而言，載子生命期約為 0.5 nsec。另一方面，在低注入的條件之下，若 $\Delta n < n_0 p_0$，則載子生命期變為：

$$\tau_r = \frac{1}{B(n_0 + p_0)} = \frac{1}{2Bn_i} \tag{2-148}$$

由於 n_i 是溫度的函數，在固定的溫度條件下，載子生命期為定值。

對於不同的半導體材料，其復合常數 B 皆不相同，而就**直接能隙**的材料而言，其輻射復合的效率很高，B 值較大，約為 10^{-11} 到 10^{-9} cm^3sec^{-1} 之間；而對**間接能隙**的材料而言，其載子復合的過程要有聲子的協同才能完成，因此復合的效率較低，B 值約在 10^{-15} 到 10^{-13} cm^3sec^{-1} 之間，遠比直接能隙材料的復合常數小了 4 個數量級以上。

範例 2-16

一半導體材料 InGaAsP 之復合常數 $B = 10^{-10}\ cm^3sec^{-1}$，若注入載子濃度 $n = 10^{18}\ cm^{-3}$，試求載子生命期與復合速率。

解：

$$\tau_r = \frac{1}{10^{-10} \times 10^{18}} = 10^{-8} = 10\ n\sec$$

$$R_r = \frac{\Delta n}{\tau_r} = B(\Delta n)^2$$

$$= 10^{-10} \times (10^{18})^2 = 10^{26}\ (cm^{-3}\ sec^{-1})$$

2.6.2　輻射復合與非輻射復合

載子復合的過程中若可以放出光子，我們稱之為輻射復合，相反地，若復合的過程中不會放出光子，我們稱之為非輻射復合。除了這二個大項的分類之外，輻射復合的過程又可細分為好幾種機制，底下我們將配合圖 2-36 來介紹主要的四種輻射復合的機制。

(1) 帶間復合(band-to-band recombination)

這是直接能隙半導體材料中最常見的一種輻射復合方式，如圖2-36(a)所示，位於導電帶最底部的電子和位於價電帶最頂端的電洞很容易藉由復合而放出光子，其光子的能量接近或略大於半導體的能隙。在發光二極體或雷射二極體中的輻射復合大多屬於這種模式。

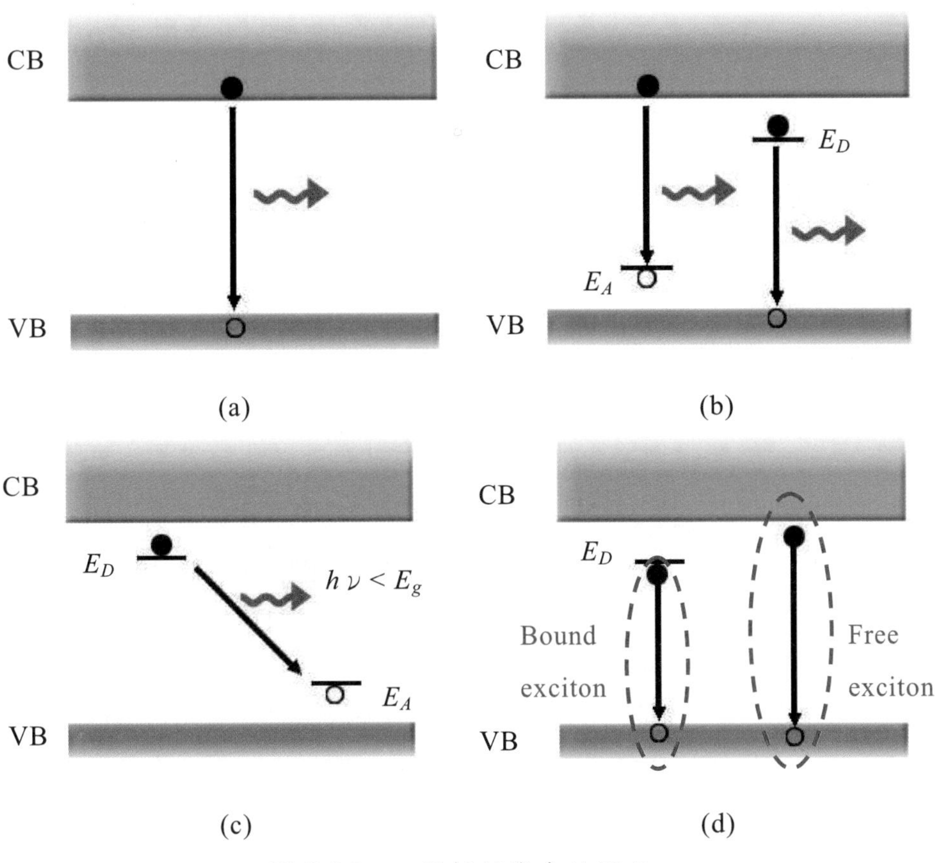

圖 2-36　四種輻射復合的過程

(2) **帶-雜質能階復合**(band-to-impurity level recombination)

在外質半導體中，若摻雜有大量的雜質，不管是施體或是受體，皆會在能隙中形成特定的能階，因此如圖 2-36(b)所示，電子可由導電帶躍遷至受體能階或是由施體能階躍遷至價電帶，皆可放出光子，只是此光子的能量將小於半導體的能隙，對某些特定功能的發光元件的主動層可能需要放入大量的雜質，在這種情況下，帶至雜質復合將主導放光的機制。

(3) **施體-受體對復合**(donor-acceptor pair recombination)

如圖 2-36(c)電子在施體與受體之間進行躍遷，又被稱為 DA 躍遷。在間接能隙的半導體材料中，由於電子與電洞在帶間復合的效率很差，因此透過電子從施體與受體之間的復合將主導間接能隙的放光機制。

(4) **激子**(exciton)**躍遷**

導電帶中的電子和價電帶中的電洞會因庫倫吸引力而相互靠近形成類似氫原子的準粒子在半導體中，我們稱這種準粒子為激子。當激子中的電子電洞復合時，激子消失回到基態，會放出光子，其光子的能量會略小於能隙，其能量的差異即為激子的束縛能(binding energy)。對一般光電半導體如 GaAs 而言，其束縛能約為 5~10 meV，遠小於室溫的能量(26 meV)，因此激子僅能在低溫下存活。然而對於一些寬能隙的半導體材料如 GaN，ZnO 等，其激子束縛能在 30 meV 以上，因此在室溫下，這些寬能隙半導體材料的放光機制將由激子躍遷主導。如圖 2-36(d)所示，由自由電子和自由電洞所組成的激子可自由移動，又被稱為自由態激子(free exciton)。若激子被雜質吸引，可形成束縛態激子(bound exciton)，其放光能量通常比自由態激子的放光能量更小。

以上四種輻射復合都需要電子和電洞的參與，因此其復合速率和 *np* 的乘積成正比，亦即是和載子濃度的平方成正比。

另一方面，非輻射復合也有很多種形式，底下我們討論三種最常見的非輻射復合的機制。

(1) 經由缺陷(defect)復合

若半導體材料的晶體品質不好，或遭到外力的破壞，晶體內部將形成缺陷，在這些不完美排列的晶格缺陷處，會形成許多在能隙中的能態，而這些能態會捕捉近處的電子或電洞，如圖 2-37(a)所示，而當電子或電洞被捕捉之後僅會放出聲子，亦即是載子消失後並不會以光子的形式，反而以熱能的形式釋放能量，若有太多的熱能累積在半導體材料中，將會製造出更多的缺陷，所以我們通常希望此種復合的機率必須要愈少愈好。

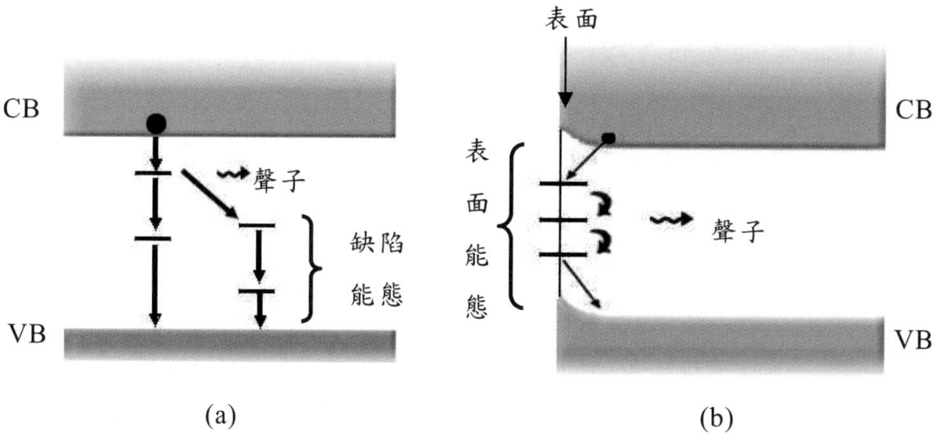

圖 2-37　非輻射復合的過程

(2) 經由**表面能態**(surface state)復合

在半導體的表面處，對電子而言其晶格已不再連續，其能隙大小和在半導體處已不同，再加上半導體的表面有許多的**斷鍵**(dangling bond)形成表面能態，這些表面能態也會捕捉表面附近的電子和電洞而以聲子的形式放出能量，如圖 2-37(b)所示，同樣地，這種方式的復合不僅不會貢獻出光子，還可能會對元件材料造成損壞，尤其是表面積愈大的結構，此效應愈明顯。

以上二種非輻射復合的機制皆可用 Shockley-Read-Hall(SRH)復合的模型來說明，SRH 模型定義載子復合生命期為：

$$\tau_{nr}^{t} = \frac{1}{N_t \upsilon_t \sigma_t} \tag{2-149}$$

其中 N_t 為缺陷密度；而 υ_t 為電子受熱移動的速度；σ_t 為缺陷用來捕捉電子的平均截面積；一般而言，電子移動速度約為 10^5 cm/sec，而 σ_t 約為 10^{-15} cm^2，若 N_t 為 2×10^{16} cm^{-3}，則 τ_{nr}^{t} 為 500 nsec。由於此種復合的生命期僅和缺陷密度有關，因此非輻射復合的速率和載子濃度 n 成正比。

(3) **Auger 復合**：

Auger 復合基本上需要三個粒子才能完成。如圖 2-38(a)中，導電帶中有電子 1 和電洞 2 復合，但復合放出的能量並沒有貢獻出光子，反而是將此能量轉移到導電帶中的另一顆電子 3，電子 3 藉此能量往上躍遷至 4 的位置，在這個碰撞過程中由於須遵守能量守恆，因此位置 4 到 3 之間的能量差要等於位置 1 到 2 之間的能量差；同時為滿足動量守恆，因此位置 4 到 3 之間的動量差(*E-k*

圖中的橫方向差異)要抵消位置 1 到 2 之間的動量差。而電子到達位置 4 之後，會迅速的放出聲子，逐漸損失能量而回到導電帶底部，因此整個復合過程中損失了一個電子電洞對，但卻沒有放出光子，相反地卻放出了熱能，所以 *Auger* 復合也屬於一種非輻射復合。我們按照載子碰撞與躍遷的發生位置命名圖 2-38(a)中的過程，先是導電帶(C)中的電子和重電洞帶(H)中的電洞復合，使得導電帶(C)中的另一顆電子往更高的導電帶(C)躍遷，因此命名為 CHCC 過程。

同樣地，如圖 2-38(b)中，導電帶(C)中的電子和重電洞帶(H)中的電洞復合，使得重電洞帶(H)中的電洞往能量更高的輕電洞帶(L)躍遷，因此命名為 CHHL 過程。在圖 2-38(c)中，導電帶(C)中的電子和重電洞帶(H)中的電洞復合，使得重電洞帶(H)中的電洞往能量更高的分離能帶(S)躍遷，因此命名為 CHHS 過程。

在 CHCC 過程中牽涉到二個電子和一個電洞，因此其復合速率和 n^2p 成正比，若電子濃度愈高，復合速率愈快，故 n 型半導體中以 CHCC 過程為主，另一方面，由於 CHHL 和 CHHS 過程牽涉到一個電子和二個電洞，其復合速率和 np^2 成正比，故在 p 型半導體中以 CHHL 和 CHHS 過程成為主。我們可以將 Auger 復合速率表示為：

$$R_A = C_n n^2 p + C_p np^2 = Cn^3 \tag{2-150}$$

其中 C_n 為 CHCC 過程的速率常數，C_p 為 CHHL 和 CHHS 過程的速率常數，我們可以用 C 常數來代表所有 Auger 復合的常數，由於 R_A 正比於 n^3，因此當載子濃度愈高或是高注下的條件下，Auger 非輻射復合的速率會愈來愈明顯。不同的半導體材料，其 Auger

複合常數 C 不同，一般而言，能隙愈小的材料較容易滿足上述碰撞過程中能量與動量守恆的條件，因此 C 值較大，例如以 InGaAaP 材料為主的通訊用長波長半導體雷射就深受 Auger 複合的影響。

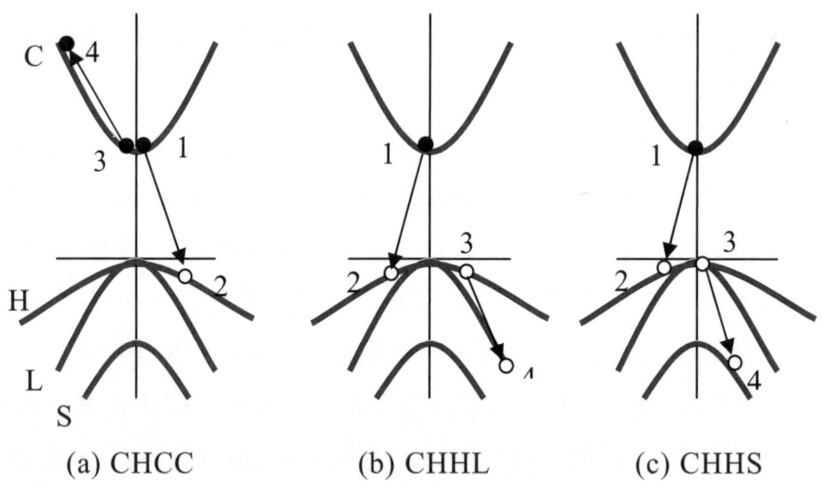

圖 2-38　*Auger* 非輻射復合的過程

2.6.3　內部量子效率與載子生命期

當有載子濃度 n 注入到半導體之後，這些多餘載子會逐漸因復合而減少；我們可以用一個載子生命期 τ_n 來代表載子減少的時間常數並列出一條簡單的速率方程式來描述載子隨時間變化的情形：

$$-\frac{dn}{dt} = \frac{n}{\tau_n}$$

$$= \frac{n}{\tau_{nr}} + \frac{n}{\tau_r} \tag{2-151}$$

其中 τ_r 為輻射復合的生命期，而 τ_{nr} 為非輻射復合的生命期，此生命期包含了 SRH 復合和 Auger 復合的過程，因此，我們可以得到：

$$\frac{1}{\tau_n} = \frac{1}{\tau_{nr}} + \frac{1}{\tau_r} \tag{2-152}$$

或

$$\tau_n = \frac{1}{\frac{1}{\tau_{nr}} + \frac{1}{\tau_r}} \tag{2-153}$$

對於發光元件如半導體雷射或發光二極體而言，並不是所有注入的載子都會經由輻射復合的過程放出光子，因此，我們可以定義內部量子效率(internal quantum efficiency)來衡量注入的載子貢獻到輻射復合的比率：

$$\eta_i = \text{內部量子效率}$$

$$= \frac{\text{輻射再結合速率}}{\text{整體再結合速率}}$$

$$= \frac{\frac{1}{\tau_r}}{\frac{1}{\tau_r} + \frac{1}{\tau_{nr}}} \tag{2-154}$$

上式也可以表示成

$$\eta_i = \frac{1}{1 + (\tau_r / \tau_{nr})} \tag{2-155}$$

因此，若$\tau_r / \tau_{nr} << 1$或$1/\tau_r >> 1/\tau_{nr}$的情況下，輻射復合的速率主導整體復合的速率，內部量子效率η_i趨近於 1，也就是說大部分注入的載子都會有效率地轉為光子放射；相反的，若$\tau_{nr} << \tau_r$或$1/\tau_{nr} >> 1/\tau_r$的情況下，非輻射復合的速率主導整體復合的速率，內部量子效率η_i會遠小於 1，發光效率自然低落。因此，我們要儘量避免在晶體中引入缺陷、錯位等不完美的晶格，使非輻射復合生命期增長，以增加發光元件的操作效率。

範例 2-17

一半導體材料在室溫 T = 300K 下，其τ_r = 10 nsec，而τ_{nr} = 1 nesc；若在 T = 10K 下，其τ_r仍維持不變，但τ_{nr}增長為 10 nsec，試分別計算在 T = 300K 以及 T = 10K 下的內部量子效率。

解：

(a) T = 300K，

$$\eta_i = \frac{\frac{1}{\tau_r}}{\frac{1}{\tau_{nr}} + \frac{1}{\tau_r}} = \frac{\frac{1}{10}}{\frac{1}{1} + \frac{1}{10}}$$

$$= 9.1\%$$

(b) $T = 10\text{K}$，

$$\eta_i = \frac{\frac{1}{10}}{\frac{1}{100} + \frac{1}{10}}$$

$$= 91\%$$

一般而言，半導體材料在低溫下的內部量子效率較高，因為低溫下的非輻射復合的速率會變慢許多。

習題

1. 一位於價電帶中的電子其波向量 $|k| = 1.00\times10^7\,\text{cm}^{-1}$，若吸收了一光子之後躍遷至導電帶其波向量 $|k|$ 變為 $1.01\times10^7\,\text{cm}^{-1}$，試計算被吸收光子的波長。
2. 一直接能隙的半導體材料具有拋物線的能帶結構，其能隙大小為 2.4 eV，而有效質量 $m_c^* = 0.08m_0, m_v^* = 0.4m_0$。假設一垂直躍遷是從導電帶底部往上 0.12 eV 的位置向下復合而放出光子，
   (a) 試計算電子躍遷到價電帶的能量位置。
   (b) 試計算此復合所放射出的光波長。
3. (a) 試推導在二維自由度中的能態密度 $N_{2D}(E)$可表示為
   $$N_{2D}(E) = \frac{m^*}{\pi\hbar^2}$$
   (b) 若一半導體之有效質量 $m^* = 0.6\ m_0$，試估計能態密度 $N_{2D}(E)$的大小。
4. 室溫下，在 GaAs 材料中，若電子濃度 $n = 3\times10^{17}\ \text{cm}^{-3}$，
   (a) 試用 Boltzmann 近似計算費米能階的位置。
   (b) 試用 Joyce-Dixon 近似計算費米能階的位置。
   (c) 比較(a)和(b)所得結果之差異。
5. 室溫下，GaN 的能隙為 3.45 eV，有效質量 $m_c^* = 0.22m_0$ 以及 $m_v^* = 0.8m_0$
   (a) 試計算 GaN 中導電帶的有效能態密度與價電帶的有效能態密度。
   (b) 試計算 GaN 的本質載子濃度 n_i。
6. GaAs 在室溫下電子的有效質量為 $m_c^* = 0.067m_0$，而電洞的有效質量

為 $m_v^* = 0.45m_0$。若電子和電洞的濃度一起由 $6.0\times10^{17}\ cm^{-3}$ 增加到 $5.0\times10^{18}\ cm^{-3}$，試畫出$(E_c-E_{fn})$和$(E_v-E_{fp})$對載子濃度的圖形。

7. 若一半導體在室溫下 $T = 300K$ 時能隙 $E_g = 1.2$ eV，在不同載子濃度注入下，其準費米能階的位置如下圖所示。
   (a) 假設 $E_c-E_{fn} = 0.2$ eV，$E_{fp}-E_v = 0.1$ eV。P_2代表電子能量 E_2時電子存在的機率，而 P_1代表電子能量在 E_1時電子存在的機率。若 $E_2 = E_c$ 以及 $E_1 = E_v$試計算 $P_2 - P_1$。
   (b) 假設 $E_{fn} = E_c = E_2$，$E_{fp} = E_v = E_1$，試計算 $P_2 - P_1$。
   (c) 假設 $E_c-E_{fn} = -0.1$ eV，$E_{fp}-E_v = -0.05$ eV，而 $E_2 = E_c$ 以及 $E_1 = E_v$，試計算 $P_2 - P_1$。

E_c —— E_2

E_{fn} - - - - -

E_{fp} - - - - -

E_v —— E_1

閱讀資料

1. N. W. Ashcroft and N. D. Mermin, *Solid State Physics*, Philadelphia W. B. Saunders, 1976
2. C. Kittle, *Introduction to Solid State Physics*, 7th ed., New York, Wiley, 1996
3. D. A. Neamen, *Semiconductor Physics Devices: Basic Principles*, Homewood, IL, Irwin, 1992
4. S. Wang, *Fundamentals of Semiconductor Theory and physics*, Englewood Cliffs, Nj, Prentice Hall, 1989.
5. S. M. Sze, *Physics of Semiconductor Devices*, 2nd ed., New York, Wiley, 1981
6. A. S. Grove, *Physics and Technology of Semiconductor Devices*, New York, Wiley, 1967
7. R. A. Smith, *Semiconductors*, 2nd ed., Cambridge University Press, 1978
8. S.L. Chuang, *Physics of Optoelectronics Devices*, Wiley, 1995
9. H. Kressel, and J.K. Butler, *Semiconductor Lasers and Heterojunction LEDs*, Academic Press, 1977
10. G. H. B. Thompson, *Physics of Semiconductor Laser Devices*, John Wiley & Sons, 1980
11. B. G. Streetman and S. Banerjee, *Solid State Electronic Devices*, 5th ed., Prentice Hall, 2000
12. R. F. Pierret, *Semiconductor Device Fundamentals*, Addison Wesley,

1996.

13. M. Shur, *Physics of Semiconductor Devices*, Prentice, Prentice Hall, 1990.
14. P. Bhattacharya, *Semiconductor Optoelectronic Devices*, 2nd Ed., Prentice-Hall, 1997

第三章

光電半導體異質接面

在回顧了基本光電半導體物理的概念之後，在本章中我們將接著介紹如何把電子和電洞注入到主動層的機制：***p-n* 接面**。*p-n* 接面為一般發光元件如發光二極體與半導體雷射的重要結構之一，簡單來說，以電激發方式來操作的半導體雷射，其 *p-n* 接面的二端分別可以提供大量的電子和電洞，這些電子和電洞在外加電場的驅動入分別注入 *p-n* 接面，*p-n* 接面處匯集了大量的電子和電洞，可以提高電子和電洞復合而發出光子的機率，因此 *p-n* 接面成為可以將光放大的**增益介質** (gain medium)，而其放大的能力和注入的載子濃度有關，當注入載子濃度到達**雷射閾值**(laser threshold)時，則可以發出雷射光。

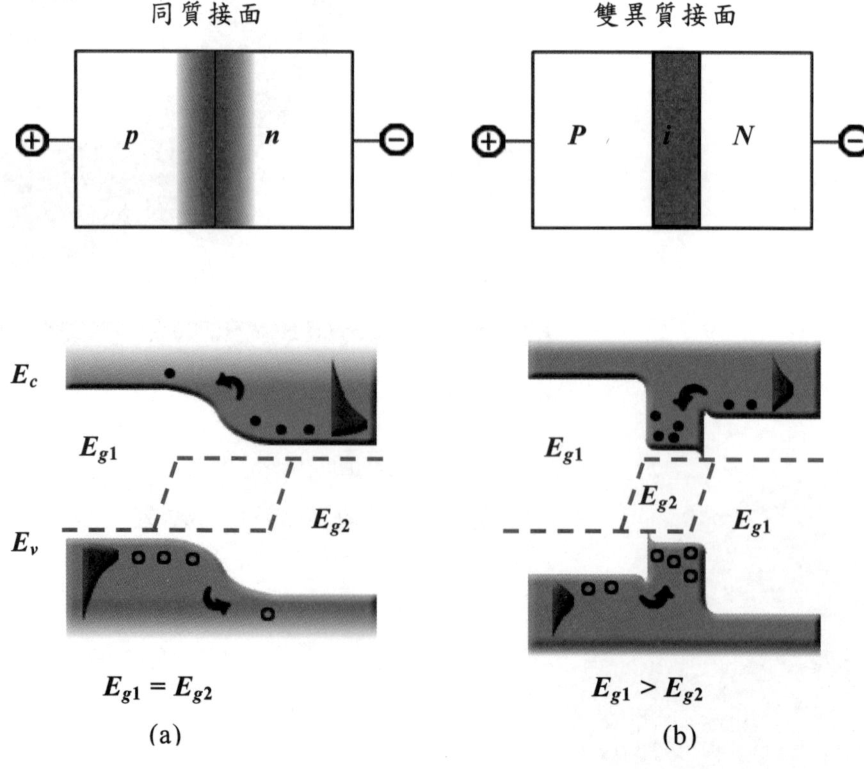

圖 3-1 (a)同質接面結構圖；(b)雙異質接面結構圖

一般而言，*p-n* 接面可分為同質接面(Homojunction)與異質接面(Heterojunction)；同質接面是指二個相同的材料，其能隙大小相同，但摻雜的雜質不同，一為 *n* 型半導體，一為 *p* 型半導體，二者所形成的接面。而異質接面是指二個不同的材料，其能隙大小不同，晶格大小相近，二個材料中可能摻雜不同的雜質，二者所形成的接面。若將二個異質接面串接在一起，即成為**雙異質接面**(double heterojunction, DH)，此種結構為目前大部分的半導體雷射所採用。事實上，世界上最早的半導體雷射是同質接面的結構，如圖 3-1(a)所示，當 *p* 型半導體的一端接正電壓，而 *n* 型半導體的另一端接負電壓，電洞和電子會分別由 *p* 型半導體和 *n* 型半導體往 *p-n* 接面注入。由圖可知，當電子或電洞靠近 *p-n* 接面時，很容易會超過接面到達另一端而不容易在接面處形成復合發出光，我們可以想像如此的接面對載子的侷限效果不好，另外，由於同質接面都是由同一種材料構成的，整個結構的折射率都相同，對光而言沒有波導的作用，因此這種同質接面的半導體雷射的特性很差，甚至不能在室溫下操作。而雙異質接面的半導體雷射，結構如圖 3-1(b)所示，則可以克服上述同質接面的二大缺點。圖 3-1(b)中的結構係由三種材料構成，最左為 *P* 型材料，其能隙較大，接著是本質半導體，其能隙較小，最右為 *N* 型材料，其能隙較大，同樣地在 *P*, *N* 材料二端施以正負電壓，電子和電洞會往 *P-N* 接面靠近，但和同質接面不同的是，電子在注入中央能隙較小的材料後因為受到較高的能量障壁的阻擋，不容易流至能隙較大的 *P* 型半導體，而電洞也遭遇相同的情形，因此電子和電洞可以大量累積在夾在中央能隙較小的材料中，電子和電洞便有許多機會可以復合發出光子，而成為良好的主動層，我們因此可以想像雙異質接面具有非常好的載子侷限能力。同時，由於能隙較小的材料，通常其折射率較大，而能隙較大的材料其折射率較小，因此雙異質接面主動層其較大的折射率扮演了類似波導的功能，可以將光侷限在主動層附近，這些優點使得雙異質結構的半導體雷射可以在室溫下連續操作，也使得半導體雷射具有真正實用的價值。

儘管半導體雷射主要採用的是異質接面，我們在本章一開始還是先介紹同質接面的特性，而這些特性都可以類推到接著要介紹的異質接面上。接下來，再推廣到雙異質接面的結構以及討論這些不同接面的注入效率。本章結束前，我們將會介紹一般發光二極體的結構以及其輸入與輸出之間的特性。

3.1 同質 *pn* 接面

在這一小節中，我們假設二個相同材料卻均勻地摻雜著分別為 *n* 型和 *p* 型雜質接觸在一起所形成的接面，如圖 3-2 所示。*p* 型和 *n* 型半導體接觸之後，*p* 型中的自由電洞被擴散作用驅使將往接面中的另一端即 *n* 型半導體流動，而 *n* 型中的自由電子將擴散到 *p* 型半導體中。這些跨越接面後的載子立刻成為少數載子，經由和多數載子復合的過程中消失，這些自由載子在接面附近相繼消失後，在 *p* 型半導體一側留下帶負電不可移動的離子，在 *n* 型半導體的一側留下帶正電不可移動的離子，這個區域被稱為空乏區(depletion region)。由於空乏區不

接觸前

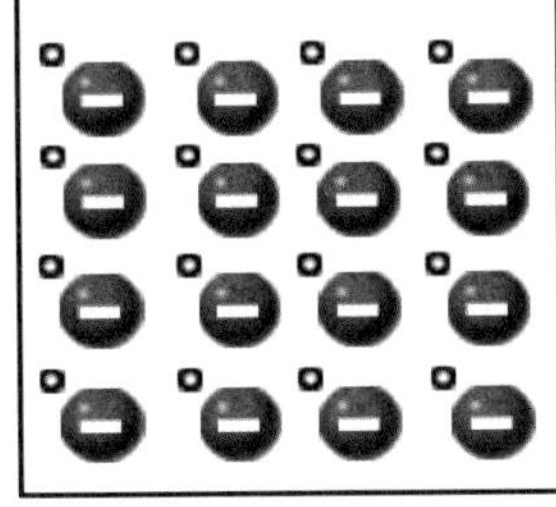

p 型半導體

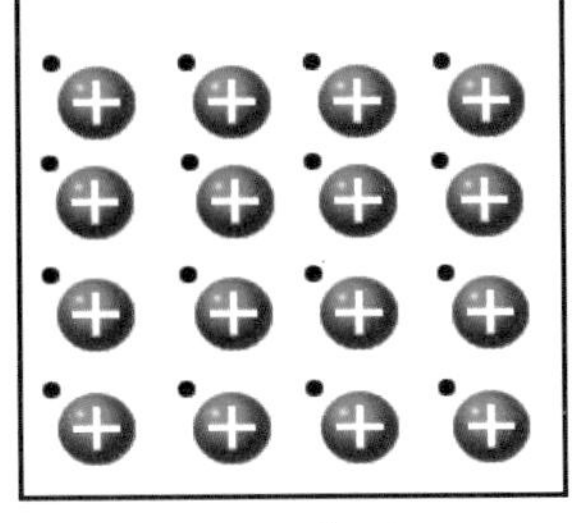

n 型半導體

游離化施體

游離化受體

電子

電洞

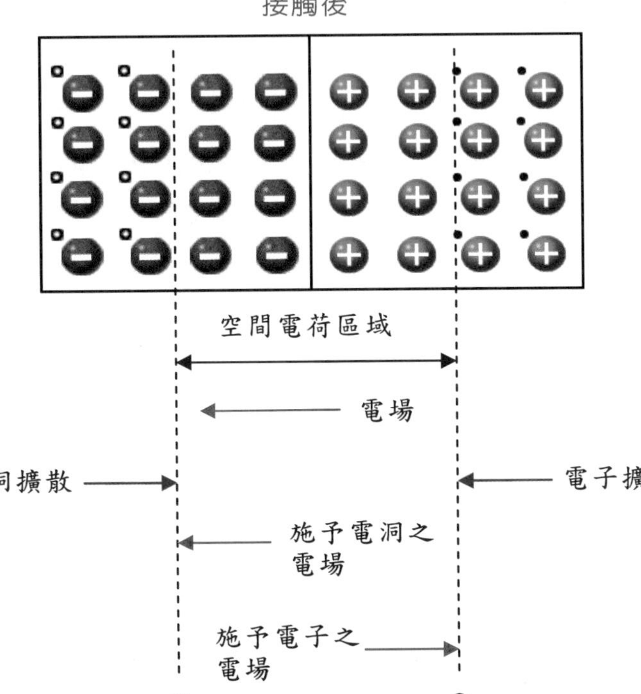

圖 3-2 *p-n* 接面接觸前、接觸後的空間示意圖以及空乏區與內建電場的產生機制

再呈現電中性，而是由正負離子這些空間電荷(space charge)所佔據的區域，在此區域中將會產生一內建電場(built-in E-field)，此內建電場的方向由 n 型空乏區中的正電荷指向 p 型空乏區中的負電荷，剛好可以阻擋來自 p 型半導體中擴散而來的電洞以及來自 n 型半導體中擴散而來的電子。因此 p-n 接面在平衡條件下，擴散的電流恰好被伴隨產生的內建電場所抵消，而不會有任何載子的流動。

3.1.1 內建電位

接下來我們將以能帶圖的概念來推導內建電場以及內建電位(built-in potential)的大小。在接面尚未接觸前，n 型和 p 型半導體的能帶圖如圖 3-3(a)所示。其中 E_{vac} 為真空能階，亦即電子跳脫半導體的束縛後所處的能量，而χ_1 和χ_2 為半導體材料的電子親和力(electron affinity)，指電子從導電帶底部躍遷至真空所需的能量，因此$\chi = E_{vac} - E_c$，由於同質 p-n 接面二側的半導體材料相同，因此$\chi_1 = \chi_2$。而 Φ_1 和 Φ_2 為功函數(work function)，指電子從費米能階躍遷至真空所需的能量，所以 $\Phi = E_{vac} - E_f$，由於 E_f和雜質濃度與種類有關，因此 p 型中的 Φ_1 大於 n 型半導體中的 Φ_2。

當 p 型半導體和 n 型半導體接觸而達成熱平衡後，不會有任何的載子流動，因此費米能階必須是一條水平的能階跨越 p-n 接面，如圖 3-3(b)所示。為維持此一水平的費米能階以及遠離 p-n 接面的 p 型和 n 型半導體的特性不變(也就是 p 型的費米能階會靠近價電帶，而 n 型的費米能階會靠近導電帶)，因此在熱平衡下，p 型半導體的導電帶與價電帶必須要相對地往上提昇，如圖 3-3(b)所示。導電帶向上提升的結

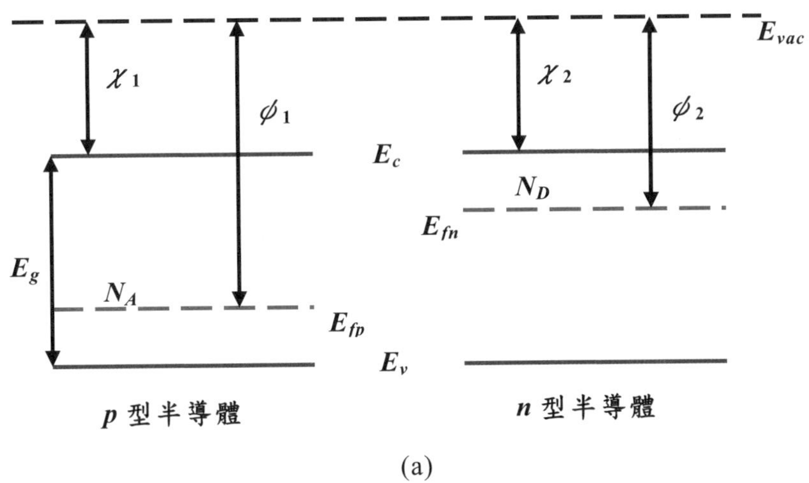

(a)

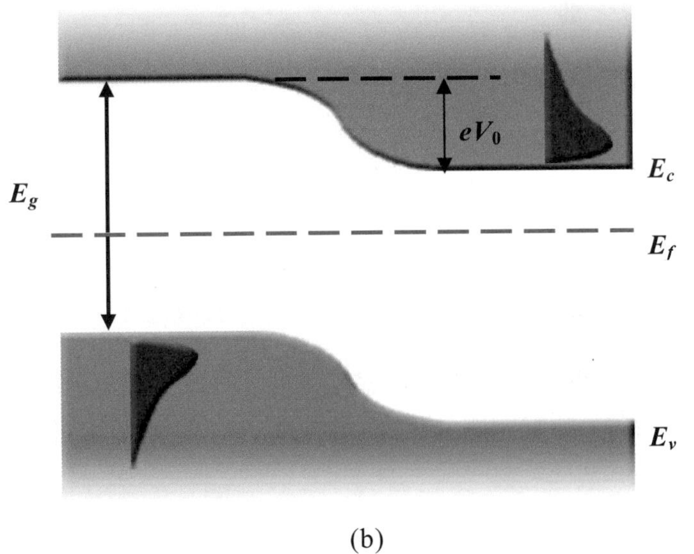

(b)

圖 3-3 (a) p 型和 n 型半導體之能帶圖；(b) p 型導體和 n 型半導體接觸後形成 p-n 接面的能帶圖

果，造成 n 型中的電子將在接面處遇到內建能障阻止其進一步往 p 型流動，另一方面，p 型半導體中的電洞也會在接面處遇到內建能障而阻止電洞往 n 型半導體流動(注意能帶圖中電洞的能量愈往下愈大！)，因此在平衡條件下，我們可以知道這內建電位實為 p 型和 n 型半導在未接觸前費米能階的差異。

所以，內建電位或稱為接觸電位(contact potential)為：

$$\begin{aligned} eV_0 &= \phi_1 - \phi_2 \\ &= E_g - (E_c - E_{fn}) - (E_{fp} - E_v) \end{aligned} \tag{3-1}$$

其中 E_g 為半導體能隙，而 E_{fn} 和 E_{fp} 分別和 n 型半導體中以及 p 型半導體中的多數載子濃度有關，假設雜質完全游離的情況下，我們使用 Boltzmann 近似，則

$$E_c - E_{fn} = -k_B T \ln(\frac{n_n}{N_c}) \tag{3-2}$$

$$E_{fp} - E_v = -k_B T \ln(\frac{p_p}{N_v}) \tag{3-3}$$

其中 n_n 為 n 型半導體中的多數載子，即電子濃度；而 p_p 為 p 型半導體中的多數載子，即電洞濃度。而 $n_n = N_D$，$p_p = N_A$。由群體作用定律可知：

$$n_i^2 = N_c N_v e^{-E_g / k_B T} = n \cdot p = n_n p_n = n_p p_p \tag{3-4}$$

其中 p_n 為 n 型半導體中的少數載子，即電洞濃度；而 n_p 為 p 型半導體中的少數載子，即電子濃度，由(3-4)式可得：

$$E_g = k_B T \ln(\frac{N_c N_v}{n_i^2}) \tag{3-5}$$

將(3-2)至(3-5)式代入(3-1)式中可得：

$$eV_0 = E_g + k_B T \ln(\frac{n_n}{N_c}) + k_B T \ln(\frac{p_p}{N_v}) \tag{3-6}$$

$$= k_B T \ln(\frac{n_n p_p}{n_i^2}) \tag{3-7}$$

$$= k_B T \ln(\frac{N_A N_D}{n_i^2}) \tag{3-8}$$

$$= k_B T \ln(\frac{n_n}{n_p}) \tag{3-9}$$

$$= k_B T \ln(\frac{p_p}{p_n}) \tag{3-10}$$

(3-8)式告訴我們若在完全游離的情況下，只要知道 n 型半導體和 p 型半導體的摻雜濃度，就可以計算出同質接面的內建電位 V_0，因此，若二邊摻雜的濃度愈高，內建電位會愈大。

範例 3-1

在室溫下考慮 Ge 的 p-n 接面，其中 p 型摻雜濃度 $N_A = 1.5\times10^{18}$ cm^{-3}，而 n 型摻雜濃度 $N_D = 5\times10^{16}$ cm^{-3}，試求 p-n 接面的內建電位 V_0。

解：

由於 Ge 的本質濃度 $n_i = 2.5\times10^{13}$ cm^{-3}，因此

$$eV_0 = k_B T\ln(\frac{N_A N_D}{n_i^2})$$

$$= 26\text{meV}\ln(\frac{1.5\times10^{18}\times5\times10^{16}}{(2.5\times10^{13})^2})$$

$$= 0.484\text{ eV}$$

所以，內建電位 $V_0 = 0.484$ 伏特。若 p 型摻雜的濃度降為 1×10^{16} cm^{-3}，則

$$eV_0 = 26\text{meV}\ln(\frac{1\times10^{16}\times5\times10^{16}}{(2.5\times10^{13})^2})$$

$$= 0.353\text{ eV}$$

內建電位降低為 0.353 伏特。

另外，由(3-9)和(3-10)式可知

$$n_p = n_n e^{-eV_0/k_BT} \tag{3-11}$$

$$p_n = p_p e^{-eV_0/k_BT} \tag{3-12}$$

此二式子說明了 p-n 接面二側的電子濃度或電洞濃度之間的關係和內建電位有關聯。以電子濃度為例，在 p 型端的電子濃度(此時為少數載子) 會隨著內建電位的下降而上升，並且和 n 型端的多數載子(即電子濃度)成正比。簡單地說，內建電位可視為多數載子欲越過 p-n 接面的能障後變為少數載子的難易程度，若內建電位愈小，能障愈低，載子愈容易越過能障，少數載子的濃度則愈高！這二個式子會在稍後推導同質接面電流電壓關係時使用到。

3.1.2 空乏區與接面電容

在空乏區中由於空間電荷正負電分離而產生電場，我們可以估計空間電荷的分佈來計算內建電場的大小。如圖 3-4(b)所示，我們假設空間電荷的區域在 n 型半導體中均勻的分佈並直接在 $x = x_n$ 處結束，同樣的，空間電荷在 p 型區域中也均勻分佈且在 $x = -x_p$ 處結束，由於 p-n 接面二側的電荷量要相同，因此

$$eN_D x_n = eN_A x_P \tag{3-13}$$

由於在 p-n 接面的二側各由正、負電荷佔據，其所形成的電場如

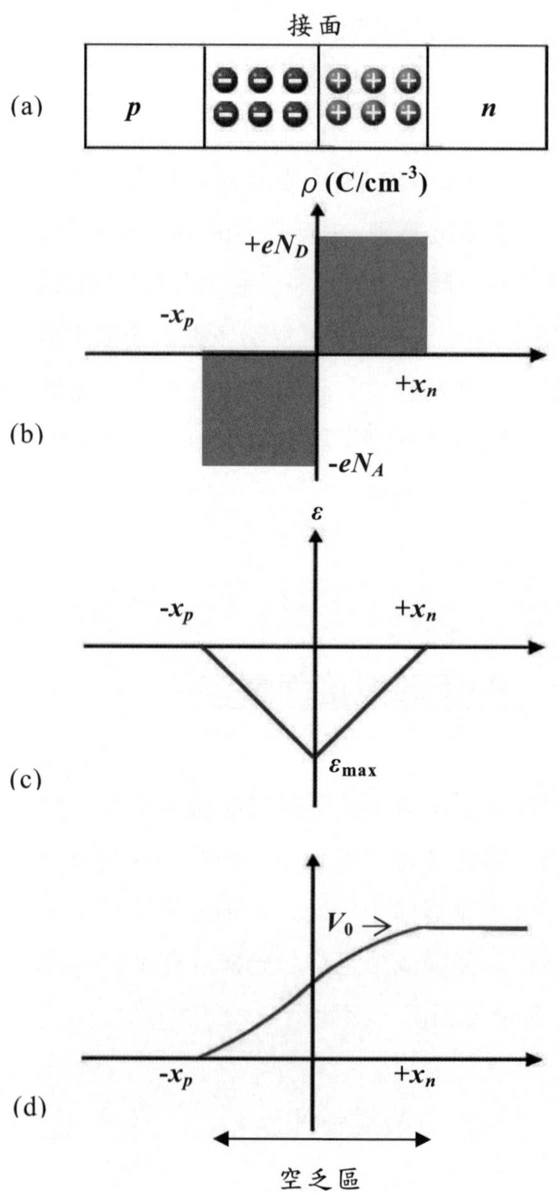

圖 3-4　(a) p-n 接面；(b)電荷濃度分析；(c)電場分佈；(d)電位分佈

圖 3-4(c)所示，其中電場最大處在接面上，再分別向 x_n 和-x_p 線性遞減至電場等於零，而此最大電場的值可計算為

$$\left|\varepsilon_{\max}\right| = \frac{eN_D x_n}{\varepsilon_r \varepsilon_0} = \frac{eN_A x_p}{\varepsilon_r \varepsilon_0} \tag{3-14}$$

其中 ε_0 為真空介電常數，而 ε_r 為相對介電常數。而電位可由圖 3-4(c) 中電場分佈積分得到，即

$$\left|V_0\right| = \int \varepsilon dx = \frac{1}{2}(x_p + x_n)\left|\varepsilon_{\max}\right| \tag{3-15}$$

若定義空乏區寬度為 W，則

$$W = x_n + x_p \tag{3-16}$$

將(3-13)、(3-14)和(3-16)式代入(3-15)式，可得

$$V_0 = \frac{eWN_D x_n}{2\varepsilon_o \varepsilon_r}$$

$$= \frac{e}{2\varepsilon_o \varepsilon_r}(N_D x_n^2 + N_A x_p^2) \tag{3-17}$$

$$= \frac{e}{2\varepsilon_o \varepsilon_r}\left(\frac{N_A N_D}{N_A + N_D}\right)W^2 \tag{3-18}$$

因此，

$$W = \left[\frac{2\varepsilon_o \varepsilon_r}{e} \left(\frac{N_A + N_D}{N_A N_D} \right) V_0 \right]^{1/2} \propto V_0^{1/2} \tag{3-19}$$

由此可知，空乏區的寬度和內建電位的平方根成正比，也就是內建電位愈大，空乏區愈寬。

範例 3-2

試估計算範例 3-1 中，Ge *p-n* 接面之空乏區寬度，其中 $N_A = 1.5\times10^{18}$ cm^{-3}，而 $N_D = 5\times10^{16}$ cm^{-3}。

解：

在範例 3-1 中，$V_0 = 0.484$V，

由於 $\varepsilon_0 = 8.85\times10^{-14}$ F/cm，而 Ge 的 $\varepsilon_r = 16$，因此

$$W = \left[\frac{2\varepsilon_r \varepsilon_o}{e} \left(\frac{N_A + N_D}{N_A N_D} \right) V_0 \right]^{1/2}$$

$$= \left[\frac{2(16)(8.85\times10^{-14})(0.484)}{1.6\times10^{-19}} \left(\frac{1.5\times10^{18} + 5\times10^{16}}{1.5\times10^{18} \times 5\times10^{16}} \right) \right]^{1/2}$$

$= 1.3\times10^{-5}$ cm

$= 0.13$ μm

由(3-19)式我們可以替換得：

$$x_n = \left[\frac{2\varepsilon_r \varepsilon_0 V_0}{e} \left(\frac{N_A}{N_D} \right) \left(\frac{1}{N_A + N_D} \right) \right]^{1/2} \tag{3-20}$$

以及

$$x_p = \left[\frac{2\varepsilon_r \varepsilon_o V_o}{e} (\frac{N_D}{N_A})(\frac{1}{N_A + N_D}) \right]^{1/2} \tag{3-21}$$

在此例中我們可以計算出 $x_n = 0.126\ \mu m$，以及 $x_p = 0.004\ \mu m$，我們可以發現空乏區大部份都跨在 n 型半導體的一側。這是因為 p 型雜質濃度遠高於 n 型濃度，使得 n 型空乏區區域要擴大來容納並中和從 p 型擴散而來的大量電洞。

此外，我們可以根據(3-14)式來計算最大的電場強度

$$\varepsilon_{\max} = \frac{-eN_D x_n}{\varepsilon_r \varepsilon_0}$$

$$= -\frac{1.6 \times 10^{-19} \times (5 \times 10^{16}) \times (1.3 \times 10^{-5})}{16 \times 8.85 \times 10^{-14}}$$

$$= -7.34 \times 10^4 \quad \text{V/cm}$$

由此可知，在接面處的電場強度相當大！

由於空乏區中的空間電荷分為正負兩極，會產生電容效應，對於二平行電板間的電容為：

$$C = \frac{\varepsilon_r \varepsilon_0 A}{W} \tag{3-22}$$

其中 A 為面積，使用(3-19)式我們可估計出 p-n 接面電容為：

$$C = \frac{\varepsilon_r \varepsilon_0 A}{\left[\frac{2\varepsilon_r \varepsilon_0}{e}(V_o - V)(\frac{N_A + N_D}{N_A N_D})\right]^{1/2}} \tag{3-23}$$

其中 V 為額外施加的電壓。若我們要計算一個摻雜濃度極不對稱的 p^+-n 接面(假設 $N_A >> N_D$)，則(3-23)式可近似為

$$C \cong \frac{\varepsilon_r \varepsilon_0 A}{\left[\frac{2\varepsilon_r \varepsilon_0}{eN_D}(V_0 + V_r)\right]^{1/2}} \tag{3-24}$$

其中 V_r 為逆向偏壓($V_r = -V$)，(3-24)式也可以表示成

$$\frac{1}{C^2} = \frac{2}{e\varepsilon_r \varepsilon_0 N_D A^2}(V_0 + V_r) \tag{3-25}$$

若我們改變逆向偏壓 V_r，量測接面電容 C 的變化，則 $1/C^2$ 對 V_r 為一線性函數，其斜率和 n 型半導體中的雜質濃度 N_D 成正比。因此，藉此量測半導體中摻雜濃度的方法又被稱為電容－電壓量測(C-V measurement)。

3.1.3 順向偏壓

當 p-n 接面被施予順向偏壓，即 p 型端施以正電壓 V，如圖 3-5(a)所示，此電壓將會使 p 型半導體的能帶下降，或相對地使 n 型半導體的能帶上升，在靠近接面處，原本平衡狀態下一水平的費米能階因受到外加電壓 V 的影響現可用二準費米能階來表示，而其間的能量差異為 eV，如圖 3-5(b)所示，這使得在靠近接面處的內建電場變小為 V_0-V，同時也使得空乏區的寬度變窄。而在空乏區二側的多數載子，因為能隙的降低，使得電子和電洞會大量地擴散並跨越接面到另一側，形成順向電流。使用(3-10)式和(3-11)式的結果，我們可以估計擴散過接面形成少數載子的濃度：

$$\frac{p(x_{n0})}{p(-x_{p0})}=e^{-e(V_0-V)/k_BT} \tag{3-26}$$

$$\frac{n(-x_{p0})}{n(x_{n0})}=e^{-e(V_0-V)/k_BT} \tag{3-27}$$

其中，x_{n0} 和 $-x_{p0}$ 為 p-n 接面施予正電壓 V 之後的空乏區的二端位置，我們可知 $p(-x_{p0})$為 p 型半導體中的電洞濃度，假設載子注入的量不大時，因為電洞為多數載子其濃度不太受到注入的影響，因此 $p(-x_{p0}) = p_p$，同理 $n(x_{n0}) = n_n$。因此(3-26)式可整理得：

$$\begin{aligned} p(x_{n0}) &= p_p e^{-e(V_0-V)/k_BT} \\ &= p_n e^{eV_0/k_BT} e^{-e(V_0-V)/k_BT} \\ &= p_n e^{eV/k_BT} \end{aligned} \tag{3-28}$$

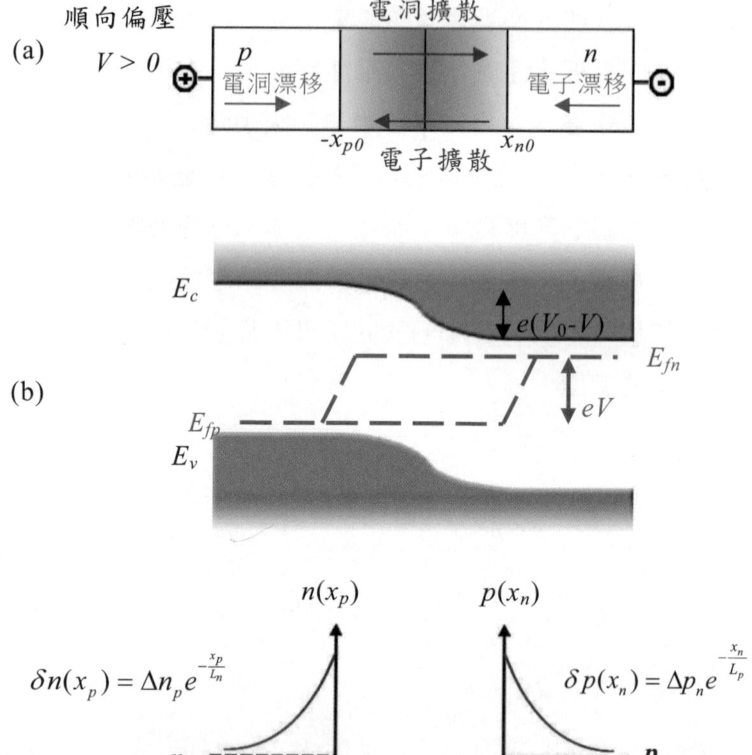

圖 3-5 (a)順向偏壓時載子的流動；(b)順向偏壓下能帶圖的改變；(c)順向偏壓下多餘載子的分佈

其中 p_n 為遠離接面處，保持平衡狀態的少數載子濃度，而 $p(x_{n0})$為從 p 型半導體側注入的多餘的少數載子濃度。同樣地(3-27)式也可整理得：

$$n(-x_{p0}) = n_p e^{eV/k_BT} \tag{3-29}$$

扣除掉原來在 x_{n0}和$-x_{p0}$處平衡時的少數載子，多餘的少數載子注入量為

$$\Delta p_n = p(x_{n0}) - p_n = p_n(e^{eV/k_BT} - 1) \tag{3-30}$$
$$\Delta n_p = n(-x_{p0}) - n_p = n_p(e^{eV/k_BT} - 1) \tag{3-31}$$

這些多餘的少數載子會和多數載子產生復合，少數載子朝接面二端擴散而其濃度會持續降低直到回復為平衡狀態時的少數載子濃度為止，根據擴散方程式，這些多餘的少數載子的分佈函數為：

$$\delta p(x_n) = p_n(e^{eV/k_BT} - 1)e^{-x_n/L_p} \tag{3-32}$$

$$\delta n(x_p) = n_p(e^{eV/k_BT} - 1)e^{-x_p/L_n} \tag{3-33}$$

其中 x_p 和 x_n 的方向如圖 3-5(c)所定義，而 L_p 和 L_n 為少數載子的**擴散長度**(diffusion length)。擴散長度的定義為：

$$L_n = \sqrt{D_n \tau_n} \tag{3-34}$$

$$L_p = \sqrt{D_p \tau_p} \tag{3-35}$$

其中 D_n 和 D_p 為擴散係數，而 τ_n 和 τ_p 為載子的生命期。因此，擴散電流可由(3-32)與(3-33)式求得。對電洞的擴散電流密度而言：

$$J_p(x_n) = -eD_p \frac{d\delta p(x_n)}{dx_n}$$

$$= \frac{eD_p}{L_p} p_n(e^{eV/k_BT} - 1)e^{-x_n/L_p} \tag{3-36}$$

由上式可知電洞的擴散電流密度隨著 x_n 增加而減少，因為少數載子和多餘載子逐漸復合。因此擴散電流密度在 $x_n = 0$ 時為最大，這代表了從 p 型半導體越過接面的電洞流密度為：

$$J_p = \frac{eD_p}{L_p} p_n(e^{eV/k_BT} - 1) \tag{3-37}$$

同理，從 n 型半導體越過接面的電子流密度為：

$$J_n = \frac{eD_n}{L_n} n_p(e^{eV/k_BT} - 1) \tag{3-38}$$

我們將電子流和電洞流相加，可得整體越過接面的電流密度為：

$$J = J_p + J_n = (\frac{eD_p p_n}{L_p} + \frac{eD_n n_p}{L_n})(e^{eV/k_BT} - 1) \tag{3-39}$$

或簡化為：

$$J = J_o(e^{eV/k_BT} - 1) \tag{3-40}$$

其中 J_o 為逆向飽和電流(reverse saturation current)密度，定義為：

$$J_o = \frac{eD_p p_n}{L_p} + \frac{eD_n n_p}{L_n} \tag{3-41}$$

因為當 $V < 0$，p-n 接面受到逆向偏壓，e^{eV/k_BT} 趨近於零，因此 $J = -J_o$。根據(3-40)式，圖 3-6 為 p-n 接面二極體在理想情況下的電流電壓特性。

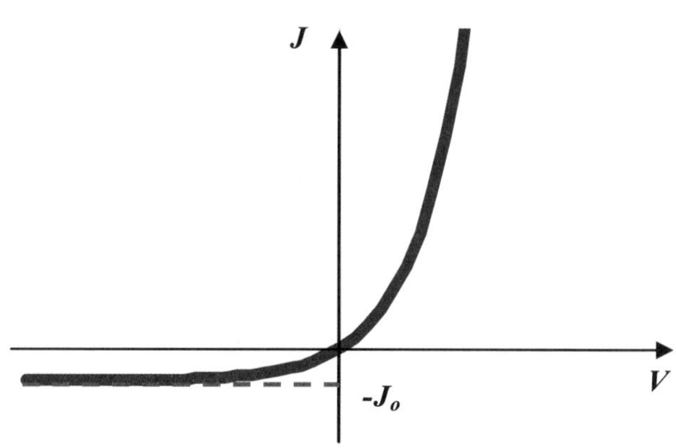

圖 3-6 理想情況下 p-n 接面二極體之電流電壓特性

3.1.4 逆向偏壓

如圖 3-7(a)所示，當 p-n 二極體被施予逆向偏壓時，$V = -V_r < 0$，會進一步使內建電位變大為 V_o+V_r，將更進一步阻止多數載子的擴散，而空乏區的寬度也同時變大。在靠近接面處，原本平衡狀態下一水平的費米能階因受到外加電壓的影響現可用二準費米能階來表示，而其間的能量差異為 eV_r，如圖 3-7(b)所示。

此時在 p 型半導體的少數載子(n_p)受到了增大的內建電場的作用而越過接面向 n 型半導體流去，形成逆向電子流，靠近 $x = -x_{p0}$ 的 p 型半導體處的少數載子受到逆向電壓的驅使而減少，直到遠離接面處才回到平衡的少數載子的濃度。同理，在 n 型半導體的少數載子(p_n)也受到了此逆向電壓的作用而以漂移的方式越過接面形成逆向電洞流。因為 n_p 和 p_n 的大小固定且值非常小，在逆向偏壓下我們才可以得到一固定而微小的逆向飽合電流。

範例 3-3

室溫下，試計算 Si p-n 二極體的逆向飽合電流密度。Si p-n 二極體的材料參數如下：

$N_A = N_D = 10^{17}\,\text{cm}^{-3}$ $\qquad$ $n_i = 1.5\times 10^{10}\,\text{cm}^{-3}$

$D_n = 25\,\text{cm}^2/\text{sec}$ $\qquad$ $\tau_p = \tau_n = 5\times 10^{-7}\,\text{sec}$

$D_p = 10\,\text{cm}^2/\text{sec}$

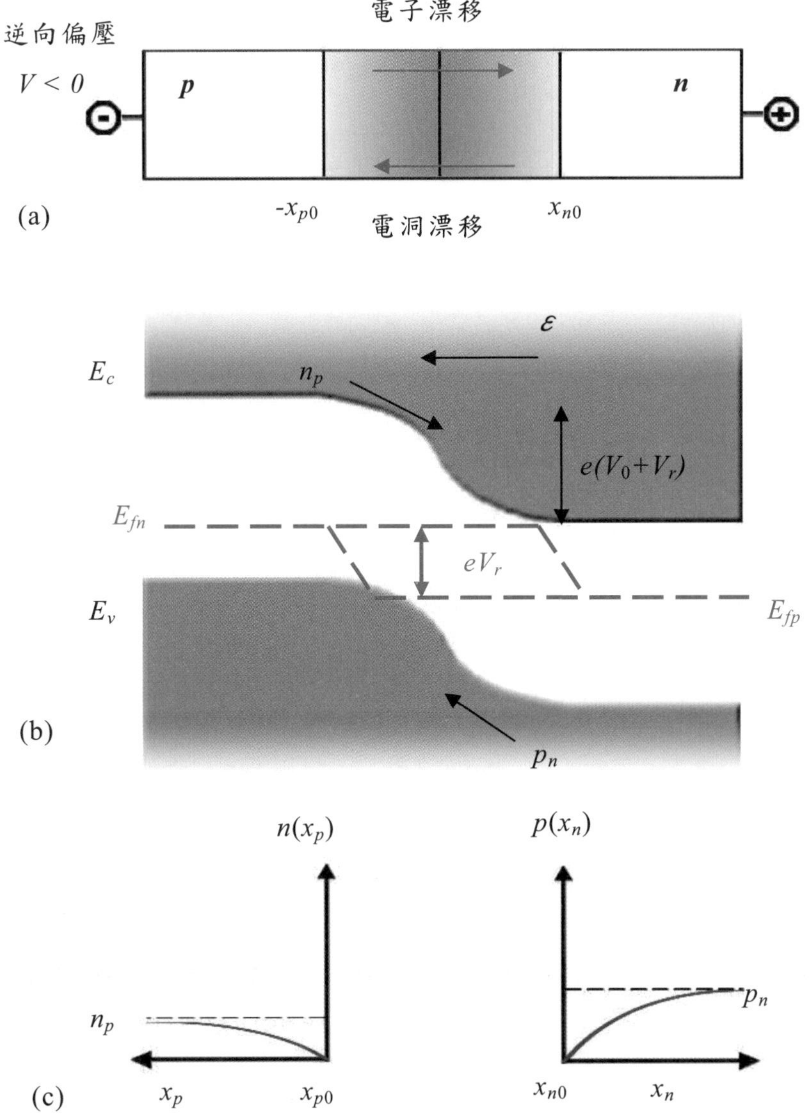

圖 3-7 (a)逆向偏壓時載子的流動；(b)逆向偏壓時能帶的改變；(c)逆向偏壓時少數載子的分佈

解：

由於逆向飽合電流為：

$$J_0 = e\frac{D_p p_n}{L_p} + e\frac{D_n n_p}{L_n}$$

而

$$n_n p_n = N_D p_n = n_i^2$$

則 $p_n = \frac{n_i^2}{N_D}$ ，同理 $n_p = \frac{n_i^2}{N_A}$

又 $L_p = \sqrt{D_p \tau_p}$ 以及 $L_n = \sqrt{D_n \tau_n}$ ，因此

$$J_o = e n_i^2 (\frac{1}{N_D}\sqrt{\frac{D_p}{\tau_p}} + \frac{1}{N_A}\sqrt{\frac{D_n}{\tau_n}})$$

$$= 1.6\times10^{-19}(1.5\times10^{10})^2(\frac{1}{10^{17}}\sqrt{\frac{10}{5\times10^{-7}}} + \frac{1}{10^{17}}\sqrt{\frac{25}{5\times10^{-7}}})$$

$$= 4.16\times10^{-12}\ \text{A/cm}^2$$

由此可知逆向飽合電流相當地小。

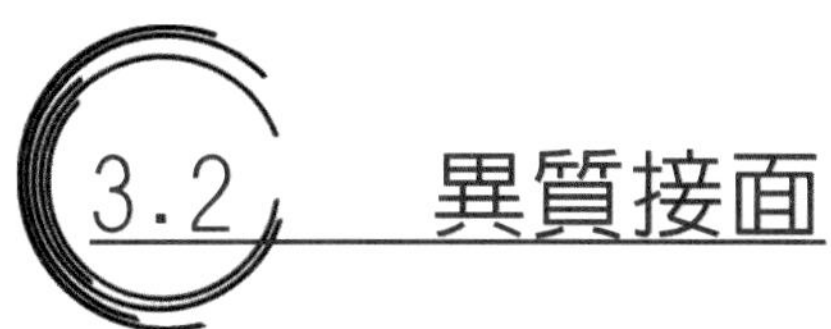

3.2 異質接面

3.2.1 異質接面的形成

異質接面是由二種不同的半導體材料實際接觸在一起而形成的，在同質 *p-n* 接面中，我們可用離子佈植或擴散的方式來摻雜形成不同的 *p* 或 *n* 型半導體構成接面，然而異質接面需要二種不同的半導體，其構成通常藉由磊晶成長（epitaxial growth）的方式將一種半導體直接成長或堆疊到另一種半導體上。由於磊晶成長時，晶格的排列需要非常整齊，若有二種不同的半導體其晶格大小的差異太大時，在異質接面處就容易產生差排或錯位而導致缺陷的產生，因此要構成異質接面的其中一個條件是異質接面二側半導體材料的晶格常數要相近，才能製作出效能優越的元件，如圖 3-8 所示。

1960 年代左右，**液相磊晶**(liquid phase epitaxy, LPE)的技術開始發展，液相磊晶使用過飽和溶液在基板上成長出高品質的磊晶層，而形成異質接面。世界上最早可以在室溫操作的異質結構半導體雷射即是使用液相磊晶技術製作的，然而這種技術的缺點是基板可用的面積有限且不容易控制磊晶層的介面以致於無法成長非常薄的磊晶結構。約在同時期，另一種磊晶成長的技術叫**氣相磊晶**(vapor phase epitaxy, VPE)也開始被發展出來，它採用金屬鹵化物的氣體作為先驅反應物，再用管路將這些氣體帶到適合反應的腔體中，這些氣體混合之後可以均勻地在基板上反應並成長出化合物，因此基板的大小和數量可以彈性地調整和增加，基板可用面積也大幅增加。然而此技術和液相磊晶一樣，介面控制的能力不佳，因此只適合成長厚的磊晶層，此外，此氣相磊晶的技術無法長成含 Al 的材料，也限制了其應用的層面。

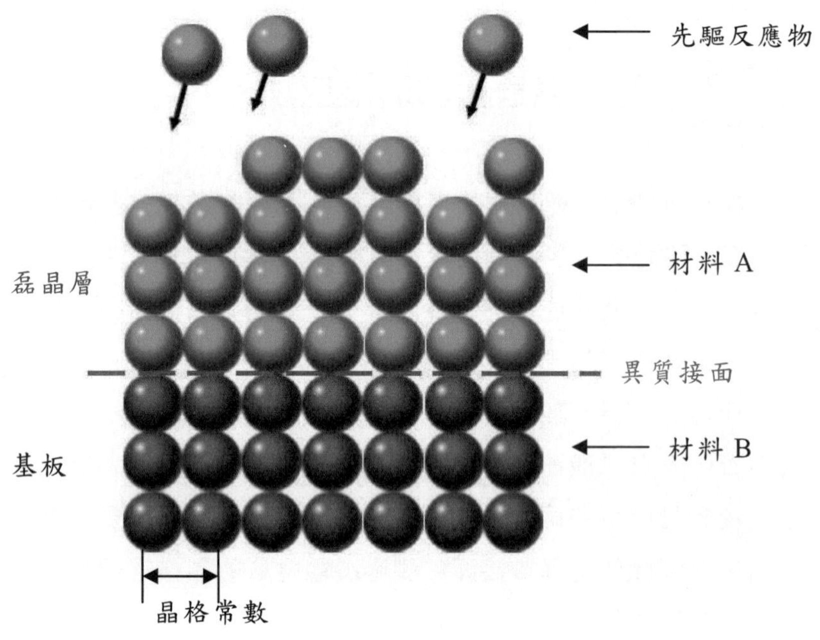

圖 3-8　異質接面的形成和磊晶成長

隨著科技的進展，另外二種磊晶技術在 1970 到 1980 年代被發展出來，其中一種稱為分子束磊晶(molecular beam epitaxy, MBE)，採用純元素作為原料，在超高真空的腔體中，使用熱源加熱元素型態的原料，釋放出粒子束直接撞擊到基板上和其他元素進行反應而成長在基板上。這種技術可以達到原子等級的厚度控制，因此可以製作出具有非常薄且構造複雜的元件，例如量子井、量子點、超晶格等結構，是研究與發展新穎元件的首選。另外一種磊晶技術稱為**金屬有機化學氣相沉積**(metal-organic chemical vapor deposition, MOCVD) ，其原理和**氣相磊晶**類似，只是其先驅反應物使用有機金屬的氣體，可克服氣相磊晶的缺點並可成長含 Al 的化合物，也可以成長非常薄的磊晶層。金屬有機化學氣相沉積的技術在早期發展時並不被大家看好，但隨著有機金屬原料的純化技術不斷地改良與反應系統的優化，使得此技術所成長的結構與性能幾可與分子束磊晶所成長的元件匹敵，再加上其可以大量生產的特性，目前大部分商用量產的磊晶系統都是金屬有機化學氣相沉積的天下！

為滿足異質接面的條件，構成異質接面的材料大都是化合物半導體，化合物半導體可以是由二種元素組成的，稱為二元化合物（binary compound）；或是由二種二元化合物但彼此具有一種相同元素構成的三元合金（ternary alloy），或是由四種元素構成的四元合金（quaternary alloy），這些眾多的選擇可以讓我們藉由合金成份的調配來製作出具有特定的晶格常數以及能隙大小的材料以組異質接面，請參考圖 1-7 顯示了常用化合物的晶格常數和能隙大小的關係。而表 3-1 則列出了常用三元化合物能隙與組成的關係式。其中 $Al_xGa_{1-x}As$ 三元化合物為代表性的材料，在室溫下，其能隙大小和 Al 成份組成 x 有關。當 $0 < x < 0.45$ 時，

$$E_g(x) = 1.424 + 1.247x \text{ (eV)} \tag{3-42}$$

此時為直接能隙的材料，且能隙隨著 Al 成份的增加而線性的增加。而當 $x > 0.45$ 時，

$$E_g(x) = 1.424 + 1.247x + 1.147(x - 0.45)^2 \text{ (eV)} \tag{3-43}$$

Al 成份一旦大於 0.45，$Al_xGa_{1-x}As$ 即從直接能隙材料轉變為間接能隙材料，而能隙變化也不呈線性增加了。$Al_xGa_{1-x}As$ 之所以在很早期就發展成熟並被大量採用的最主要原因是因為此三元合金不管 Al 含量的多寡，其晶格常數皆約等於 GaAs，而 GaAs 為化合物半導體中一種常見的基板材料，因此在 GaAs 基板上成長 $Al_xGa_{1-x}As$ 不需要考慮晶格匹配以及異質接面會產生缺陷等問題，這使得近紅外光的半導體雷射，如 780 nm 雷射(應用於 CD 播放器)、850 nm 面射型雷射(應用於短距離通訊、雷射滑鼠) 、808 nm 雷射(應用於激發光源之高功率雷射)等皆採用 $Al_xGa_{1-x}As$ 所組成的異質結構。

表 3-1　常用三元合金的能隙函數

材料	能隙(eV)
$Al_xGa_{1-x}As$	$E_g(x) = 1.424 + 1.247x \quad (0 < x \leqq 0.45)$
$Al_xIn_{1-x}As$	$E_g(x) = 0.36+2.012x+0.698x^2$
$Ga_xIn_{1-x}P$	$E_g(x) = 1.351+0.643x+0.786x^2$
$Ga_xIn_{1-x}As$	$E_g(x) = 0.36+1.064x$
GaP_xAs_{1-x}	$E_g(x) = 1.424+1.15x+0.76x^2$

從本節開始，為了區分組成異質接面二側的不同材料以及摻雜型態，我們使用大寫 N 或 P 來代表能隙較大的 n-型或 p-型半導體，而 n 或 p 來代表能隙較小的 n-型或 p-型半導體。由不同能隙大小以及不同摻雜型態的異質接面可分為二類，一為**同型異質接面** (isotype heterojunction)，如 n-N 或 p-P 為二相同摻雜型態卻不同能隙材料接合

而成的接面；另一為非同型異質接面(anisotype heterojunction) ，如 *N-p* 或 *n-P* 為二相異摻雜型態與不同能隙材料構成的接面。

在進行討論異質接面的導電帶和價電帶如何在接面處連接之前，我們可將能帶或能隙對齊(alignment)的方式分為三種，如圖 3-9 所示。圖 3-9(a)為最常見的一種對齊方式，也就是小的能隙材料其導電帶和價電帶位於大的能隙材料之導電帶與價電帶之間，如 $Al_xGa_{1-x}As$ / GaAs 或 $In_xGa_{1-x}As_yP_{1-y}$ / InP 為此種對齊形式常見的材料。圖 3-9(b)顯示了錯排(staggered)式的對齊，也就是二種能隙上下部份錯開，如 $Ga_xIn_{1-x}As$ / $GaAs_ySb_{1-y}$ 材料系統就屬於此種對齊型式。而圖 3-9(c)為錯開最完全的一種對齊方式，如 InAs / GaSb 為此種對齊方式的異質接面。一般而言，圖 3-9(a)的對齊方式又被稱為"Type I"能帶對齊，而圖 3-9(b)和(c)則被稱為"Type II"能帶對齊。

3.2.2 非同型異質接面 (anisotype heterojunction)

接下來我們要試著計算異質接面的接觸位能以及能帶偏移(band offset)量。過去已經有許多不同的模型嘗試計算異質接面的能帶偏移(如 Anderson, 1962； Harrison, 1977； Kroemer, 1985； Ruan 和 Ching, 1987； Van de Walle, 1989； Harrison 和 Tersoff, 1986 等)，但不同的模型僅能適用某些異質接面，因為異質接面的實際情形太過複雜，以致於到目前為止仍沒有統一的模型可以含括所有的狀況。我們在這裏將使用最理想且簡化的模型，由 Anderson 於 1962 年提出的電子親和力(electron affinity)模型來計算異質接面的能帶偏移。

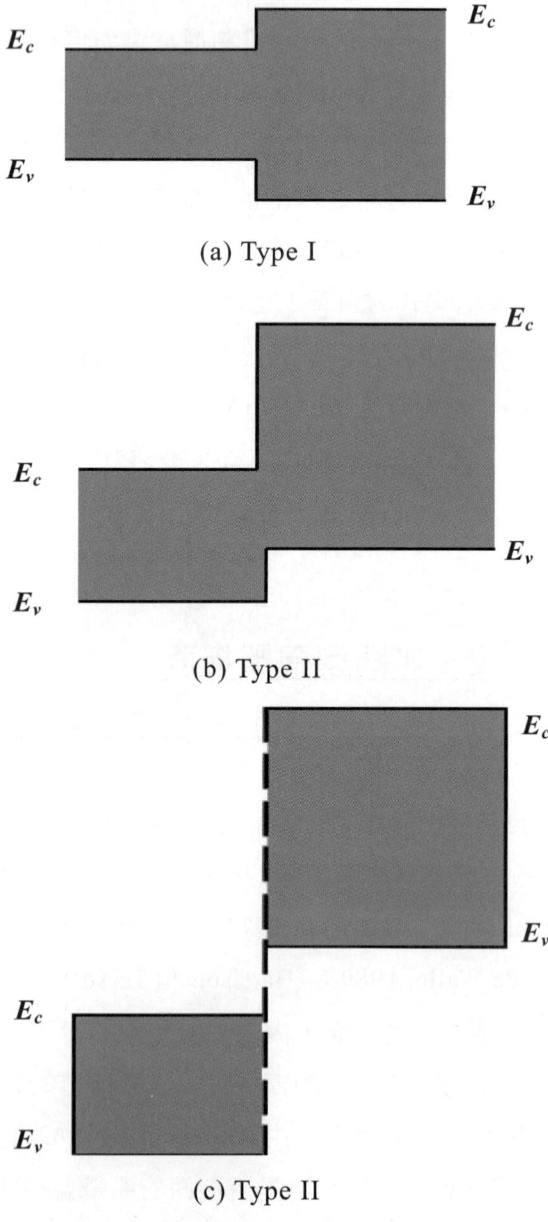

圖 3-9　不同異質接面能帶對齊方式

我們首先討論非同型異質接面，在二材料尚未形成接面前，其能帶圖如圖 3-10(a)所示。能隙較小的 p 型材料其能隙為 E_{g1}，其費米能階和 E_v 之間的差異為 δ_1，其電子親和力(即真空能隙和 E_c 間的能量差)為 χ_1，而功函數(真空能隙和 E_f 間的能量差)為 Φ_1；而能隙較大的 N 型材料其參數皆以下標 2 作為區分。此時，E_{c2} 和 E_{c1} 間的差異即為**導電帶偏移**(conduction band offset) ΔE_c；而 E_{v2} 和 E_{v1} 間的差異為**價電帶偏移**(valence band offset) ΔE_v。由上一小節的推導我們可以知道，當此異質接面形成後，其接觸位能 $eV_o = \Phi_1 - \Phi_2$，而 ΔE_c 和電子親和力的關係為：

$$\Delta E_c = \chi_1 - \chi_2 \tag{3-44}$$

同時因為

$$\Delta E_g = E_{g_2} - E_{g_1} = \Delta E_c + \Delta E_v \tag{3-45}$$

所以

$$\Delta E_v = \Delta E_g - \Delta E_c = \Delta E_g - \Delta \chi \tag{3-46}$$

當此異質接面形成後達到熱平衡，如圖 3-10(b)所示，位於接面 N 型材料一側的電子擴散到接面的另一側使其產生空乏區而整體能帶向下彎曲；另一方面，接面另一側的電洞則向 N 型材料擴散使其形成空乏區而整體能帶向上彎曲，最後達到熱平衡後，費米能階成一條水平線大致位於接面能隙的一半位置，然而和同質 pn 接面不同的是，異質接面空乏區中的能帶變化並不是平滑曲線，而是在導電帶處形成的如圖 3-10(b)中三角位障突起的不連續能帶，在價電帶處也形成一不連續

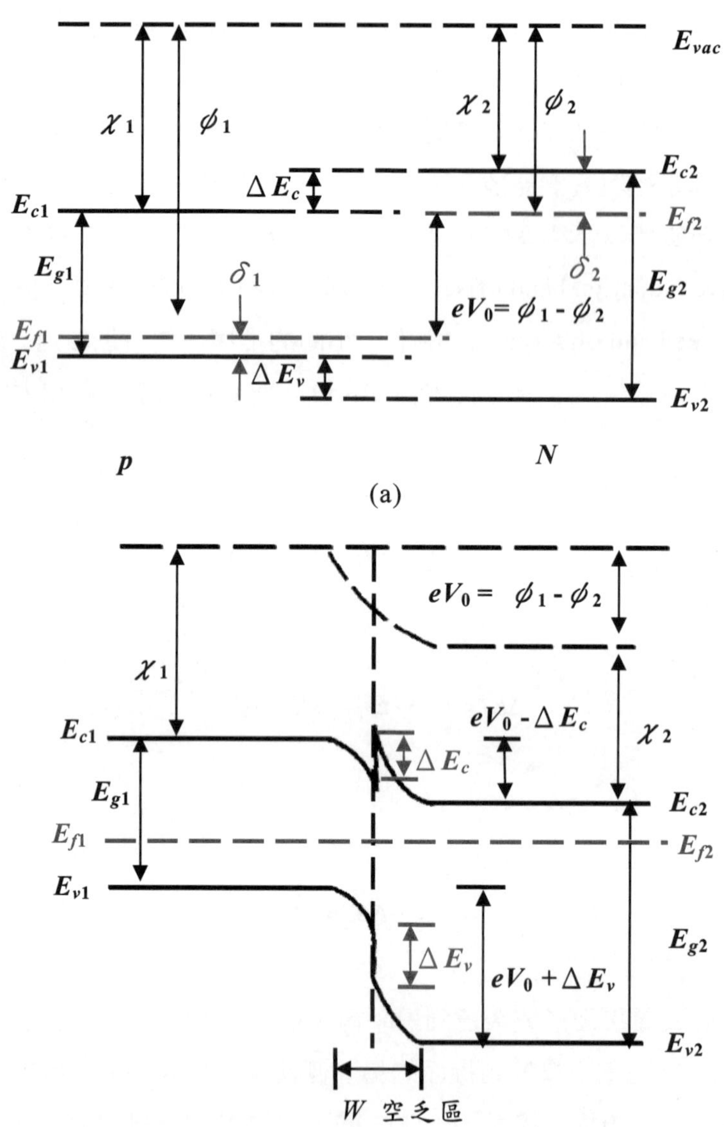

圖 3-10 (a)形成 p-N 異質接面前的能帶圖；(b) p-N 異質接面在熱平衡時的能帶圖

陡直的能帶變化。此外，在同質 pn 接面中 p 型和 n 型的導電帶能量差即為內建電位 eV_0，和價電帶能量差相同；而在 p-N 異質接面中，導電帶能量差變小為 $eV_0 - \Delta E_c$，但價電帶能量差卻放大為 $eV_0 + \Delta E_v$，此影響我們稍後會進一步討論，在此我們先計算接觸電位 V_0 的大小，因為

$$eV_0 = E_{g_1} + \Delta\chi - \delta_1 - \delta_2 \tag{3-47}$$

其中 E_{g1}，$\Delta\chi$為已知參數，而 δ_1 和 δ_2 則和電子和電洞的濃度高低有關，若電子和電洞的濃渡不高，可使用 Boltzmann 近似：

$$\delta_1 = E_{f1} - E_{v1} = -k_B T \ln(\frac{p}{N_{v1}}) \tag{3-48}$$

$$\delta_2 = E_{c2} - E_{f2} = -k_B T \ln(\frac{N}{N_{c2}}) \tag{3-49}$$

若電子和電洞的濃度較高，則使用 Joyce-Dixon 近似較為準確：

$$\delta_1 = -k_B T \left[\ln(\frac{p}{N_{v1}}) + \frac{1}{\sqrt{8}}(\frac{p}{N_{v1}}) \right] \tag{3-50}$$

$$\delta_2 = -k_B T \left[\ln(\frac{N}{N_{c2}}) + \frac{1}{\sqrt{8}}(\frac{N}{N_{c2}}) \right] \tag{3-51}$$

在特殊的情形下，若$\chi_1 = \chi_2$，也就是兩種材料的導電帶之間沒有偏移的情況下 $\Delta E_c = \chi_1 - \chi_2 = \Delta\chi = 0$，則

$$\begin{aligned} eV_0 &= E_{g_1} - \delta_1 - \delta_2 \\ &= E_{g_1} + k_B T \ln(\frac{N}{N_{c2}}) + k_B T \ln(\frac{p}{N_{v1}}) \end{aligned} \tag{3-52}$$

上式和同質接面中的內建電位公式(3-6)相同。但是有一個很重要的不同是在此情況下所有的能隙差$\Delta E_g = \Delta E_v$，相對於同質接面，此異質接面的電洞將面對 $eV_0 + \Delta E_g$ 的能隙，使得大部分流經接面的載子都將由電子所主導，而電洞則被此位障所侷限！

總體接觸電位 V_0 可以分為二部份；即 $V_0 = V_{0,p} + V_{0,n}$，而

$$V_{0,p} = \frac{\varepsilon_2 N_D}{\varepsilon_2 N_D + \varepsilon_1 N_A} V_0 \tag{3-53}$$

$$V_{0,n} = \frac{\varepsilon_1 N_A}{\varepsilon_2 N_D + \varepsilon_1 N_A} V_0 \tag{3-54}$$

其中 ε_1 和 ε_2 為 p 型和 N 型半導體中的相對介電常數。對應的空乏區厚度為：

$$x_{dp} = \left[\frac{2\varepsilon_1 \varepsilon_2 \varepsilon_0 N_D V_0}{e N_A (\varepsilon_2 N_D + \varepsilon_1 N_A)} \right]^{1/2} \tag{3-55}$$

$$x_{dn} = \left[\frac{2\varepsilon_1 \varepsilon_2 \varepsilon_0 N_A V_0}{e N_D (\varepsilon_2 N_D + \varepsilon_1 N_A)} \right]^{1/2} \tag{3-56}$$

3.2.3 同型異質接面 (isotype heterojunction)

接下來我們仍然使用電子親和力模型來說明 *n-N* 同型異質接面的能帶圖以及計算其接面的接觸電位，如圖 3-11 所示。當 *n* 和 *N* 型材料接觸時，由於 *N* 型材料中的電子具有較高的能量（因為其費米能階較高），會越過接面到 *n* 型材料側累積，使得靠近接面的 *N* 型材料中的電子濃度減少而其能帶將向上彎曲，另一方面，靠近接面的 *n* 型材料因電子濃度增加使其能帶向下彎曲，達到熱平衡後，接面處能帶的不連續亦為 ΔE_c 和 ΔE_v。而接觸電位 V_0 為：

$$eV_0 = \phi_1 - \phi_2 = (\chi_1 + \delta_1) - (\chi_2 + \delta_2) \tag{3-57}$$

$$= \Delta\chi + (\delta_1 - \delta_2) \tag{3-58}$$

$$= \Delta E_c + (\delta_1 - \delta_2) \tag{3-59}$$

因此在 *n-N* 接面中電子將遇到位障而使得電子的流動受到阻礙，電阻增加，若要使電阻下降，需將接面處能量不連續的情形緩和下來，我們可以使用介面材料漸變（grading）的方式來取代分明的材料差異所形成的接面。

由以上的分析我們可以使用相同的技巧，在電子親和力模型下推得 *p-P* 和 *n-P* 接面的能帶圖，分別如圖 3-12 所示。表 3-2 則列出常見的半導體的電子親和力。然而我們在前面提到，異質接面的實際情形太過複雜，電子親和力模型不足以說明所有異質接面的 ΔE_c 和 ΔE_v 的大小。因此我們通常會依據實際量測到的結果來決定 ΔE_c 和 ΔE_v 的比

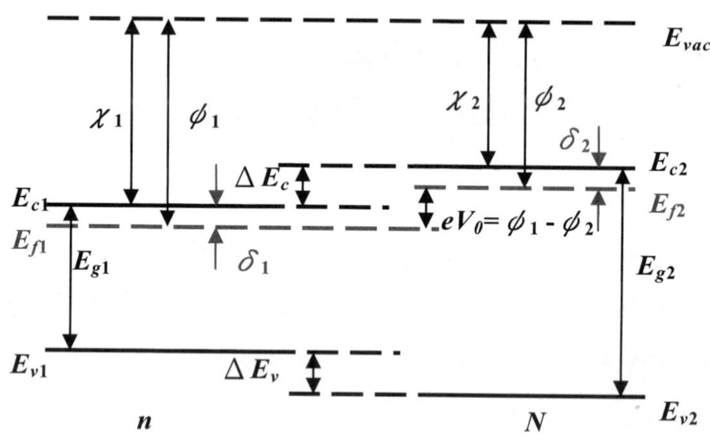

(a)

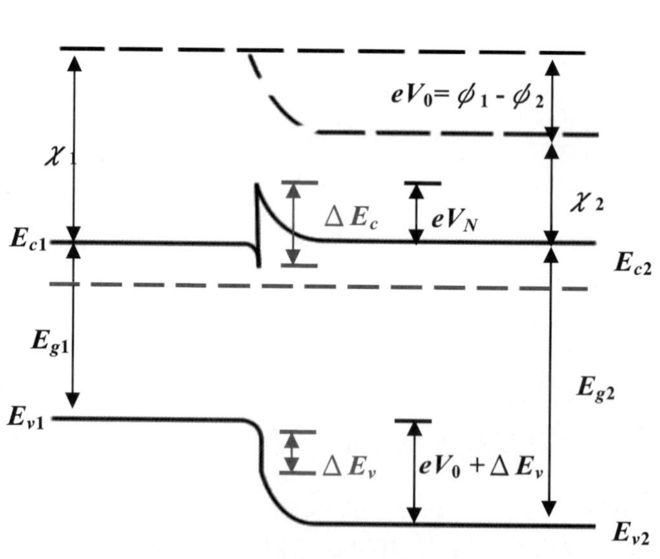

(b)

圖 3-11 (a)形成 n-N 異質接面前的能帶圖；(b) n-N 異質接面在熱平衡時的能帶圖

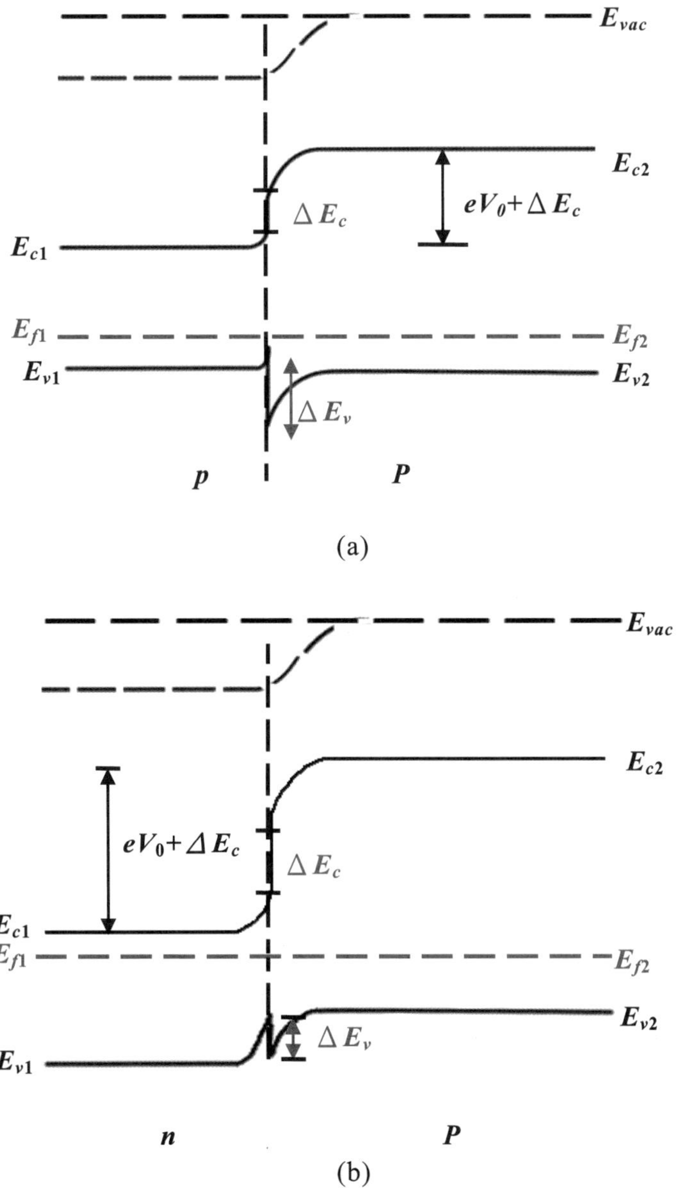

圖 3-12 (a) p-P 異質接面能帶圖；(b) P-n 異質接面能帶圖

值。根據 Dingle(1975)指出 $Al_xGa_{1-x}As$ / GaA*s* 異質接面中 ΔE_c 和 ΔE_v 的比值大約為 85：15，然而許多近期的研究使用光致激發頻譜觀察此材料系統形成異質接面的激子能量，得出較小的比值約為 60：40。另外，$InGa_xAsP$ / InP 材料系統形成的異質接面，其 ΔE_c：$\Delta E_v \cong 39$：61，也就是 ΔE_c 小於 ΔE_v。

表 3-2　常見半導體之能隙與電子親和力

材料	E_g(eV)	χ(eV)
GaAs	1.424	4.07
AlAs	2.16	2.62
GaP	2.2	4.3
InAs	0.36	4.9
Ge	0.66	4.13
Si	1.11	4.01
InP	1.35	4.35

範例 3-4

一 *p-N* GaAs / $Al_xGa_{1-x}As$ 異質接面，其材料參數如下：

$x = 0.3$

$E_{g2} = 1.424 + 1.247 \times 0.3 = 1.798$ eV

$N_A = 1 \times 10^{18}$ cm^{-3}

$N_D = 1.5 \times 10^{17}$ cm^{-3}

$\Delta E_c : \Delta E_v = 85:15$

$\Delta E_g = 0.3741$ eV

試計算室溫下費米能階的位置與接觸電位。

解：

$$\Delta E_c = 0.85\left(E_{g2} - E_{g1}\right) = 0.85 \times \Delta E_g = 0.318$$

$$E_{c2} - E_{f2} = -k_B T \ln\left(\frac{N_D}{N_{c2}}\right)$$

$$N_{c2} = 2.5 \times 10^{19}\left(\frac{m_{AlGaAs}{}^*}{m_0}\right)^{3/2}\left(\frac{T}{300}\right)^{3/2} \text{cm}^{-3}$$

$$\because m^*_{AlGaAs}(x) = (0.067 + 0.083x)m_0$$

$$\therefore N_{c2} = 2.5 \times 10^{19}\left(0.067 + 0.083 \times 0.3\right)^{3/2} \text{ cm}^{-3}$$

$$= 6.97 \times 10^{17} \text{cm}^{-3}$$

相同的，

$N_{v1} = 8.31 \times 10^{18}$ cm^{-3}

若使用 Boltzmann 近似：

$$E_{c2} - E_{f2} = -k_B T \ln\left(\frac{1.5 \times 10^{17}}{6.97 \times 10^{17}}\right) = 0.04 \text{ eV}$$

而在 p 型半導體處，

$$E_{f1} - E_{v1} = -k_B T \ln\left(\frac{1 \times 10^{18}}{8.31 \times 10^{18}}\right)$$

$= 0.055 \text{ eV}$

$$V_0 = \left[E_{g1} + \Delta E_c - \left(E_{c2} - E_{f2}\right) - \left(E_{f1} - E_{v1}\right)\right] / e$$

$= 1.424 + 0.318 - 0.04 - 0.055$

$= 1.648 \text{ V}$

3.2.4　異質接面電流電壓特性

考慮如圖 3-13 之 p-N 異質接面，我們定義 p 型半導體和 N 型半導體的參數如表 3-3 所示：

表 3-3　p-N 異質接面之材料參數

	能隙	有效能隙密度		有效質量		本質濃度
p 型半導體	E_{g1}	N_{c1}	N_{v1}	$m^*_{p_1}$	$m^*_{n_1}$	n_{i1}
N 型半導體	E_{g2}	N_{c2}	N_{v2}	$m^*_{p_2}$	$m^*_{n_2}$	n_{i2}

其中

$$n_{p1}p_{p1} = n_{i1}^2 = N_{c1}N_{v1}e^{-E_{g1}/k_BT} \tag{3-60}$$

$$n_{N2}p_{N2} = n_{i2}^2 = N_{c2}N_{v2}e^{-E_{g2}/k_BT} \tag{3-61}$$

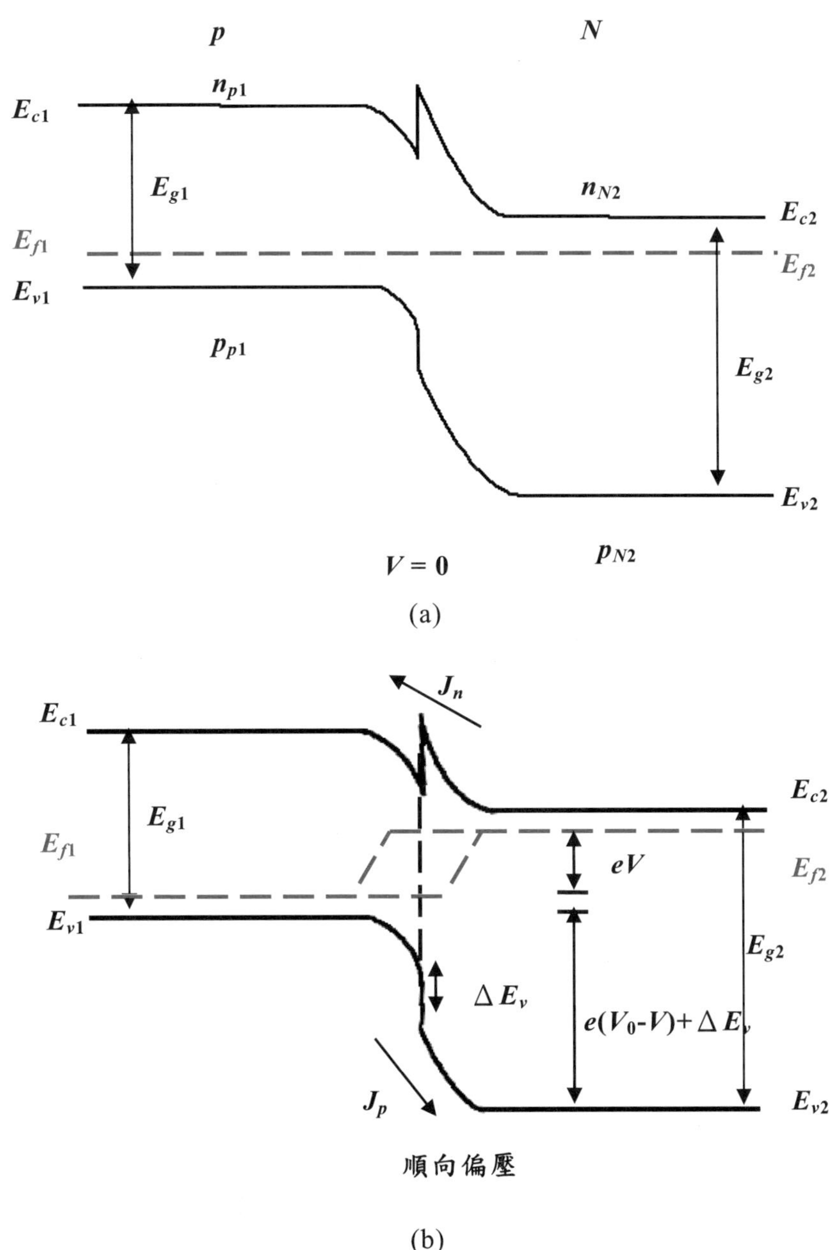

圖 3-13　(a) p-N 異質接面在熱平衡下的能帶圖；(b) p-N 異質接面在順偏壓底下的能帶圖

當順偏壓 V 施加在此 p-N 異質接面如圖 3-13 (b)所示，我們可使用在同質 p-n 接面的推導式子(3-40)及(3-41)套用在異質接面上成為：

$$\begin{aligned} J &= J_n + J_p \\ &= \left(\frac{eD_{n1}n_{p1}}{L_{n1}} + \frac{eD_{p2}p_{n2}}{L_{p2}}\right)(e^{eV/k_BT} - 1) \end{aligned} \tag{3-62}$$

然而如前所述，異質接面的實際情況非常複雜，而上式的推導並沒有考慮(1)導電帶中的能帶突起；(2)接面處的缺陷所引發的載子復合；(3)越過位障的**熱游離子放射**(thermionic emission)電流以及(4)藉由量子穿隧效應通過導電帶能帶突起的**場發射**(field emission)電流。若將(3-62)式的擴散電流也考慮進去，可得到

$$\begin{aligned} J &= J_{TE} + J_{FE} + J_R + J_D \\ &= A^* T^2 e^{-eV_0/k_BT}(e^{eV/k_BT} - 1) \end{aligned} \tag{3-63}$$

其中，J_{TE} 為熱游離子放射電流；J_{FE} 為場發射電流；J_R 為經缺陷的復合電流；J_D 為少數載子的擴散電流。而 A*為有效 Richardson 常數。就範例 3-4 中的異質接面而言，A*約為 8 $\text{Acm}^{-2}\text{K}^{-2}$，$V_0$ 為接觸電位，若 V_0 分別為 1.548，1.648 以及 1.748 V，則其 J-V 曲線在室溫下如圖 3-14 所示，當順向偏壓從零開始施加，順向電流一開始非常小幾乎為零；而當順向偏壓超過啟動電壓後，電流開始急速增加，所謂的**啟動電壓**(turn-on voltage) V_{th} 大約為構成異質接面中較小能隙的 GaAs 材料的能隙值。當然 V_{th} 和接觸電位 V_0 也有關，當 V_0 愈大 V_{th} 也就愈大。

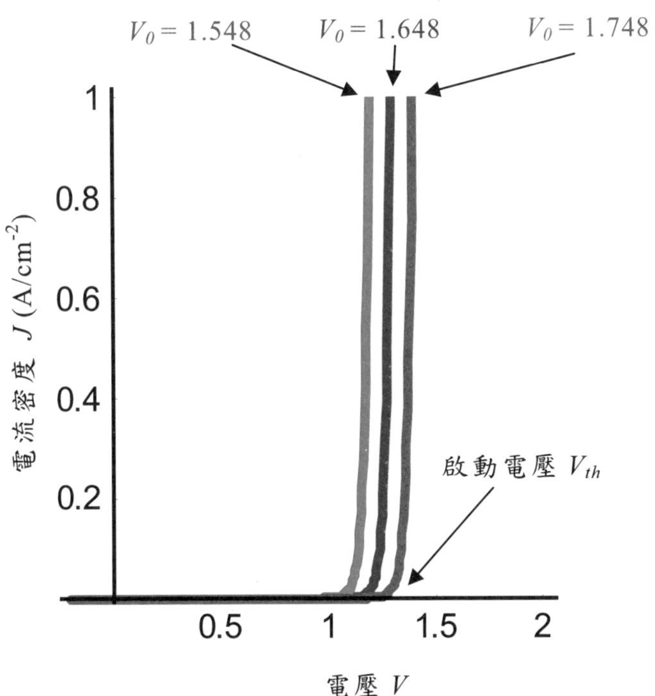

圖 3-14 *p-N* GaAs/AlGaAs 異質接面的電流密度與電壓的關係

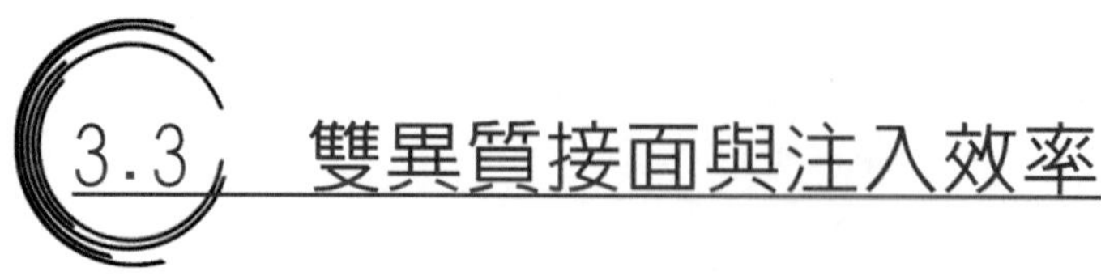

3.3 雙異質接面與注入效率

3.3.1 雙異質接面雷射二極體

在上一節中我們僅提到了 *p-N* 單異質接面，在這種接面中主要的傳導載子為電子，而電洞則會被價電帶的能帶偏移所阻擋；另一方面，參考圖 3-12(a)的 *p-P* 單異質接面可以瞭解到此接面主要的傳導載子為電洞，電子被導電帶的能帶偏移阻擋。若我們結合這二個異質接面，形成 *N-p-P* 的**雙異質接面**，在順向偏壓下，其能帶圖如圖 3-15 所示，我們可以發現 *N-p* 接面只允許電子的注入，使得 N 型材料成為電子注入層；而 *p-P* 接面只允許電洞的注入，使得 *P* 型材料成為電洞注入層。位於中央的材料同時匯集了電子和電洞，而電子和電洞因為受到了 *p-P* 和 *N-p* 接面的阻擋而被侷限，因此電子和電洞有許多機會產生輻射復合，甚至最後達到**居量反轉**而發出雷射光，此中間層又被稱為**主動層**，其能隙的大小換算成波長約等於雷射光的波長。此外，由於能隙較小的材料通常具有較大的折射率，因此雙異質結構其折射率分佈如圖 3-15 所示具有波導功能，可以讓垂直於接面的光場侷限在主動層中，如此一來，雙異質結構擁有良好的載子與光場的侷限，使得此結構製成的半導體雷射具有優異的性能而成為最早被發展出可以在室溫連續操作的元件！

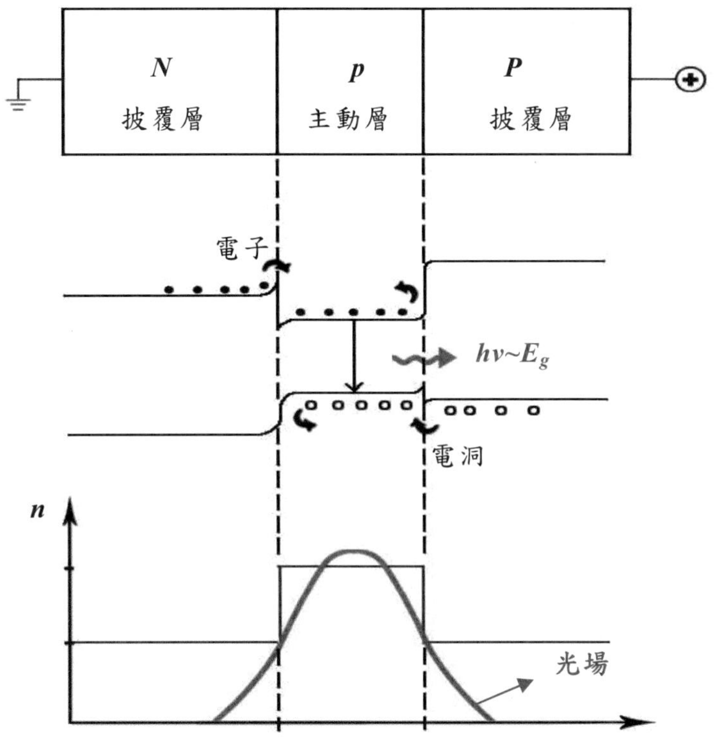

圖 3-15 雙異質接面雷射結構順向偏壓下的能帶圖與折射率分佈與光場分佈

接下來我們以一個實際的例子來計算 *NpP* 雙異質結構的能帶圖。考慮一雙異質接面為 $N\text{-}Al_{0.3}Ga_{0.7}As/p\text{-}GaAs/P\text{-}Al_{0.3}Ga_{0.7}As$ 之對稱結構，在未形成接面前，其能帶圖如圖 3-16(a)所示，由於左右二披覆層所使用的材料相同，因此$\chi_1 = \chi_3$ 以及 $E_{g1} = E_{g3}$。*P* 披覆層 $N_A = 2\times10^{17}$ cm^{-3}，*p* 主動層 $N_A = 5\times10^{17}\ cm^{-3}$，而 *N* 披覆層 $N_D = 2\times10^{17}\ cm^{-3}$。由前一節知道，$E_{g2} = 1.424$ eV，而 $E_{g1} = E_{g3} = 1.798$ eV。同時，假設在

GaAs/AlGaAs 異質接面中 ΔE_c：ΔE_v = 85：15，而 $\Delta E_g = E_{g1}\text{-}E_{g2} = 0.374$ eV，因此 ΔE_c = 0.318 eV，以及 ΔE_v = 0.056 eV。

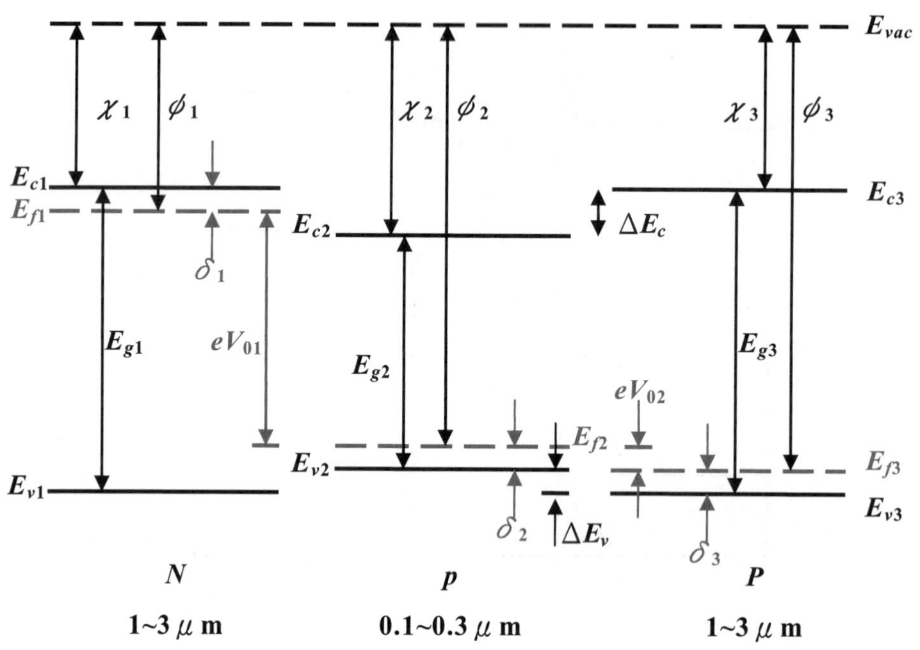

圖 3-16(a) N-$Al_{0.3}Ga_{0.7}As$/p-GaAs/P-$Al_{0.3}Ga_{0.7}As$ 異質結構在未接觸前之能帶圖

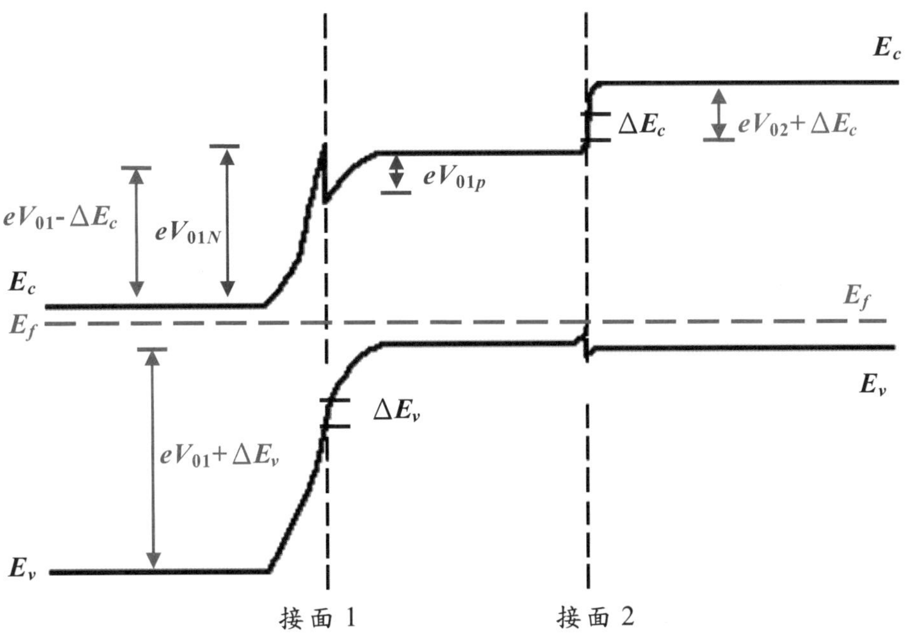

圖 3-16(b) 達到熱平衡時之能帶圖

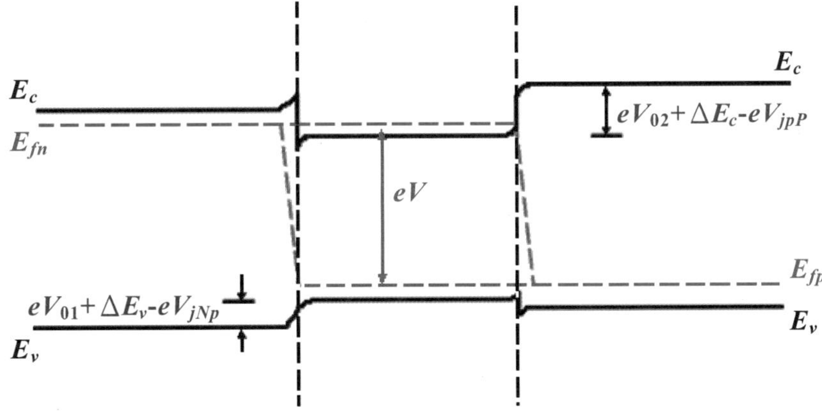

圖 3-16(c) 順向偏壓時之能帶圖

接著，我們要計算 N-p 接面的接觸電位 V_{01} 以及 p-P 接面的接觸電位 V_{02}。因為

$$eV_{01} = E_{g2} + \Delta E_c - \delta_1 - \delta_2 \tag{3-64}$$

$$eV_{02} = \Delta E_v + \delta_2 - \delta_3 \tag{3-65}$$

我們要先求出費米能階相對於導電帶或價電帶的相對位置。假設摻雜的雜質都完全游離，對 GaAs 而言，其有效電子質量 $m_n^* = 0.067m_0$，有效電洞質量為 $m_p^* = 0.48m_0$；對 $Al_{0.3}Ga_{0.7}As$ 而言，$m_n^* = 0.092m_0$ 以及 $m_p^* = 0.57m_0$，在室溫下(T = 300K)，有效能態密度為

$$N_{c,v} = 2.5\times10^{19}(\frac{m_{n,p}^*}{m_0})^{3/2}\ (\text{cm}^{-3}) \tag{3-66}$$

因此對 GaAs 而言：

$$N_c = 4.34\times10^{17}\ \text{cm}^{-3}$$
$$N_v = 8.31\times10^{18}\ \text{cm}^{-3}$$

同樣地，對 $Al_{0.3}Ga_{0.7}As$ 而言：

$$N_c = 6.98\times10^{17}\ \text{cm}^{-3}$$
$$N_v = 1.08\times10^{19}\ \text{cm}^{-3}$$

由於在 $N\text{-}Al_{0.3}Ga_{0.7}As$ 中，$N_D/N_c = 2/6.98 > 0.1$，使用 Joyce-Dixon 近似來計算 δ_1 較為準確，因此

$$\begin{aligned}\delta_1 &= E_{c1} - E_{f1} \\ &= -k_B T\left[\ln(\frac{N_D}{N_c}) + \frac{1}{\sqrt{8}}(\frac{N_D}{N_c})\right] \\ &\cong 0.03\text{ eV}\end{aligned}$$

而對 p-GaAs 以及 $P\text{-}Al_{0.3}Ga_{0.7}As$ 來說，我們可以使用 Boltzmann 近似來計算 δ_2 和 δ_3，所以

$$\begin{aligned}\delta_2 &= E_{f2} - E_{v2} \\ &= -k_B T\ln(\frac{N_A}{N_v}) \\ &= 0.073\text{ eV}\end{aligned}$$

而

$$\begin{aligned}\delta_3 &= E_{f3} - E_{v3} \\ &= 0.104\text{ eV}\end{aligned}$$

所以接面 1 的接觸電位為：

$$\begin{aligned}V_{01} &= (1.424 + 0.318 - 0.03 - 0.073)/e \\ &= 1.639\text{ Volt}\end{aligned}$$

而接面 2 的接觸電位為：

$$V_{02} = (0.056 + 0.073 - 0.104)/e$$
$$= 0.025 \text{ Volt}$$

因為 V_{01} >> V_{02}，由此可知此雙異質結構的內建電位主要跨越在 N-p 介面，我們又可以將 V_{01} 區分為在 N-$Al_{0.3}Ga_{0.7}As$ 內的電位 V_{01N} 以及 p-GaAs 內的電位 V_{01p}，V_{01N} 和 V_{01} 的關係如下

$$V_{01N} = RV_{01} \tag{3-67}$$

$$V_{01p} = V_{01} - V_{01N} \tag{3-68}$$

其中 R 為分配電位降的比例，參考本章閱讀資料 4 可得：

$$R \cong \frac{1.1\varepsilon_2 N_A}{2\varepsilon_1 N_D + 1.1\varepsilon_2 N_A} \tag{3-69}$$

而 ε_1=3.63×10^{-13} F/cm，ε_2=1.16×10^{-12} F/cm，我們可以估計得 $R \cong 0.81$，因此

$$V_{01N} = 1.639 \times 0.81 = 1.328 \text{ Volt}$$
$$V_{01p} = 1.639 - 1.328 = 0.311 \text{ Volt}$$

我們可以看到圖 3-16(b)中 p-GaAs 的能帶明顯向 N-$Al_{0.3}Ga_{0.7}As$ 彎曲的情形。然而在 p-P 接面中，因為 E_{f2} 和 E_{f3} 的能量差異不大，使得 V_{02} 很小，因此在形成接面 2 後，其導電帶能量的不連續值約和 ΔE_c 相近，如圖 3-16(b)所示。

當我們施予順向偏壓 V 時，此偏壓會分別作用在接面 1 和接面 2

上，我們定義作用在接面 1 的壓降為 V_{jNp}，而作用在接面 2 的壓降為 V_{jpP}，使得 $V = V_{jNp} + V_{jpP}$。由於 p-P 接面的接觸電位很小，因此外加的電壓大部分都跨在 N-p 接面上，使得 $V_{jNp} \cong V$。我們在上一節中提到當 V 約等於 E_{g2}/e 時可達到啟動電壓，此時大量的電子開始注入到主動層 GaAs 中，但是卻在 p-P 接面遭遇約 ΔE_c 的能障屏蔽，使得電子侷限在 GaAs 主動層中，因為電子濃度在主動層中大幅增加，主動層中的準費米能階 E_{fn} 甚至會超過導電帶底部。另一方面，由於 p-P 接面電位很小，電洞可以輕易地注入主動層，但在 N-p 接面時會遇到阻礙，我們可以假設 $V_{jNp} \cong V \cong E_{g2}/e = 1.424$，則能隙大小為 $eV_{01}+\Delta E_v - eV_{jNp} \cong 0.271$ eV，仍為相當高的能量障壁足以阻擋電洞的漏流。如此一來，電子和電洞都被侷限在主動層中，可以有效率地形成輻射復合，最後可以達到居量反轉而放出雷射光！

範例 3-5

試著用 AlGaAs 材料設計一對稱雙異質結構之 780 nm 的半導體雷射，條件是主動層和披覆層的能量差 $\Delta E_g = 0.3$ eV。

解：

(1) 因為主動層的能隙決定了發光波長，因此

$E_{gact} = 1.24/0.78 = 1.589$ eV

又對 $Al_xGa_{1-x}As$ 而言：

$E_g(x) = 1.424+1.247x = 1.589$ eV

所以 $x = 0.13$，主動層材料為 $Al_{0.13}Ga_{0.87}As$

(2) 披覆層的能隙

$E_{gclad}=E_{gact}+\Delta E_g = 1.589+0.3=1.889$ eV

同樣地

$1.889 = 1.424+1.247x$

所以 $x = 0.37$，二披覆層的材料為 $Al_{0.37}Ga_{0.63}As$

上例中的 780 nm 雷射結構已相當接近實際商用的 CD 用半導體雷射的結構。此雷射結構通常會成長在 n 型 GaAs 基板上，接著再成長約 1 到 3 μm 厚的 n 型 $Al_{0.37}Ga_{0.63}As$ 披覆層，然後是無摻雜的 $Al_{0.13}Ga_{0.87}As$ 主動層，厚度約為 0.1 μm，接著是厚約 1 到 3 μm 的 p 型 $Al_{0.37}Ga_{0.63}As$ 披覆層，最後通常還會再成長一層約 0.1 到 0.3 μm 厚的 p 型 GaAs **接觸層**(contact layer)，此接觸層的功能是要讓半導體雷射容易具有良好的 p 型歐姆接點，使半導體雷射的操作電壓以及串聯電阻下降。

3.3.2 注入比率與注入效率

在上一節中我們提到了使用同質 p-n 接面推導出的電流電壓關係式套用到異質 p-N 接面上，(3-62)式中總電流 J 可分為電子流 J_n 和電洞流 J_p，由圖 3-13(b)可知在順向偏壓下大部分的電流是由電子傳導所貢獻，因此我們可以定義此 p-N 接面上電子比電洞的注入比率(injection ratio) γ 為：

$$\gamma = \frac{J_n}{J_p} = \frac{eD_{n1}n_{p1}L_{p2}}{eD_{P2}p_{n2}L_{n1}}$$

$$= (\frac{D_{n1}L_{p2}}{D_{p2}L_{n1}})(\frac{n_{i1}^2}{n_{i2}^2})(\frac{p_{p2}}{n_{n1}}) \tag{3-70}$$

$$= (\frac{D_{n1}L_{p2}}{D_{p2}L_{n1}})(\frac{p_{p2}}{n_{n1}})(\frac{N_{c1}N_{v1}e^{-E_{g1}/k_BT}}{N_{c2}N_{v2}e^{-E_{g2}/k_BT}})$$

$$\propto (\frac{D_{n1}L_{p2}}{D_{p2}L_{n1}})(\frac{p_{p2}}{n_{n1}})(\frac{m_{n1}^* m_{p1}^*}{m_{n2}^* m_{p2}^*})e^{(E_{g2}-E_{g1})/k_BT} \tag{3-71}$$

上式中前三項內的值其數量級差不多相同，唯有最後一項的指數函數會主導這一比值的大小，因此

$$\gamma \sim e^{(E_{g2}-E_{g1})/k_BT} \sim e^{\Delta E_g/k_BT} \tag{3-72}$$

由上式可知注入比率和異質接面兩側材料間的能隙差 ΔE_g 有關係，若 $\Delta E_g/k_BT >> 1$，則 $J_n >> J_p$，也就是流經此接面的電流大多為電子流，而電洞則被能障阻擋而無法越過接面。

範例 3-6

考慮一 N-$Al_{0.3}Ga_{0.7}As$/p-GaAs 接面，試估計在室溫下電子比電洞的注入比率。

解：

由於 $Al_{0.3}Ga_{0.7}As$ 的能隙為 1.798 eV，而 GaAs 的能隙為 1.424 eV，因此 $\Delta E_g = 0.374$ eV，

$$\gamma = \frac{J_n}{J_p} = e^{\Delta Eg / k_B T}$$
$$= e^{0.374/0.026}$$
$$= 1.77 \times 10^6$$

從此例可知 $J_n >> J_p$！

相同的，對 *n-P* 異質接面而言，我們可以得到 $J_p >> J_n$，也就是說電洞流主導了 *n-P* 異質接面的電流。另一方面，我們也可以使用(3-71)式來檢驗同質 *p-n* 接面的注入比率：

$$\gamma = \frac{J_n}{J_p} = \frac{D_n n_p L_p}{D_p p_n L_n} \simeq 1$$

可知對同質 *p-n* 接面而言，電子和電洞的貢獻差不多！

除了注入比率之外，我們可以定義電子的注入效率(injection efficiency)為 η_e：

$$\eta_e \equiv \frac{J_n}{J_n + J_p} = \frac{1}{1 + (\frac{J_p}{J_n})} = \frac{1}{1 + (1/\gamma)} \tag{3-73}$$

對範例 3-6 的 *N-p* 異質接面而言，$\eta_e \simeq 1 = 100\%$。而對同質 *p-n* 接面而言，因為 $\gamma \simeq 1$，$\eta_e \simeq 50\%$。

接著我們可以比較同質 p-n 接面，單異質接面與雙異質接面中在相同注入電流下電子濃度的差異。由於電子濃度和注入電流以及電子復合時間有關，也就是電子濃度隨時間的變化可表示成：

$$\frac{dn}{dt}=\frac{J}{ed}-\frac{n}{\tau_n} \tag{3-74}$$

其中等號右邊第一項代表載子流入項，J 為注入之電流密度，d 為厚度；而第二項代表載子消失項，n 為載子濃度，而 τ_n 為載子生命期。在穩定注入的條件下，載子濃度不應隨時間而變化，因此 $dn/dt = 0$，由(3-74)式可得：

$$n=\frac{J\tau_n}{ed} \tag{3-75}$$

對同質接面而言，d 為擴散長度，而 J 僅有 J_n 的貢獻，則同質接面的載子濃度為：

$$\begin{aligned} n_H &= \frac{J_n\tau_n}{eL_n}=\frac{\tau_n}{eL_n}\eta_e J \\ &\cong \frac{\tau_n}{2eL_n}J \end{aligned} \tag{3-76}$$

對單異質接面而言，d 仍為擴散長度，但 η_e 趨近於 1，其載子濃度為：

$$
\begin{aligned}
n_{SH} &= \frac{J_n \tau_n}{eL_n} = \frac{\tau_n}{eL_n}\eta_e J \\
&= \frac{\tau_n}{eL_n} J
\end{aligned}
\tag{3-77}
$$

對雙異質接面而言，d 為主動層厚度，約在 0.1~0.3 μm 之間，而 η_e 也趨近於 1，因此其載子濃度為：

$$
n_{DH} = \frac{\tau_n}{ed} J \tag{3-78}
$$

一般而言 L_n 約為 3 到 10 μm，我們可以取 L_n = 3 μm，d = 0.1 μm，則此三種結構的載子濃度比率為

$$
\begin{aligned}
& n_H : n_{SH} : n_{DH} = \frac{1}{2L_n} : \frac{1}{L_n} : \frac{1}{d} \\
& = 1:2:60
\end{aligned}
$$

由此可知，雙異質結構具有最高的載子濃度以及最好的載子侷限能力！

3.3.3 載子侷限與漏電流

載子濃度在雙異質結構的主動層中，其隨能量的分佈如圖 3-17 所示，儘管大部分的載子都會侷限在主動層中，但那些能量超過 ΔE_c 的載子（如圖 3-17 中陰影部分）就有機會越過能障擴散到 P-型披覆層而形成**漏電流**(leakage current)，我們可以利用第二章的(2-64)式來計算這些溢流載子濃度

$$n_{lk} = \int_{\Delta Ec}^{\infty} N_c(E) f_n(E) dE \tag{3-79}$$

其中

$$N_c(E) = \frac{1}{2\pi^2}(\frac{2m_c^*}{\hbar^2})^{3/2} E^{1/2} \tag{3-80}$$

$$f_n(E) = \frac{1}{e^{(E-E_{fn})/k_B T} + 1} \tag{3-81}$$

我們若使用前面的 N-$Al_{0.3}Ga_{0.7}As$/p-GaAs/P-$Al_{0.3}Ga_{0.7}As$ 雙異質結構為例子，$\Delta E_c = 0.318$ eV 在室溫 $T = 300$K 下，假設主動層中的載子濃度 $n = 2\times10^{18}$ cm^{-3}，則 E_{fn} 可以使用 Joyce-Dixon 近似求得 $E_{fn} = 82$ meV，而 GaAs 的電子有效質量 $m_c^* = 0.067m_0$，因此由(3-79)式可計算得溢流載子濃度為 1.95×10^{14} cm^{-3}。若改變 ΔE_c 的大小，則溢流載子濃度的變化如圖 3-18 所示。隨著 ΔE_c 的變小，溢流載子濃度將會呈現指數的增加。

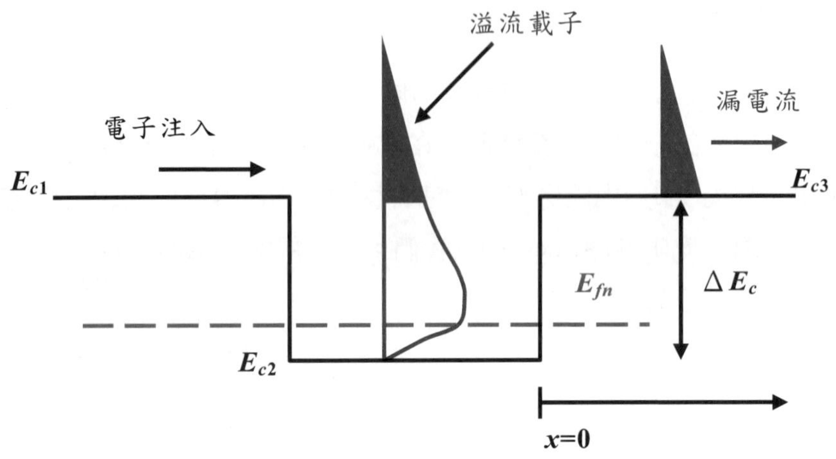

圖 3-17 雙異質結構在順向偏壓下，載子溢流的情形

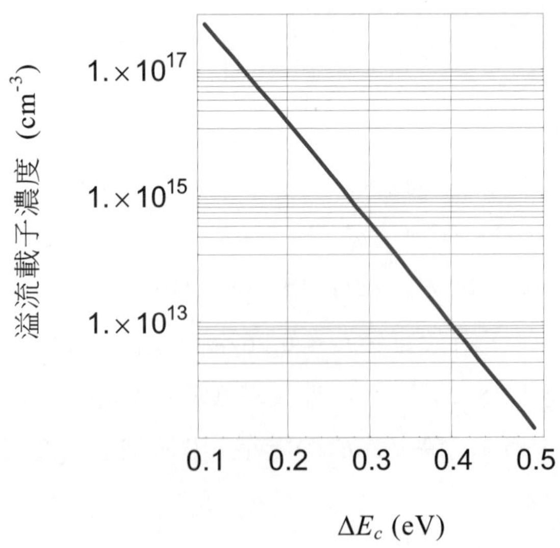

圖 3-18 溢流載子濃度和 ΔE_c 之關係

這些高於 ΔE_c 的載子是否會逃離主動層而擴散到 P 型披覆層還牽涉到幾個因素，其一是載子在遇到步階型能障時，根據量子理論，即使載子能量高於能障仍可能會有反射的機率，所以不是所有的這些載子都會成為溢流載子。另一方面這些高能量載子的運動方向是四面八方的，因此也只有部分的載子會往能量屏障流去。為了把這些因素考慮進去，一個簡單的做法是假設在穩定注入的條件下異質接面二邊的準費米能階相同，若使用 Boltzmann 近似，我們可以求得披覆層在接面邊緣的少數載子濃度為：

$$n_{p0} = N_{c3} e^{(E_{fn} - \Delta E_c)/k_B T} \tag{3-82}$$

引用前例，n_{p0} 可計算得 $8\times10^{13}\text{cm}^{-3}$，比用(3-79)式算得的 n_{lk} 少了約 50%。這些剛越過異質接面的少數載子會隨著擴散入披覆層因復合而濃度隨之遞減，我們設異質接面處的位置為 $x = 0$，則少數載子濃度隨 x 的分佈可表示為：

$$n(x) = n_{p0} e^{-x/L_n} \tag{3-83}$$

其中擴散長度 $L_n = \sqrt{D_n \tau_n}$，而 D_n 和 τ_n 是 p-披覆層中的擴散係數和載子生命期，因此我們可以計算漏電流密度為：

$$J_{lk,x=0} = \left| eD_n \frac{dn(x)}{dx} \right| = e\frac{L_n}{\tau_n} N_{c3} e^{(E_{fn} - \Delta E_c)/k_B T} \tag{3-84}$$

若 L_n=5 μm，τ_n=5 ns，則漏電流密度約為 1.28 A/cm^2。假設主動層的厚度為 d，而在主動層中的復合以輻射放射復合為主，則貢獻到發光的電流密度可由(3-75)式得：

$$J_r = \frac{en_a d}{\tau_r} \tag{3-85}$$

其中 n_a 為主動層中的電子濃度，而 τ_r 為輻射復合生命期。若 d = 0.1 μm，τ_r=3 ns，則 J_r 為 1.07 KA/cm^2。由於 GaAs/AlGaAs 的 ΔE_c 很大，我們可以發現漏電流的影響並不顯著。接著，我們可以將總電流密度表示為

$$\begin{aligned} J &= J_r + J_{lk} \\ &= \frac{en_a d}{\tau_r} + e\frac{L_n}{\tau_n} N_{c3} e^{(E_{fn} - \Delta E_c)/k_B T} \end{aligned} \tag{3-86}$$

若我們將漏電流比率表示為 J_{lk}/J，並針對不同的 ΔE_c 以及溫度將漏電流比率繪至圖 3-19 中，由此可知當溫度昇高或 ΔE_c 小於 200 meV 時，漏電流的影響會越來越顯著！

3.3.4 雙異質接面發光二極體

在本章結束最後，我們將介紹雙異質結構發光二極體(light emitting diode，LED)的基本操作特性。如圖 3-20 所示，LED 的面積

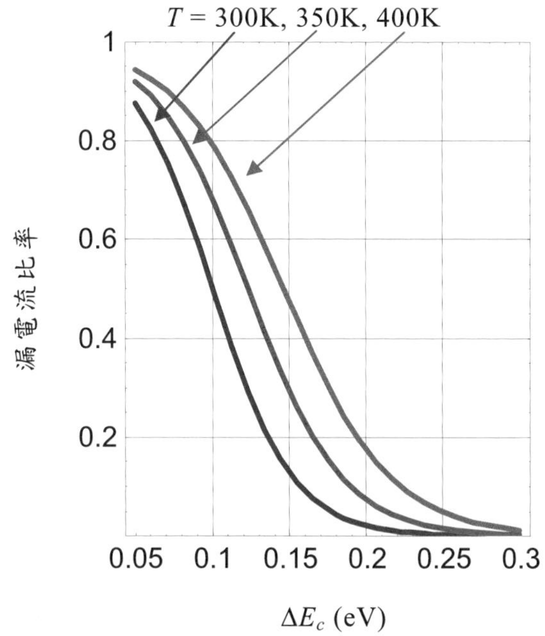

圖 3-19　不同溫度下漏電流比率對 ΔE_c 的關係

為 A，主動層厚度為 d，若電流均勻地分佈在主動層中，使用(3-75)式，在主動層中的載子濃度為：

$$n = \eta_e \frac{J\tau_n}{ed} \tag{3-87}$$

其中 η_e 為注入效率，也就是扣除掉漏電流後，淨流入主動層的電流比率，而 J 為輸入電流，τ_n 為主動層中的載子生命期。由於並不是所有的載子復合都會放出光子，根據(2-154)式的內部量子效率，只有 $\eta_i \times n$

的載子會轉換成光子，因此，在主動層中每單位體積產出光子的速率為

$$\eta_i \frac{n}{\tau_n} = \eta_i \times \eta_e \frac{J}{ed} \tag{3-88}$$

假設每顆光子的能量為 $h\nu$，而主動層體積為 $A \times d$，則主動層中產生的光功率為

$$\begin{aligned} P &= \eta_i \eta_e \frac{J}{ed} \times h\nu \times A \times d \\ &= \eta_i \eta_e h\nu (\frac{I}{e}) \text{ (單位：W)} \end{aligned} \tag{3-89}$$

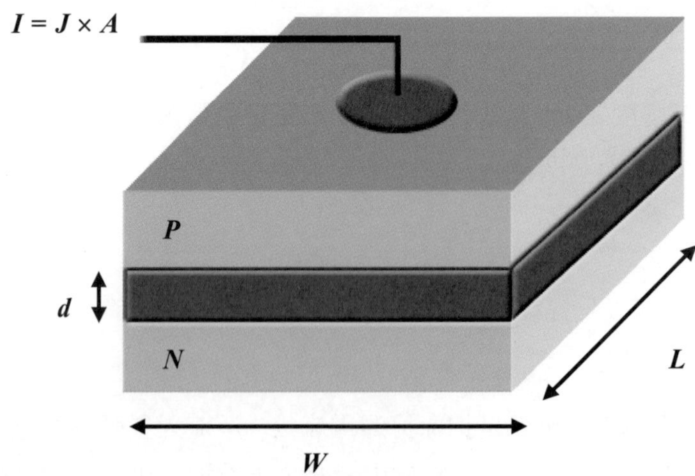

圖 3-20　雙異質接面發光二極體的結構

然而(3-89)式中得到的光功率僅是在主動層中產生的，光子從主動層發出後仍會受到如光吸收、全反射等的限制性因素的影響，使得光功率無法有效的輸出到 LED 的外部，因此我們需將光輸出到 LED 外的效率考慮進去，所以光輸出功率 P_0 可表示為：

$$P_0 = \eta_{ext}\eta_i\eta_e(\frac{hv}{e})I \tag{3-90}$$

其中 η_{ext} 稱為光萃取效率(light extraction efficiency)。我們可以將上式中前三項的效率因子定義為：

$$\eta_{EQE} = \eta_{ext}\eta_i\eta_e \tag{3-91}$$

稱之為外部量子效率(external quantum efficiency)，用來衡量輸入的載子形成光子輸出的轉換效率。若將操作電壓 V_a 考慮進去，我們可以定義一整體效率為

$$\eta_{WPE} = \frac{P_0}{I \times V_a} \tag{3-92}$$

其中整體效率 η_{WPE} 又稱為 wall-plug efficiency。

範例 3-7

一 GaAs 同質 p-n 接面發光二極體的材料參數如下：

$N_D=2\times10^{17}\text{cm}^{-3}$，$N_A=5\times10^{17}\text{cm}^{-3}$，$E_g=1.424$ eV

$D_n=25\ \text{cm}^2/\text{s}$，$D_p=12\ \text{cm}^2/\text{s}$

$\tau_n=10$ ns，$n_i=2\times10^6\ \text{cm}^{-3}$

另一 N-$Al_{0.3}Ga_{0.7}As$/p-GaAs/P-$Al_{0.3}Ga_{0.7}As$ 之雙異質結構發光二極體之材料參數如下：

(a) N-$Al_{0.3}Ga_{0.7}As$ 以及 P-$Al_{0.3}Ga_{0.7}As$

$N_D=2\times10^{17}\ \text{cm}^{-3}$，$N_A=5\times10^{17}\ \text{cm}^{-3}$

$E_g=1.798$ eV

$D_n=7\ \text{cm}^2/\text{s}$，$D_p=5\ \text{cm}^2/\text{s}$

$\tau_n=5$ ns，

(b) p-GaAs 的材料參數如上 GaAs 同質 p-n 接面發光二極體所列，但厚度為 0.3 μm

以上二種發光二極體的面積皆為 300 μm × 300 μm，輸入電流皆為 20 mA，雙異質結構發光二極體之內部量子效率 $\eta_i=0.8$。但同質 p-n 接面發光二極體之內部量子效率只有 0.1，而光萃取效率皆為 $\eta_{ext}=0.2$，試求在室溫下，這二種發光二極體的光輸出功率以及整體轉換效率。

解：

(i) 對同質結構 GaAs 發光二極體而言：

少數載子

$$n_p=\frac{n_i^2}{N_A}=\frac{(2\times10^6)^2}{5\times10^{17}}=8\times10^{-6}\ \text{cm}^{-3}$$

$$p_n = \frac{n_i^2}{N_D} = \frac{(2\times10^6)^2}{2\times10^{17}} = 2\times10^{-5}\ \text{cm}^{-3}$$

擴散長度為

$$L_n = \sqrt{D_n\tau_n} = 5\ \mu\text{m}$$
$$L_p = \sqrt{D_p\tau_n} = 3.46\ \mu\text{m}$$

由此可知同質接面中擴散長度相當長，少數載子在復合之前已到達金屬接觸點，而減少輻射復合的機率，加上同質接面整個結構的能隙與發光波長能量相同，即使由少數載子經輻射復合而發出的光子也會不斷地受到再吸收，因此內部量子效率不佳，η_i 降為 0.1，LED 發光波長和 GaAs 能隙大小有關，也就是 $hv = 1.424$ eV，因此 $hv/e = 1.424$ V，所以輸出功率為

$$\begin{aligned} P_0 &= \eta_{ext}\eta_i(\frac{hv}{e})I \\ &= 0.2\times0.1\times1.424\times0.02 \\ &= 0.57\ \text{mW} \end{aligned}$$

使用理想的二極體電流電壓特性關係，由(3-39)式得知

$$J = \frac{I}{A} = e(\frac{D_p p_n}{L_p} + \frac{D_n n_p}{L_n})(e^{eV_a/k_BT} - 1)$$

所以

$$\frac{0.02\text{A}}{300\times 300\times 10^{-8}}=1.6\times 10^{-19}(\frac{12\times 2\times 10^{-5}}{3.46\times 10^{-4}}+\frac{25\times 8\times 10^{-6}}{5\times 10^{-4}})(e^{eV_a/k_BT}-1)$$

我們可以求得 $V_a \cong 1.2$ V，則整體轉換效率為：

$$\eta_{WPE}=\frac{0.57}{20\times 1.2}=2.4\%$$

(ii) 對雙異質結構發光二極體而言，η_e 趨近為 1，則

$$\begin{aligned} p_o &= \eta_{ext}\eta_i\eta_e(\frac{hv}{e})I \\ &= 0.2\times 0.8\times 1.424\times 0.02 \\ &= 4.6\text{ mW} \end{aligned}$$

前面提到，由於空乏區主要落在 N-p 接面，我們若要計算驅動電壓，可大致計算 N-p 單異質接面的壓降變化即可，而 N-p 單異質接面中主要的傳導載子為電子，因此

$$J=\frac{I}{A}=e\frac{D_n n_p}{L_n}(e^{eV_a/k_BT}-1)$$

由於 $n_p = 8\times 10^{-6}$ cm^{-3}，$D_n = 25$ cm^2/s-V，而 $L_n=\sqrt{D_n\tau_n}=\sqrt{7\times 5\times 10^{-9}}$ $=1.87\times 10^{-4}$ cm，在不考慮串聯電阻及金屬接點電阻的條件下，V_a 可以計算得到約為 1.2 V，此值和同質接面發光二極體相同(因為主動層材

料和發光波長相同)，因此整體轉換效率為

$$\eta_{WPE} = \frac{4.6}{20 \times 1.2} = 19\%$$

由這個簡單的例子可知，雙異質結構發光二極體的發光效率比同質接面發光二極體要好得多！

習題

1. 一 Si 之 pn 二極體，其 $N_a = 10^{17}$ cm^{-3}, $N_d = 10^{16}$ cm^{-3}, $\tau_n = \tau_p = 1$ μsec, 而截面積為 500×500 μm^2，求在 300K 時
   (a) 逆向飽和電流？
   (b) 在順向偏壓為 0.8 V 時之電流？
2. 一同質 p-n 結構 GaAs LED，面積為 $300 \times 300\ \mu m^2$，輸入電流為 10 mA，$N_D = 8 \times 10^{17}$ cm^{-3}，$N_A = 2 \times 10^{16}$cm^{-3}，$L_n = 6\ \mu m$，$L_p = 3\ \mu m$，$D_n = 25\ cm^2/s$，$D_p = 10\ cm^2/s$，E_g = 1.424 eV，$n_i = 2 \times 10^6\ cm^{-3}$，$\eta_i = 35\%$，$\eta_{ext} = 0.6$，
   (a) 試計算注入效率
   (b) 計算輸出功率
3. 欲設計一 405 nm 藍光雷射，使用 $In_xGa_{1-x}N$-$Al_xGa_{1-x}N$ 對稱雙異質結構。設導電帶的能帶偏移比率為 65%，而 InGaN 和 AlGaN 的能隙為

   $$In_xGa_{1\text{-}x}N : E_g(x) = 3.42(1-x) + 1.9x - 3.2x(1-x)\ eV$$
   $$Al_xGa_{1\text{-}x}N : E_g(x) = 3.42(1-x) + 6.2x - x(1-x)\ eV$$

   (a) 請決定主動層的材料與成分
   (b) 若導電帶偏移量 ΔE_c = 0.4 eV，請決定披覆層的材料成分
   (c) 請估計此藍光雷射的啟動電壓
4 一 N-n-P $Al_{0.3}Ga_{0.7}As$-GaAs-$Al_{0.3}Ga_{0.7}As$ 雙異質結構雷射，其摻雜濃度依序為 3×10^{17} cm^{-3}，1.5×10^{18} cm^{-3} 以及 3×10^{17} cm^{-3}，假設能帶偏移比率為 65%，而 $Al_xGa_{1-x}As$(當 Al 的成分 $x < 0.45$ 時)之能隙為 $E_g(x)$=1.424+1.247x eV

(a) 試計算電導帶偏移量與價電帶偏移量

(b) 計算 *N-n* 接面與 *n-P* 接面之接觸電位

(c) 試繪出熱平衡下此雷射結構之能帶圖

5. 假設一半導體材料能隙為 1.5 eV，功函數和電子親和力分別為 3 eV 和 1.6 eV

(a) 此半導體材料為 *n* 型或 *p* 型?

(b) 若此半導體和某種金屬接觸，此金屬的功函數為 2 eV，達到熱平衡後，試繪出此金屬接點的能帶圖並判斷此接點是否為歐姆接點

閱讀資料

1. P. Bhattacharya, *Semiconductor Optoelectronic Devices*, 2nd Ed., Prentice-Hall, 1997
2. H. Kressel, and J.K. Butler, *Semiconductor Lasers and Heterojunction LEDs*, Academic Press, 1977
3. K. Iga, and S. Kinoshita, *Process Technology for Semiconductor Lasers Crystal Growth and Microprocesses*, Springer, 1996
4. G.H.B. Thompson, *Physics of Semiconductor Laser Devices*, John Wiley & Sons, 1980
5. H. C. Casey Jr., M.B. Panish, *Heterostructure Lasers*, Academic, New York, 1978
6. L. A. Coldren, and S. W. Corzine, *Diode Lasers and Photonic Integrated Circuits*, John Wiley & Sons, Inc., 1995
7. E. F. Schubert, *Light Emitting Diodes*, Cambridge University Press, 2003

第四章

光增益與光放大

在上一章裏，我們說明了雙異質結構雷射二極體的電氣特性，接下來，在本章中我們將介紹半導體雷射的主動層(增益介質)中電光轉換的部份，也就是增益介質在何種情況下具有將光放大的能力，因為將光放大的能力為構成雷射的基本要素之一，我們會先用二能階的模型來介紹光和介質的三種交互作用，即受激吸收(stimulated absorption)，受激放射(stimulated emission)以及自發放射(spontaneous emission)，接著推導出居量反轉(population inversion)的條件，再推廣到半導體的系統中求得半導體的增益係數(gain coefficient)，接著我們介紹半導體雷射中最常見的主動層結構—即量子井結構。由於載子在量子井結構中受到沿磊晶成長方向上侷限的影響而產生量子化能階，我們會使用 Schrödinger 方程式推導量化能階以及在量子井中的增益係數。之後我們會介紹便於計算的近似方式來將半導體的最大增益(peak gain)表示為輸入載子濃度或電流密度的函數，此函數可作為下一章推導半導體雷射特性的基礎。最後，我們將說明透明電流密度(transparency current density)的概念與推導。

4.1 雷射增益

雷射的核心為一光放大器，而”增益”是指把光放大的程度，我們若假設一物體，在 z 方向上其長度為 l 如圖 4-1 所示，一道平面波

其光強度為 I_{in} 通過了此物體之後，若不考慮反射，其輸出的光強度變為 I_{out}，若 I_{out} 不等於 I_{in}，表示這道光和此物體中的原子產生了交互作用，這些交互作用可能將光吸收、也可能將光放大。我們檢視此物體其中一小段長度 $dz = \upsilon_g \times dt$，其中 υ_g 為光在物體中的速度($\upsilon_g = c/n_r$，n_r 為此物質之折射率)，dt 為光經過的時間。若光在經過 dz 前的強度為 I，而經過 dz 後的強度變化了 dI，我們可以定義增益係數γ為：

$$\gamma = \frac{1}{I} \times \frac{dI}{dz} \tag{4-1}$$

$$= \frac{\text{淨放出之光功率/單位體積}}{\text{輸入光功率/單位面積}} \quad (\text{單位: cm}^{-1}) \tag{4-2}$$

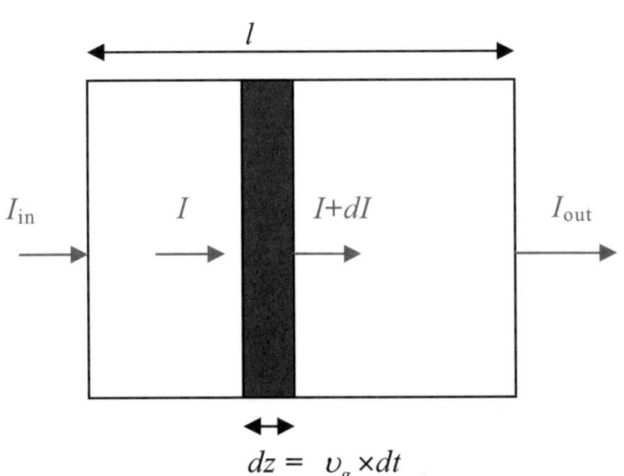

圖 4-1　光通過長度為 l 之物質的強度變化

若不考慮飽和效應，(4-1)式的解為 $I_{out} = I_{in}e^{\gamma l}$，也就是光波或電磁波強度隨著傳播距離的增加而呈指數變化的情形，因此增益係數的單位為長度的倒數，通常在處理雷射或半導體雷射的計算中，我們習慣採用公分(cm)為單位。若此物體為半導體中的主動層，在半導體中γ會隨著主動層中的載子濃度而改變，同時γ也會隨著光子能量的不同而有變化，在本章裏我們最重要的任務是要推導出γ的頻譜分佈以及γ和輸入到主動層載子濃度的關係。然而在進行推導之前，我們要先介紹幾個概念以利接下來半導體雷射增益模型的建立。

4.1.1 縮減有效質量與聯合能態密度

在半導體中，光子的放射是由電子和電洞藉由垂直躍遷所達成的，在 E-k 關係圖中，唯有那些具有相同 k 值的電子和電洞才能放出光子。因此在推導半導體中的光學增益和載子之間的關係時，就必須考慮到在導電帶中的電子和價電帶中的電洞必須具有一定的關係。我們可以把這些具有相同 k 值的電子-電洞對看成是一種激發粒子位於高能階，一旦電子和電洞復合放出光子後，此激發粒子便回到低能階的基態中，因此這種激發粒子，它具有新的能量動量關係，其曲線可以對應出激發粒子的有效質量，我們稱之為**縮減有效質量**(reduced effective mass)，以及對應此激發粒子的能態密度，我們稱之為**聯合能態密度**(joint density of state)。以下我們使用簡化的電子與電洞拋物線型的 E-k 曲線如圖 4-2 所示來推導此激發粒子的特性。在非熱平衡的高注入狀態下，我們定義在導電帶(conduction band)和價電帶(valence band)中的準費米能階為 E_{fc} 和 E_{fv}，導電帶中的有效質量為 m_c^* 而價電帶中的有效質量為 m_v^*。

考慮一在導電帶中電子能量為 E_2，動量為 k_2；另有一在價電帶中的電洞能量為 E_1，動量為 k_1，若此電子和電洞作復合形成垂直躍遷，由於光子的動量太小，可以不考慮，因此 $k_1 = k_2 = k$；另一方面，基於能量守恆的條件，電子電洞復合後放出的光子能量為：

$$h\nu_{21} = \hbar\omega_{21} = E_{21} = E_2 - E_1 \tag{4-3}$$

我們可以將此電子電洞對視為一激發粒子，其能量為 E_{21}，若將 E_2 和 m_c^* 以及 E_1 和 m_v^* 的關係考量進去，我們可以得到：

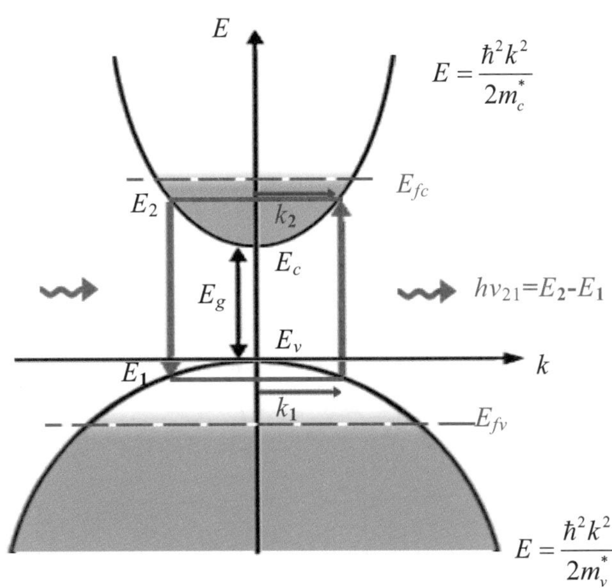

圖 4-2 電子和電洞垂直躍遷示意圖

$$
\begin{aligned}
E_{21} &= E_2 - E_1 = E_g + \frac{\hbar^2 k^2}{2m_c^*} + \frac{\hbar^2 k^2}{2m_v^*} \\
&= E_g + \frac{\hbar^2 k^2}{2}\left(\frac{1}{m_c^*} + \frac{1}{m_v^*}\right)
\end{aligned}
\tag{4-4}
$$

整理(4-4)式可得此激發粒子的 E-k 關係為：

$$
E \equiv E_{21} - E_g = \frac{\hbar^2 k^2}{2m_r^*} \tag{4-5}
$$

其中 m_r^* 即定義為**縮減有效質量**，由(4-4)式可知縮減有效質量和 m_c^* 與 m_v^* 的關係為：

$$
\frac{1}{m_r^*} = \frac{1}{m_c^*} + \frac{1}{m_v^*} \tag{4-6}
$$

(4-5)式中的 E-k 關係式和塊材半導體中電子或電洞的 E-k 關係式幾乎相同，不同的僅是把有效質量改為縮減有效質量。而我們在第二章中已推導出塊材半導體載子的有效能態密度為

$$
N(E) = \frac{1}{2\pi^2}\left(\frac{2m^*}{\hbar^2}\right)^{3/2} E^{1/2} \tag{4-7}
$$

以此類推，我們同樣可以推導出此具有相同 k 值的電子-電洞對的能態密度為

$$N_r(E)=\frac{1}{2\pi^2}(\frac{2m_r^*}{\hbar^2})^{3/2}E^{1/2} \tag{4-8}$$

或是由(4-5)式知：

$$N_r(\hbar\omega)=\frac{1}{2\pi^2}(\frac{2m_r^*}{\hbar^2})^{3/2}(\hbar\omega-E_g)^{1/2} \tag{4-9}$$

而 $N_r(E)$稱為聯合能態密度(joint density of states)或縮減能態密度(reduced density of states)，其函數圖形如圖 4-3 所示，基本上和塊材半導體中的能態密度類似，也就是能態密度和 $E^{1/2}$ 成正比。我們會在稍後的二能階模型中使用此激發粒子之能態密度的概念來計算半導體中的增益係數。

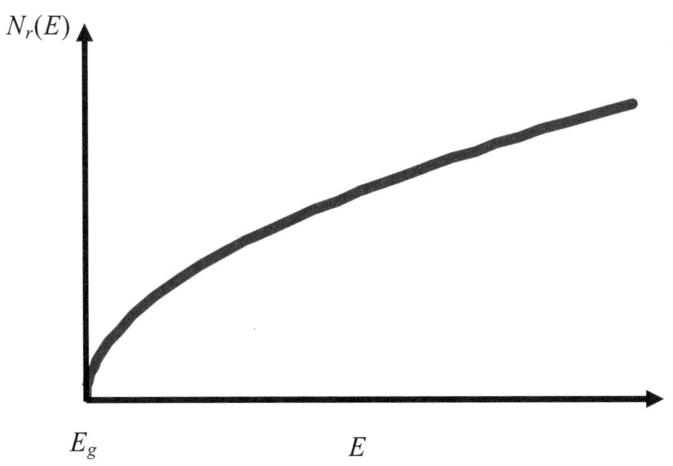

圖 4-3　聯合能態密度對能量的關係圖

我們有時會在頻率空間中計算能態密度，因為 $E = h\nu$，而

$$\int N_r(E)dE = \int N_r(\nu)d\nu \tag{4-10}$$

因此

$$\int N_r(E)hd\nu = \int N_r(\nu)d\nu \tag{4-11}$$

比較上式中的積分內的項，我們可得

$$hN_r(E) = N_r(\nu) \tag{4-12}$$

範例 4-1

試計算 GaAs 材料中的聯合能態密度，已知 m_c^*=0.067m_0 以及 m_v^* = 0.48m_0。

解：

$$m_r^* = (\frac{0.067 \times 0.48}{0.48 + 0.067})m_0 = 5.88 \times 10^{-2} m_0$$

$$N_r(E) = (\frac{1}{2\pi^2})(\frac{2 \times 5.88 \times 10^{-2} \times 9.1 \times 10^{-31}}{(1.055 \times 10^{-34})^2})^{3/2}(E - E_g)^{1/2}$$

$$= 1.51 \times 10^{54}(E - E_g)^{1/2}\ (\mathrm{J^{-1}m^{-3}})$$

$$= 1.51 \times 10^{48}(E - E_g)^{1/2}\ (\mathrm{J^{-1}cm^{-3}})$$

若表示為 eV，則

$$N_r(v) = 2.42\times 10^{29}(E - E_g)^{1/2}\ (\mathrm{eV^{-1}cm^{-3}})$$

若計算頻率空間的聯合能態密度為：

$$\begin{aligned} N_r(v) &= hN_r(E) \\ &= 1.00\times 10^{15}(E - E_g)\quad (\mathrm{sec-cm^{-3}}) \end{aligned}$$

4.1.2 能量頻譜密度與黑體輻射

要描述光和物質的交互作用，必須先瞭解單位體積中光波所包含的光子數目或能量大小，然而不同能量的光子和物質交互作用的能力不同，因此我們可以定義能量頻譜密度(energy spectral density)為 $\rho(v)$：

$$\begin{aligned} \rho(v) &= (\text{光子能態密度})\times(\text{能態機率分佈})\times(\text{光子能量}) \\ &= \frac{\text{能態數目}}{\text{單位體積 單位頻率}}\times\frac{\text{光子數目}}{\text{每一能態}}\times\text{每一 光子能量} \qquad (4\text{-}13) \\ &(\text{單位: } \frac{\mathrm{j}}{\mathrm{Volume}}\times\frac{1}{\mathrm{freq}}) \end{aligned}$$

仔細觀察(4-13)式的前二項和我們在第二章所推導的載子濃度公

式類似，其中(4-13)式第一項的光子能態密度可以類比到電子的能態密度，而(4-13)式第二項的機率分佈對屬於玻色子的光子而言，其機率分佈要使用(2-54)式 Bose-Einstein 的機率函數，這和屬於費米子的電子要使用 Fermi-Dirac 機率函數不同。

以下我們以黑體輻射的粒子來推導其能量頻譜密度的分佈。假設有一塊黑體，其長寬高皆為 L，且 L 遠大於光子波長，我們先計算光子在黑體中的能態密度 $p(v)$，而光子能態密度的推導概念和 2-2 節所介紹的電子之能態密度相似。

若光波要在黑體中穩定存在，必須要滿足邊界條件，使得光波的頻率 v 須符合：

$$(\frac{2\pi n_r v}{c})^2 = (m\frac{\pi}{L})^2 + (p\frac{\pi}{L})^2 + (q\frac{\pi}{L})^2 \tag{4-14}$$

其中 n_r 為黑體的折射率，m，p 和 q 為正整數，因此：

$$v = \frac{c}{2n_r L}\left[m^2 + p^2 + q^2\right]^{1/2} \tag{4-15}$$

上式代表了是只有某些特定的頻率(或能態)可以存在於黑體中，我們可以看到由 m，p 和 q 所構成的頻率空間中，若頻率為 v，則所有可允許存在的能態數目為

$$N = 2\times\frac{1}{8}\times\frac{4}{3}\pi(\frac{2n_r Lv}{c})^3 \tag{4-16}$$

由於要包括 TE 和 TM 兩種模態，因此(4-16)式前要乘上 2。而

$$p(v)dv = \frac{1}{V}\cdot\frac{dN}{dv}\cdot dv = \frac{8\pi n_r^3}{c^3}v^2 dv \tag{4-17}$$

其中 V=L^3。我們可以得到光子的能態密度為：

$$p(v) = \frac{8\pi n_r^3}{c^3}v^2 \tag{4-18}$$

由第二章中的 Bose-Einstein 機率分佈為：

$$f(E) = \frac{1}{e^{E/k_B T}-1} \tag{4-19}$$

而光子的能量為 hv，將(4-18)、(4-19)式代入(4-13)式得：

$$\rho(v) = \frac{8\pi n_r^3}{c^3}v^2 \times \frac{1}{e^{hv/k_B T}-1}\times hv \tag{4-20}$$

$$= (\frac{8\pi h v^3 n_r^3}{c^3})(\frac{1}{e^{hv/k_B T}-1}) \tag{4-21}$$

圖 4-4(a)為光子能態密度的頻譜分佈，我們可以看到能態密度和光子頻率的平方成正比；而圖 4-4(b)為每一光子能態中的平均能量$\langle E\rangle$的頻譜分佈，因為

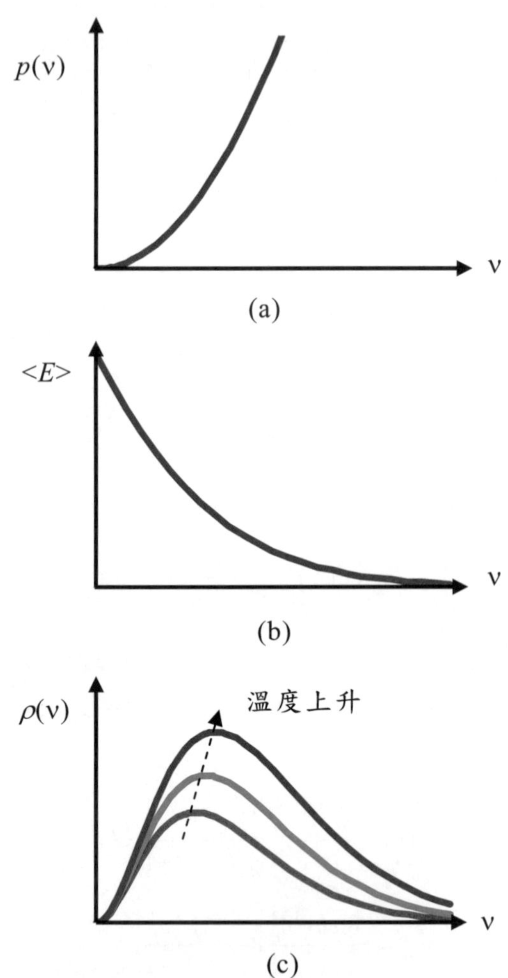

圖 4-4　(a)光子能態密度；(b)光子能態的平均能量；(c)不同溫度下的光子能量頻率密度

$$< E >= \frac{1}{e^{h\nu/k_BT} - 1} \times h\nu \tag{4-22}$$

光子頻率越大，光子存在的機率愈低，因此平均的能量越低。將圖 4-4(a)和 4-4(b)相乘後即得到圖 4-4(c)著名的黑體輻射的能量頻譜密度分佈圖。此能量頻譜密度分佈有一個重要的特性是當黑體溫度昇高時，$\rho(\nu)$的最大值頻率會藍移，因此我們可以藉由偵測黑體輻射的最大值頻率或最大值波長來判斷黑體的溫度。

4.1.3 二能階模型與淨受激放射速率

接下來我們先討論在原子二能階系統中，如何使用 Einstein 模型來描述光和原子的交互作用。如圖 4-5 所示，一群原子系統具有二個獨立的能階，其能量分別為 E_2 和 E_1，具有 E_2 能量的原子密度為 N_2，此密度稱為居量密度(population density)，而具有能量 E_1 的居量密度為 N_1，若有一道光其能量頻譜密度為 $\rho(\nu)$入射到此原子系統中，根據 Einstein 模型，將可能有三種光和原子交互作用的型態，分別為自發放射(spontaneous emission)，受激放射(stimulated emission)，與受激吸收(stimulated absorption)三種作用。其中自發放射和入射光 $\rho(\nu)$無關，只要有原子處於 E_2 的激發態能階，這些原子就會放出光子回到 E_1 的基態能階，因此自發放射的放光速率將正比於 N_2，我們可以乘上一係數將自發放射速率表示為：

$$R_{21}^{sp} = A_{21}N_2 \text{ (單位: cm}^{-3}\text{ sec}^{-1}\text{)} \quad (4\text{-}23)$$

其中 A_{21} 為 Einstein 係數 A，用來描述自發放射。在自發放射中，位於能量 E_2 的原子隨機地返回基態放出光子，因此這些光子的發射方向可以朝向四面八方，而且彼此之間的相位也毫無關聯，在上一章最後一節中介紹的發光二極體即是屬於這種發光型態。

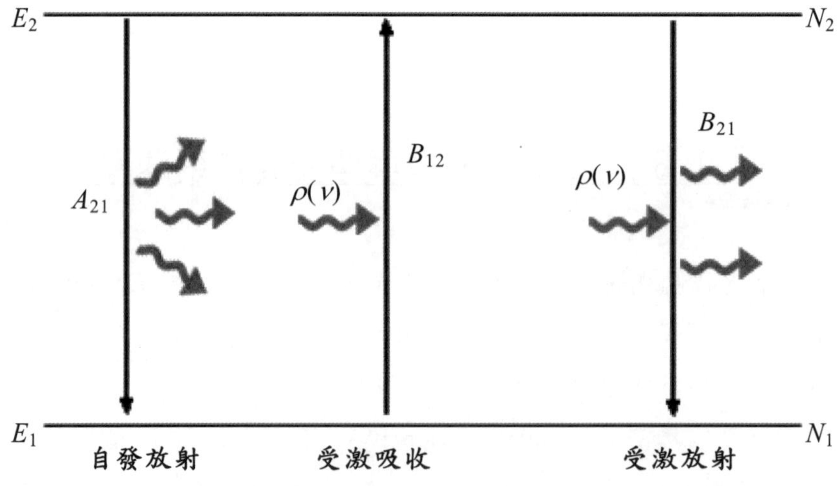

圖 4-5　二能階原子模型中光和原子的三種交互作用：自發放射、受激吸收以及收激輻射

另一方面，若位於能量 E_1 的原子受到入射光 $\rho(\nu)$的激發而向上躍遷到 E_2，這種過程稱為受激吸收，此吸收速率要和基態原子的居量密度 N_1 成正比，其吸收速率可表示為

$$R_{12}^{ab} = B_{12}\rho(\nu)N_1 \text{ (單位: cm}^{-3}\text{ sec}^{-1}\text{)} \tag{4-24}$$

其中 B_{12} 為 Einstein 係數 B，和(4-23)式不同的是受激吸收和入射光強度有關，因此吸收速率和 $\rho(\nu)$成正比。和受激吸收相反的過程稱為受激放射，在此過程中是位於 E_2 能量的原子受到了入射光 $\rho(\nu)$的激發而躍遷回基態並放出和 $\rho(\nu)$相同方向、相同相位、相同能量大小的光子，由此可知，受激放射的速率和 N_2 及 $\rho(\nu)$成正比，因此其輻射速率可表示為

$$R_{21}^{st} = B_{21}\rho(\nu)N_2 \text{ (單位：cm}^{-3}\text{sec}^{-1}\text{)} \tag{4-25}$$

其中 B_{21} 亦為 Einstein 係數 B，我們會在稍後證明 $B_{12} = B_{21}$。

從上面三種交互作用知道可以將光放大的過程是受激放射，若 $R_{21}^{st} > R_{12}^{ab}$ 時，整個二能階的原子系統將可達到將光放大的淨輻射速率。我們可以用這個二能階的原子模型推廣到半導體中，儘管在半導體中並不是只有二條分立的能階。假設在半導體中 Einstein 係數 A 和 B 與在二能階原子模型中相同，且光的能量頻譜密度 $\rho(\nu)$相同，唯一的差異是在原子模型中有 N_1 和 N_2 二種居量密度，而在半導體中載子濃度需要使用載子統計來計算，也就是使用 Fermi-Dirac 機率分佈來表示，同時因為可以進行與光交互作用的電子電洞需具有相同的 k 值如圖 4-6 所示，符合這個條件的載子能態密度為 4.1.1 節中所介紹的聯合能態密度。

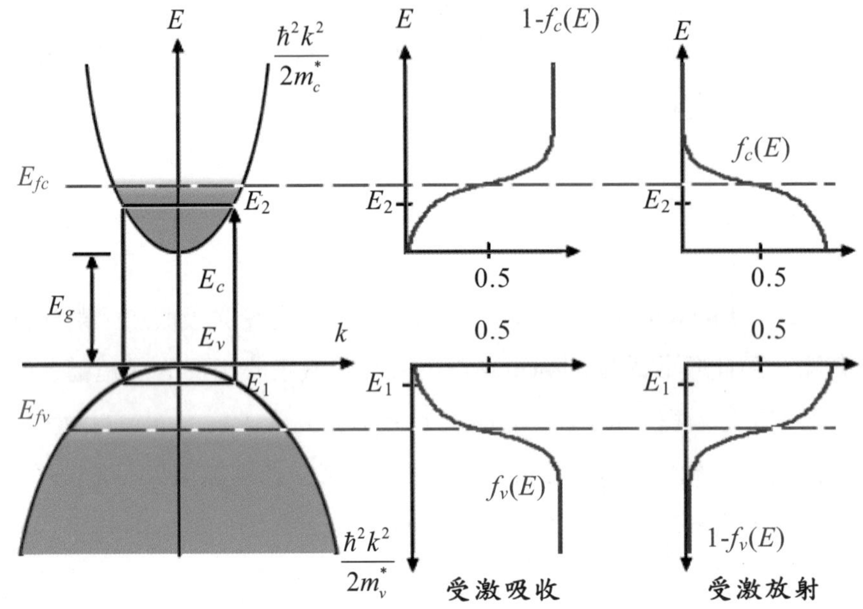

圖 4-6　半導體中受激吸收與受激放射的載子機率分佈

我們先討論半導體中受激吸收的速率。在半導體中對應到受激吸收的載子需符合在價電帶中具有電子存在的機率，同時在導電帶中需要有一個空態讓電子可以躍遷填入的機率，如同圖 4-6 中 E_1 到 E_2 的躍遷，符合這些條件的載子密度可表示為：

$$[N_r(\nu)d\nu]\{f_v(E_1)[1-f_c(E_2)]\} \tag{4-26}$$

其中 $f_c(E)$和 $f_v(E)$為使用準費米能階 E_{fc} 和 E_{fv} 描述的 Fermi-Dirac 機率分佈。套用(4-24)式並將 N_1 以(4-26)式替換，在半導體中從 E_1 到 E_2 的

受激吸收速率可表示為：

$$R_{1\to 2} = B_{12}\rho(v)N_r(v)dv\left\{f_v(E_1)\left[1-f_c(E_2)\right]\right\} \tag{4-27}$$

上式的單位為單位體積中每秒有多少載子數目的躍遷，我們可以用 #/cm^3-sec 來表示。

接下來，我們要討論半導體中受激放射的速率。在半導體中對應到受激放射的載子應符合在導電帶中具有電子存在，同時在價電帶中需要有一個空態（或電洞）讓電子可以向下躍遷時填入，如同圖 4-6 中 E_2 到 E_1 的躍遷，符合這些條件的載子密度可表示為：

$$\left[N_r(v)dv\right]\left\{f_c(E_2)\left[1-f_v(E_1)\right]\right\} \tag{4-28}$$

使用(4-25)式，在半導體中 E_2 到 E_1 的受激放射速率可表示為：

$$R_{2\to 1} = B_{21}\rho(v)N_r(v)dv\left\{f_c(E_2)\left[1-f_v(E_1)\right]\right\} \tag{4-29}$$

由於載子在和 $\rho(v)$作用時，電子和電洞可以被產生也可以復合，因此我們要計算的是扣掉向上躍遷的“淨受激放射”的速率為：

$$\begin{aligned} R_{st} &= R_{2\to 1} - R_{1\to 2} \\ &= B_{21}\rho(v)dvN_r(v)\left[f_c(E_2) - f_v(E_1)\right] \\ &= B_{21}\rho(v)dvN_r(v)(f_2 - f_1) \end{aligned} \tag{4-30}$$

其中 f_2 和 f_1 的定義如下：

$$f_2 = f_c(E_2) = \frac{1}{1+e^{(E_2-E_{fc})/k_BT}} \tag{4-31}$$

$$f_1 = f_v(E_1) = \frac{1}{1+e^{(E_1-E_{fv})/k_BT}} \tag{4-32}$$

由(4-30)式可知，淨受激放射速率主要受到(f_2 - f_1)的影響，其值可正或可負，分別討論如下：

(1) $R_{st} > 0$，表現出增益現象，因為 $f_2 - f_1 > 0$，將(4-31)和(4-32)式代入，化簡可得

$$E_g < (E_2 - E_1) = h\nu < (E_{fc} - E_{fv}) \tag{4-33}$$

也就是說只有那些能量介於 E_g 和(E_{fc} - E_{fv})之間的光子通過此半導體時，才會有被放大的現象。

(2) $R_{st}=0$，此時光不會被放大，也不會被吸收，呈現透明(transparency)的狀態，我們可視其增益為零。有二種情況可使 $R_{st} = 0$，其中一種情況是 $h\nu = E_2 - E_1 \leqq E_g$，因為能隙中不可能有電子或電洞存在，因此當光子能量小於能隙時是不會有增益或吸收的，R_{st} 理應為零。另一種情況是 $h\nu = E_2 - E_1 = E_{fc} - E_{fv}$ 時，因為 $f_2 - f_1 = 0$，因此 $R_{st} = 0$。因此我們可以瞭解到，當半導體（或在主動層中）注入載子後，準費米能階開始分裂成 E_{fc} 和 E_{fv}，注入的載子愈多，E_{fc} 和 E_{fv} 就分別愈往 E_c 和 E_v 移動，當準費米能階之間的能量差和能隙相同時，也就是

$$E_{fc} - E_{fv} = E_c - E_v = E_g \tag{4-34}$$

半導體將開始有增益的能力，此時我們稱為透明條件（transparency condition），而此時的載子濃度稱為透明載子濃度（transparency carrier density）。

(3) $R_{st}<0$，純粹表現出光吸收的現象，因為 $f_2 - f_1 < 0$，則

$$(E_2 - E_1) > (E_{fc} - E_{fv}) \tag{4-35}$$

也就是說當光子的能量大於準費米能階的差異時，光會被吸收。當然光子的能量還是要大於能隙才會有被吸收的機率。

由此可知，瞭解準費米能階 E_{fc} 和 E_{fv} 的位置非常重要，因為 E_{fc} 和 E_{fv} 可以決定此半導體是否具有增益的能力，而 E_{fc} 和 E_{fv} 又是注入載子濃度的函數，所以半導體的增益大小是注入載子濃度的函數，或和輸入的電流有關，我們可以藉由調整輸入半導體的電流大小來控制其光放大的能力。

4.1.4 半導體增益係數

現在我們回到本節一開始提到的增益係數定義如(4-2)式，分子的部分即為淨受激發輻射速率乘上光子的能量，代表單位體積內的淨出光功率；而分母的部分為光輻射強度，等於入射光的能量頻譜密度乘上單位頻率再乘上光在物體中的速度，因此半導體的增益係數可表示為：

$$\gamma(v) = \frac{R_{st} \times hv}{\rho(v)dv \times \upsilon_g} \tag{4-36}$$

$$\begin{aligned} &= \frac{B_{21}\rho(v)dv \times N_r(v) \times (f_2 - f_1)hv}{\rho(v)dv \times \upsilon_g} \\ &= B_{21}hv(\frac{n_r}{c})N_r(v) \times (f_2 - f_1) \end{aligned} \tag{4-37}$$

若將 $N_r(v)$替換為 $hN_r(E)$，則上式成為：

$$\gamma(v) = B_{21}hv(\frac{n_r}{c})hN_r(E) \times (f_2 - f_1) \tag{4-38}$$

上式的單位仍是 cm^{-1}，而 $\gamma(v)$表示增益係數是頻率的函數。在固定的載子注入條件及固定溫度條件下，我們可以得到一個半導體的增益頻譜（gain spectrum）。

接下來我們要討論 Einstein 係數 A 和 B 的關係。如圖 4-5 中，此二能階原子模型若處於熱平衡的狀態，則淨向上躍遷的速率要等於淨向下躍遷的速率，因此由(4-23)、(4-24)與(4-25)式可得：

$$B_{12}\rho(v)N_1 = B_{21}\rho(v)N_2 + A_{21}N_2 \tag{4-39}$$

而在熱平衡條件下，N_2 和 N_1 的分佈遵守 Boltzmann 分佈，因此：

$$\frac{N_2}{N_1} = e^{-(E_2 - E_1)/k_BT} = e^{-hv/k_BT} \tag{4-40}$$

比較(4-39)式和(4-40)，我們可以得到：

$$\frac{N_2}{N_1}=\frac{B_{12}\rho(v)}{B_{21}\rho(v)+A_{21}}=e^{-hv/k_BT} \tag{4-41}$$

整理(4-41)式：

$$\rho(v)=\frac{A_{21}/B_{21}}{(\frac{B_{12}}{B_{21}})e^{hv/k_BT}-1} \tag{4-42}$$

因為物體在熱平衡狀態下，其能量頻譜密度遵循為(4-21)式，比較(4-42)式和(4-21)式，我們可以得到 Einstein 關係式：

$$\frac{A_{21}}{B_{21}}=\frac{8\pi hv^3n_r^3}{c^3} \tag{4-43}$$

$$B_{12}=B_{21} \tag{4-44}$$

由此我們知道 Einstein 係數 B 在受激吸收和受激放射下相同，若將(4-43)式代入(4-38)式中，可得另一種半導體增益係數的表示式：

$$\begin{aligned}\gamma(v)&=\left(\frac{A_{21}c^3}{8\pi hv^3n_r^3}\right)hv\times(\frac{n_r}{c})\times hN_r(E)\times(f_2-f_1)\\&=A_{21}(\frac{\lambda_0^2}{8\pi n_r^2})hN_r(E)(f_2-f_1)\end{aligned} \tag{4-45}$$

由(4-23)式知，$A_{21} \cong 1/\tau_r$，也就是輻射復合生命期的倒數，(4-45)式又可表示為：

$$\gamma(v) = (\frac{\lambda_0^2}{8\pi n_r^2 \tau_r}) h N_r(E)(f_2 - f_1) \tag{4-46}$$

我們也可以將(4-38)式中的聯合能態密度展開，則半導體增益係數變為：

$$\begin{aligned}\gamma(v) &= B_{21} hv(\frac{n_r}{c}) h N_r(E)(f_2 - f_1) \\ &= B_{21} hv(\frac{n_r}{c}) h \frac{1}{2\pi^2}(\frac{2m_r^*}{\hbar^2})^{3/2}(hv - E_g)^{1/2}(f_2 - f_1)\end{aligned} \tag{4-47}$$

把上式中前面複雜的項合併為一參數 K，則(4-47)式整理可得：

$$\gamma(v) = K(hv - E_g)^{1/2}(f_2 - f_1) \tag{4-48}$$

若一半導體在無載子注入條件下，大部分的電子都在價電帶，而幾乎沒有電子在導電帶，因此 $f_2 \cong 0$ 且 $f_1 \cong 1$，此時這一半導體只會有吸收的作用，(4-48)式可表示為：

$$\gamma(v) = -K(hv - E_g)^{1/2} \equiv -\alpha(v) \tag{4-49}$$

上式中的 α 即為**吸收係數**(absorption coefficient)。我們可以在無載子注入的條件下，變化入射到塊材半導體的光頻率，而量測通過後的光強度，因為

$$I_{out}(\nu) = I_{in}(\nu)e^{-\alpha(\nu)l} \tag{4-50}$$

其中 $I_{in}(\nu)$為入射光的強度，$I_{out}(\nu)$為出射光的強度，l 為光通過半體的長度，我們可以得到吸收係數 $\alpha(\nu)$ 如圖 4-7 所示，$\alpha(\nu)$ 截止在能隙的大小。比較(4-49)和(4-48)式，可知

$$\gamma(\nu) = |\alpha(\nu)|(f_2 - f_1) \tag{4-51}$$

一旦 $\alpha(\nu)$ 已知，則增益係數 $\gamma(\nu)$ 跟著注入載子濃度的不同而(f_2 - f_1)大小會不同，由此可知注入載子濃度深深影響半導增益係數的大小，我們只要能夠求得在該注入載子的濃度條件下求得二準費米能階，就可以計算出增益係數的頻譜。

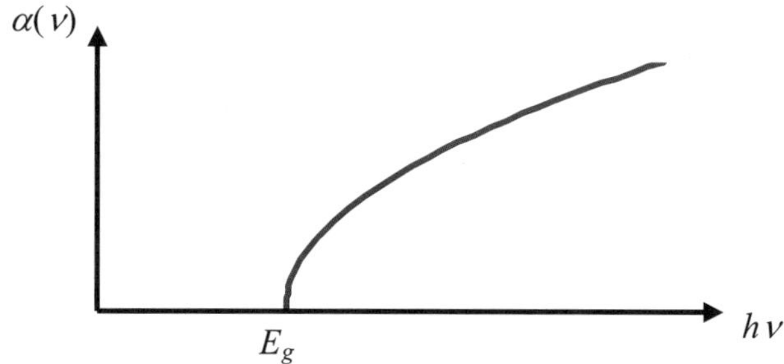

圖 4-7　塊材半導體的吸收係數

4.2 半導體增益與注入載子的關係

從上一節的討論，我們可以得到半導體塊材的增益係數頻譜為：

$$\gamma(v) = (\frac{\lambda_0^2}{8\pi n_r^2 \tau_r}) h N_r(E) \left[f_c(E_2) - f_v(E_1) \right] \tag{4-52}$$

在熱平衡時，沒有多餘的載子注入，準費米能階合而為一費米能階，即 $E_{fc} = E_{fv} = E_f$，由於 Fermi-Dirac 機率分佈為 $f(E) = (e^{(E-E_f)/k_BT}+1)^{-1}$，而 $E_2 > E_1$，所以(4-52)式最後一項中，$f(E_2) - f(E_1) < 0$，因此 $\gamma(v) < 0$，此半導體塊材呈現吸收的狀態，但對不同入射能量的光子，其吸收係數的大小取決於費米能階的位置和聯合能態密度的頻譜分佈而有不同的值。

若要使此塊材半導體產生增益，需要注入更多的載子，使費米能階分離為二準費米能階，造成 $E_{fc} \neq E_{fv}$，並要讓(4-52)式最後一項中 $f_c(E_2) - f_v(E_1) > 0$，才能使 $\gamma(v)$ 有大於零的機會。而 E_{fc} 和 E_{fv} 是由注入的多餘載子決定的，我們在這一小節中將要推導注入載子濃度和半導體增益頻譜之間的關係。由於要達到增益的條件，注入的載子濃度通常要非常大(大約為 10^{18}cm^{-3} 的數量級)，才能使得準費米能階進入導電帶及價電帶中，在這樣高濃度的情況下，不適合用較為簡單的 Boltzmann 近似來計算 E_{fc} 和 E_{fv} 的位置，因此 $\gamma(v)$ 對載子濃度的關係不容易用解析的方式計算出來，通常都需要使用電腦輔助軟體才能將 $\gamma(v)$ 的頻譜繪製出來。我們在這一小節將先在零度的條件下，以解析的方式來計算 $\gamma(v)$，再擴展到使用數值計算的方式來得到室溫下的半導體增益頻譜。

4.2.1 零度近似之增益頻譜

在零度時，Fermi-Dirac 機率分佈會呈現步階狀態，在此狀態下，能量大於費米能階找到電子的機率為 0，而能量小於費米能階找到電子的機率為 1，如圖 4-8 所示，在導電帶中，若 E_{fc} 大於 E_c，則表示 E_{fc} 和 E_c 之間佔滿了電子；同時若 E_{fv} 小於 E_v，則 E_{fv} 和 E_v 之間完全沒有電子存在，也就是被電洞所填滿。我們可以整理出 $f_c(E_2)$和 $f_v(E_1)$是否為 0 或 1 的條件如下：

$$f_c(E_2)=1 \quad \text{for} \quad E_2<E_{fc} \tag{4-53}$$

$$f_c(E_2)=0 \quad \text{for} \quad E_2>E_{fc} \tag{4-54}$$

$$f_v(E_1)=1 \quad \text{for} \quad E_1<E_{fv} \tag{4-55}$$

$$f_v(E_1)=0 \quad \text{for} \quad E_1>E_{fv} \tag{4-56}$$

我們結合(4-53)到(4-56)式，可得

$$f_c(E_2) - f_v(E_1) = \begin{cases} +1, & \text{for } E_2 - E_1 < E_{fc} - E_{fv} \\ 0, & \text{for } E_2 - E_1 = E_{fc} - E_{fv} \\ -1, & \text{for } E_2 - E_1 > E_{fc} - E_{fv} \end{cases} \quad (4\text{-}57)$$

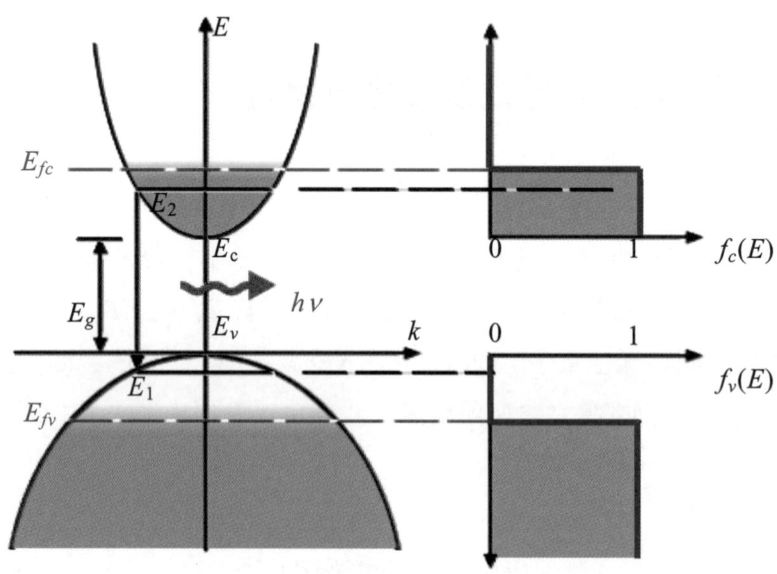

圖 4-8 在零度時載子的分佈機率

我們定義 $h\nu \equiv E_2 - E_1$，符合垂直躍遷的 $f_c(E_2) - f_v(E_1)$對 $h\nu$ 的函數圖形如圖 4-9(a)所示，由於 $h\nu < E_g$ 時沒有吸收或增益，因此我們沒有繪製出來，在 $E_g < h\nu < E_{fc} - E_{fv}$ 時 $f_2 - f_1 = 1$，而在 $h\nu = E_{fc} - E_{fv}$ 時，$f_2 - f_1 = 0$；當 $h\nu > E_{fc} - E_{fv}$ 時，$f_2 - f_1 = -1$。另外，$N_r(E)$的函數圖形如圖 4-9(b)所示，在塊材半導體，聯合能態密度的大小和$(h\nu - E_g)$的平方

根成正比，我們可以將圖 4-9(a)乘上圖 4-9(b)，再乘上(4-52)式中前幾項的係數，可得到零度下的增益頻譜如圖 4-9(c)所示。

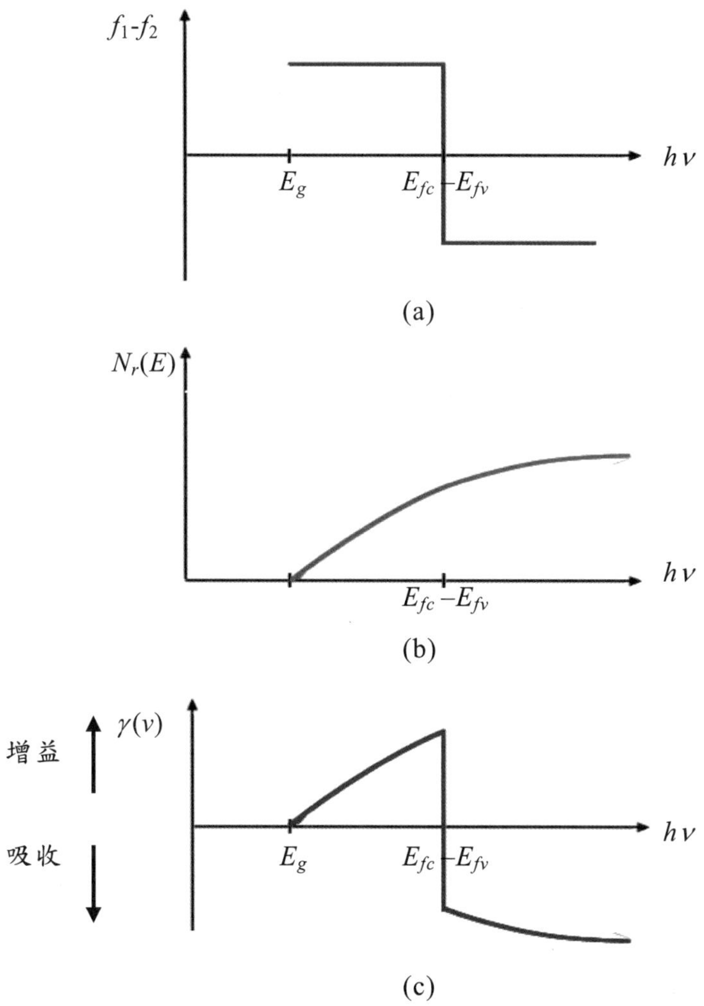

圖 4-9 (a)在零度近似下 $f_c(E_2)$ - $f_v(E_1)$對 $h\nu = E_2$-E_1 的圖形，$f_c(E_2)$ - $f_v(E_1)$簡單表示成 f_2-f_1；(b)聯合能態密度對 $h\nu$ 的圖形；(c)零度條件下，塊材半導體之增益(或吸收)頻譜

範例 4-2

在 T=0K 時，GaAs 材料的參數如下：

$m_c^* = 0.07m_0, m_v^* = 0.4m_0$, E_g = 1.45 eV, n_r = 3.64

若注入載子濃度 n=p=3×10^{18}cm^{-3}，試計算：

(a) E_{fc} - E_{fv} = ?

(b) 在增益頻寬中最短的發光波長為何？

(c) 若 τ_r 為 3 nsec，在此條件下最大增益係數為何？

解：

(a) 由於 T = 0K，我們可以不需要再用近似的方式來計算準費米能階的位置。由於

$$
\begin{aligned}
n &= \int_{E_c}^{\infty} N_c(E) f_c(E) dE \\
&= \frac{1}{2\pi^2}\left(\frac{2m_c^*}{\hbar^2}\right)^{3/2} \int_{E_c}^{\infty} \frac{(E-E_c)^{1/2}}{e^{(E-E_{fc})/k_BT}+1} dE
\end{aligned}
\tag{4-58}
$$

因為在 T = 0K 下，

$$f_c(E) = 1 \text{ for } E < E_{fc}$$
$$f_c(E) = 0 \text{ for } E > E_{fc}$$

因此(4-58)式的積分只要算至 E_{fc}，所以：

$$n=\frac{1}{2\pi^2}(\frac{2m_c^*}{\hbar^2})^{3/2}\int_{E_c}^{E_{fc}}(E-E_c)^{1/2}dE$$
$$=\frac{1}{2\pi^2}(\frac{2m_c^*}{\hbar^2})^{3/2}\frac{2}{3}(E_{fc}-E_c)^{3/2} \quad (4\text{-}59)$$

我們可以得到

$$E_{fc}-E_c=(\frac{\hbar^2}{2m_c^*})(3\pi^2)^{2/3}n^{2/3} \quad (4\text{-}60)$$

將 GaAs 材料的參數代入上式，

$$E_{fc}-E_c=\frac{(1.055\times10^{-34})^2}{2\times0.07\times9.1\times10^{-31}}\times(3\pi^2\times3\times10^{24})^{2/3}\times\frac{1}{1.6\times10^{-19}}$$
$$=0.1087eV$$

同理，我們可以推導出 E_{fv} 和 p 的關係為

$$E_v-E_{fv}=(\frac{\hbar^2}{2m_v^*})(3\pi^2p)^{2/3} \quad (4\text{-}61)$$

則 E_v-$E_{fv}\approx0.019$ eV，因此

$$E_{fc}\text{-}E_{fv}=E_c\text{-}E_v+0.1087+0.019$$
$$=E_g+0.1277$$
$$=1.5777\ \text{eV}$$

(b) 在增益頻寬中最短的波長發生在 $hv= E_{fc}-E_{fv}$，因此

$$\lambda_s = \frac{1.24}{E_{fc} - E_{fv}} = \frac{1.24}{1.5777} = 0.786\ \mu\text{m}$$

(c) 由於

$$\begin{aligned} N_r(E) &= \frac{1}{2\pi^2}(\frac{2m_r^*}{\hbar^2})^{3/2}(E-E_g)^{1/2} \\ &= \frac{1}{2\pi^2}(\frac{2\times 0.06\times 9.1\times 10^{-31}}{(1.055\times 10^{-34})^2})^{3/2}\left[(E-E_g)\times 1.6\times 10^{-19}\right]^{1/2} \\ &= 6.227\times 10^{38}(E-E_g)^{1/2}\ (\text{J}^{-1}\text{cm}^{-3}) \end{aligned} \tag{4-62}$$

因為 $T = 0\text{K}$，$f_2 - f_1 = 1$，因此由(4-52)式

$$\begin{aligned} \gamma &= \frac{\lambda_0^2}{8\pi n_r^2 \tau_r} h N_r(E)(f_2 - f_1) \\ &= \frac{(0.786\times 10^{-4})^2}{8\pi\times 3.64^2\times 3\times 10^{-9}}\times 6.626\times 10^{-34}\times 6.227\times 10^{38}(1.5777-1.45)^{1/2} \\ &= 9.12\times 10^2\ \text{cm}^{-1} \end{aligned}$$

4.2.2 數值計算之增益頻譜

接下來，我們要來討論當溫度大於 0K 時，半導體增益頻譜將如何計算。首先我們要決定注入載子濃度如何影響準費米能階的位置，由於在半導體中要產生增益，需要注入載子的濃度相當高，Boltzmann 近似已不適合在這裡使用，因此我們將使用 Joyce-Dixon 近似來計算準費米能階的位置，為求計算更為精確，我們將(2-85)式的級數展開到第四階，使得

$$E_{fc}-E_c=k_BT[\ln(\frac{\Delta n}{N_c})+\frac{1}{\sqrt{8}}(\frac{\Delta n}{N_c})-4.95009\times10^{-3}\times(\frac{\Delta n}{N_c})^2 \\ +1.48386\times10^{-4}\times(\frac{\Delta n}{N_c})^3-4.42563\times10^{-6}\times(\frac{\Delta n}{N_c})^4] \tag{4-63}$$

同樣地，

$$E_v-E_{fc}=k_BT[\ln(\frac{\Delta p}{N_v})+\frac{1}{\sqrt{8}}(\frac{\Delta p}{N_v})-4.95009\times10^{-3}\times(\frac{\Delta p}{N_v})^2 \\ +1.48386\times10^{-4}\times(\frac{\Delta p}{N_v})^3-4.42563\times10^{-6}\times(\frac{\Delta p}{N_v})^4] \tag{4-64}$$

其中 Δn 和 Δp 為注入之載子濃度，我們令 $\Delta n = \Delta p = n$。

接下來，我們要決定 E_2 和 E_1 對入射光子能量 hv 的關係，如圖 4-8 所示，令導電帶的 E-k 關係式為：

$$E_2 = E_c + \frac{\hbar^2 k^2}{2m_c^*} \tag{4-65}$$

在此為方便起見，令 $E_v = 0$，則 $E_c = E_g$，因此上式可改寫為

$$E_2 = E_g + \frac{\hbar^2 k^2}{2m_c^*} \tag{4-66}$$

而在價電帶中的 E-k 關係式為

$$E_1 = -\frac{\hbar^2 k^2}{2m_v^*} \tag{4-67}$$

為了符合垂直躍遷的條件，(4-66)和(4-67)式中的 k 值必需相等，因此：

$$h\nu = E = E_2 - E_1 = \frac{\hbar^2 k^2}{2m_r^*} + E_g \tag{4-68}$$

所以

$$k = \frac{\sqrt{2m_r^*(h\nu - E_g)}}{\hbar} \tag{4-69}$$

將上式代回(4-66)和(4-67)式得

$$E_2 = E_g - \frac{m_r^*}{m_c^*}(h\nu - E_g) \tag{4-70}$$

$$E_1 = -\frac{m_r^*}{m_v^*}(h\nu - E_g) \tag{4-71}$$

我們由(4-63)和(4-64)式得到了 $E_{fc}(n)$以及 $E_{fv}(n)$，這兩式都是載子濃度的函數，又由(4-70)及(4-71)式得到 $E_2(h\nu)$以及 $E_1(h\nu)$，代入 Fermi-Dirac 機率分佈為：

$$f_2 = f_c(h\nu, n) = \frac{1}{e^{\left[E_2(h\nu) - E_{fc}(n)\right]/k_B T} + 1} \tag{4-72}$$

$$f_1 = f_v(h\nu, n) = \frac{1}{e^{\left[E_1(h\nu) - E_{fv}(n)\right]/k_B T} + 1} \tag{4-73}$$

將上二式代入(4-52)式中，並把 $N_r(h\nu)$展開，我們可以得到

$$\gamma(h\nu, n) = \frac{\lambda^2}{8\pi n_r^2 \tau_r} h \frac{1}{2\pi^2} (\frac{2m_r^*}{\hbar^2})^{3/2} (h\nu - E_g)^{1/2} \left[f_c(h\nu, n) - f_v(h\nu, n) \right] \tag{4-74}$$

使用電腦輔助軟體計算上式，即可得到在不同注入載子濃度下的塊材半導體的增益頻譜，如圖 4-10 所示。和零度增益頻譜(圖 4-9(c))相比，半導體的增益頻譜在溫度大於零時較為平滑且最大增益發生的能量位置不再是 E_{fc} - E_{fv}，而是稍微紅移到增益頻寬的中央附近。不過和零度增益頻譜相同的是隨著注入載子濃度的增加，增益頻寬越來越大，而最大增益(peak gain)的值也持續上升，同時最大增益發生的能量值也隨著注入載子濃度的增加而藍移。

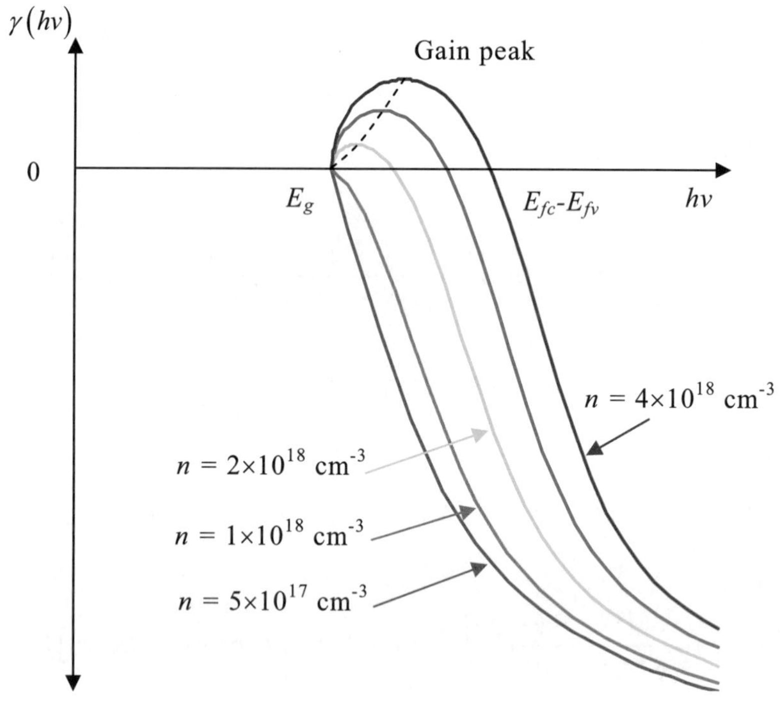

圖 4-10　不同載子濃度的增益頻譜曲線

使用(4-74)式，我們同時也可以計算在不同溫度但相同注入載子濃度下，增益頻譜的變化，如圖 4-11 所示，若 $T_2 > T_1$，因為 $f_2 - f_1$ 變小，使得其最大增益變小。我們在第二章中曾經提及半導體會由於溫度上升使得能隙變小，造成增益頻譜在溫度較高的 T_2 時整體紅移，連帶使得最大增益的能量跟著紅移。事實上在這裡所討論的溫度升高導致增益下降的效應，也可以直觀的想像成因為載子能量分佈在高溫時較為分散而使得增益下降。然而在半導體中，溫度昇高所導致的結果還有因為受到較高能量的熱載子跳離主動層的漏電載子以及非輻射復合速率受熱提高所造成的內部量子效率下降等影響，這些因素都會讓半導體增益在溫度昇高時迅速的下降。由於半導體雷射的操作受到半導體增益的影響，因此半導體雷射的特性對外界的溫度變化相當地敏感！

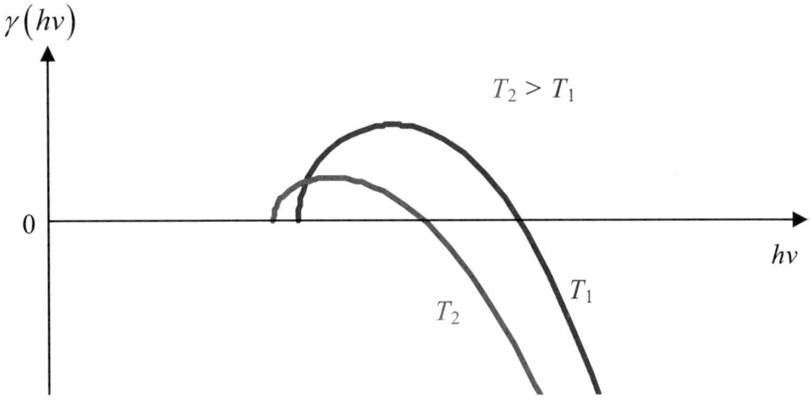

圖 4-11　不同溫度但相同載子濃度的增益頻譜曲線

4.3 量子井之增益頻譜

在上一小節中，我們討論的是“塊材”半導體的增益係數，一般而言塊材半導體的厚度約在 0.1~0.3 μm 以上。然而，現今大部分的半導體雷射或發光二極體，其主動層都是採用量子井的結構。所謂的量子井結構是指雙異質結構中的主動層(或是能隙較小的材料)，其厚度約在 10 nm 以下，使得電子在厚度方向(定義為 z 方向)上的運動受到限制，造成能階量化的情形，由於此種結構類似量子力學中的一維量子井的問題，因此我們稱此種主動層為量子井結構。

要瞭解量子井結構的特性，我們需要先解出在量子井中的能階位置，接下來是推導在能階量化下的 E-k 關係以及能態密度，以求得費米能階與載子分佈的關係，然後再照之前二小節的方式來計算量子井中的增益頻譜。

4.3.1 量子化能階

量子井結構在 z 方向的厚度接近電子 de Broglie 物質波波長，但在 x 和 y 方向並沒有受到侷限，因此電子在平行方向的能量仍為連續的狀態表示為：

$$E_{\parallel} = (\frac{\hbar^2}{2m^*})(k_x^2 + k_y^2) \tag{4-75}$$

而電子在 z 方向的運動可看成是一維量子井的問題，如圖 4-12 所示，需使用 Schrödinger 方程式來解出特定的能階大小。我們令量子井的位能為 V_0，厚度為 L_z，因此

$$V(z) = 0, \quad -\frac{L_z}{2} < z < \frac{L_z}{2} \tag{4-76}$$

$$V(z) = V_0, \quad |z| > \frac{L_z}{2} \tag{4-77}$$

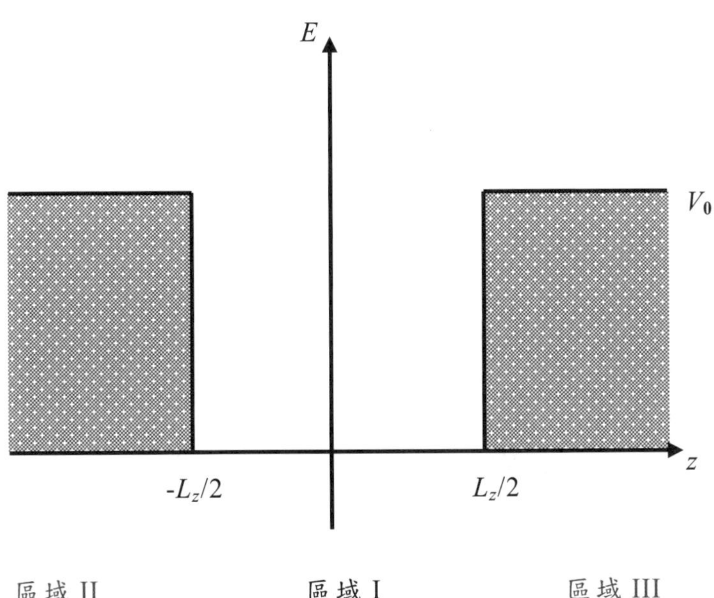

圖 4-12 一維量子井示意圖

若$V_0 \to \infty$，則此一維量子井可簡化為無限位能井的問題。在無限位能井中，電子不可能存在於井外的區域，因此在位能井中的波函數於$z = \pm L_z / 2$處皆等於零，為符合邊界條件，波函數$k_z = n \times \pi / L_z$，其中n為正整數，因此，在無限位能井中量化的能階可表示為：

$$E_n = \frac{\hbar^2 k_z^2}{2m^*} = \left(\frac{\hbar^2 \pi^2}{2m^* L_z^2} \right) n^2 \tag{4-78}$$

當L_z固定時，能階E_n和n^2成正比。若V_0為有限值時，我們有興趣的是電子被侷限在量子井中的情況，因此考慮$E < V_0$，可得：

$$\frac{d^2 \phi_1}{dz^2} + \frac{2m^*}{\hbar^2} E \phi_1 = 0, \quad \text{區域I} \tag{4-79}$$

$$\frac{d^2 \phi_{2,3}}{dz^2} + \frac{2m^*}{\hbar^2} (E - V_0) \phi_{2,3} = 0, \quad \text{區域II和III} \tag{4-80}$$

其中ϕ_1、ϕ_2和ϕ_3為在區域 I、II 和 III 中的波函數，我們假設在所有區域中的有效質量皆相等。(4-79)和(4-80)式的解如下：

$$\phi(z) = \begin{cases} Ae^{\beta z}, & z \le -L_z / 2 \\ B\cos(\alpha z) + C\sin(\alpha z), & -L_z / 2 \le z \le L_z / 2 \\ De^{-\beta z}, & z \ge L_z / 2 \end{cases} \tag{4-81}$$

其中

$$\alpha = \sqrt{\frac{2m^* E}{\hbar^2}} \tag{4-82}$$

$$\beta = \sqrt{\frac{2m^* (V_0 - E)}{\hbar^2}} \tag{4-83}$$

我們要解出(4-81)式中的 A、B、C 和 D 係數，由於 $\phi(z)$ 以及 $d\phi(z)/dz$ 在 $z = \pm L_z/2$ 需連續，因此我們計算(4-81)式可得以下四式：

$$B\cos(\frac{\alpha}{2}L_z) - C\sin(\frac{\alpha}{2}L_z) = Ae^{-\beta L_z/2} \tag{4-84}$$

$$\alpha B\sin(\frac{\alpha}{2}L_z) + \alpha C\cos(\frac{\alpha}{2}L_z) = \beta Ae^{-\beta L_z/2} \tag{4-85}$$

$$B\cos(\frac{\alpha}{2}L_z) + C\sin(\frac{\alpha}{2}L_z) = De^{-\beta L_z/2} \tag{4-86}$$

$$-\alpha B\sin(\frac{\alpha}{2}L_z) + \alpha C\cos(\frac{\alpha}{2}L_z) = -\beta De^{-\beta L_z/2} \tag{4-87}$$

整理上四式可得：

$$(\frac{\alpha L_z}{2})\tan(\frac{\alpha L_z}{2}) = (\frac{\beta L_z}{2}) \tag{4-88}$$

$$(\frac{\alpha L_z}{2})\cot(\frac{\alpha L_z}{2}) = -(\frac{\beta L_z}{2}) \tag{4-89}$$

我們必須以圖解法來求解，因為

$$(\frac{\alpha L_z}{2})^2+(\frac{\beta L_z}{2})^2=\frac{2m^*V_0}{\hbar^2}(\frac{L_z}{2})^2 \tag{4-90}$$

上式為一圖形軌跡，和(4-88)以及(4-89)式二線相交之處即為我們所要求的能階解。為了方便起見，我們以無線位能井中的第一能階之能量 $E_{1\infty}$為基礎，將所有的能量表示為 $E_{1\infty}$的倍數，因為 $E_{1\infty}=(\hbar^2\pi^2)/m^*L_z^2$，所以

$$\frac{E}{E_{1\infty}}=\frac{E}{\frac{\hbar^2\pi^2}{2m^*L_z^2}}=E' \tag{4-91}$$

$$\frac{V_0}{E_{1\infty}}=\frac{V_0}{\frac{\hbar^2\pi^2}{2m^*L_z^2}}=V' \tag{4-92}$$

令

$$X=\frac{\alpha L_z}{2}=\frac{\pi}{2}\sqrt{E'} \tag{4-93}$$

$$Y=\frac{\beta L_z}{2}=\frac{\pi}{2}\sqrt{(V'-E')} \tag{4-94}$$

而(4-90)式成為

$$Y=\sqrt{\frac{\pi^2}{4}V'-X^2} \tag{4-95}$$

(4-88)和(4-89)式則變為：

$$Y = X\tan X \tag{4-96}$$

$$Y = -X\cot X \tag{4-97}$$

(4-95)至(4-97)式的圖形如圖 4-13 所示。其中四個交點所對應的 X 值換算為能量後，即分別為 $n = 1$ 到 $n = 4$ 的能階大小。若我們分別計算不同的量子井 V_0，所得到的能階值如圖 4-14 所示，由圖可知，量子數越小或 V_0 越大，其能階值愈接近無線位能井中的理想能階值。

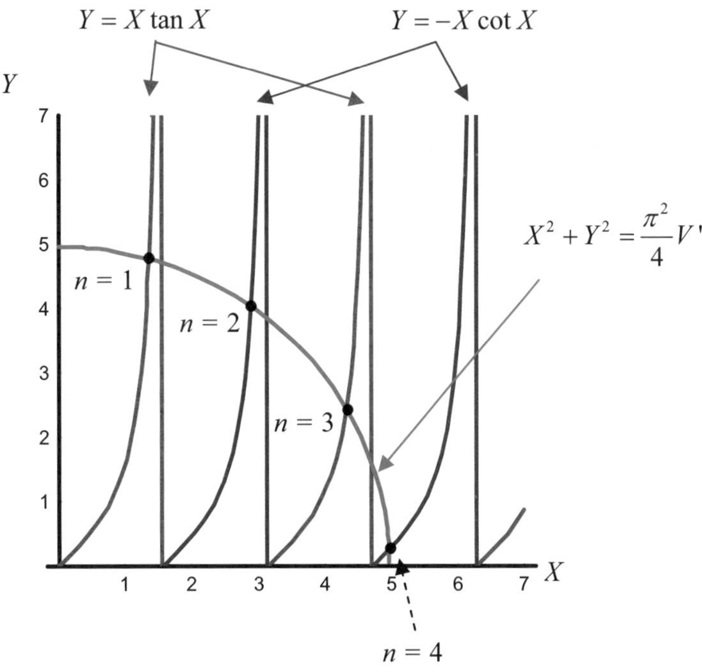

圖 4-13　有限位能量子井以圖解法求得能階值

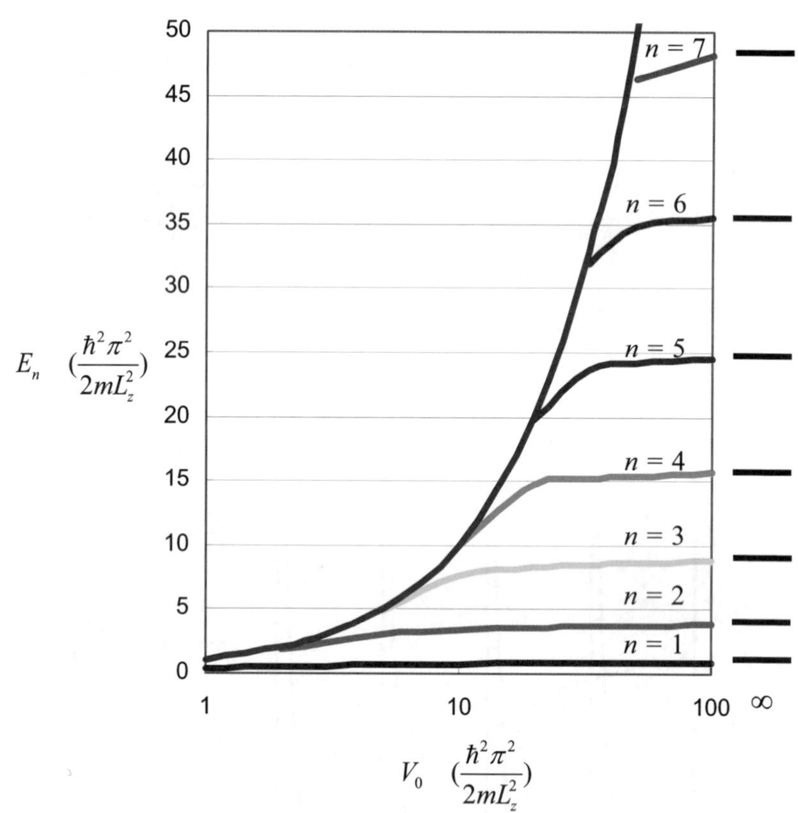

圖 4-14 量子井的能階值和不同位能井位能 V_0 的關係。其中所有的能量都以 $E_{1\infty}=(\hbar^2\pi^2)/m^*L_z^2$ 為單位。最右邊表示無限位能井中的能階值

不同的材料由於有效質量不同，因此能階值也會不同。對於一般雙異質結構所形成的量子井如圖 4-15 所示，由於導電帶與價電帶的能

帶偏移量不同，加上電子和電洞的有效質量不同，電子和電洞處於量子井中的能階值會不同。至於電子和電洞的復合，不再是由導電帶最低點的電子和價電帶最高點的電洞所決定，因為量子井中的能階已量化，載子的躍遷能量必須要另外加上形成能階後的分離量。例如由 $n = 1$ 的電子到 $n = 1$ 的電洞復合所發出的光子能量為：

$$h\nu = E_g + E_{1c} + E_{1h} \tag{4-98}$$

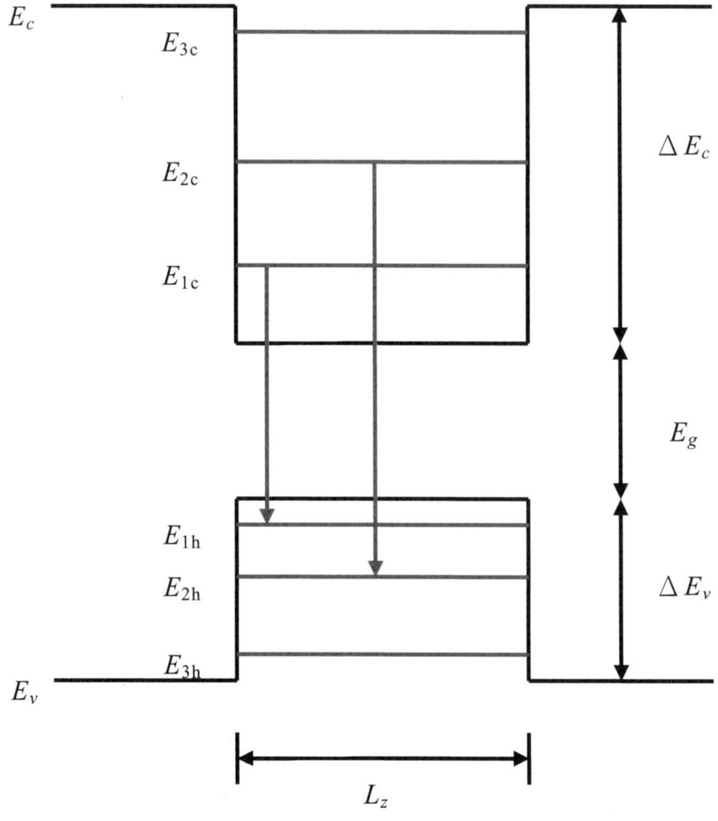

圖 4-15 以雙異質結構形成的單一量子井其能階與發光情形

由此我們瞭解到以量子井結構形成的主動層，其發光能量可以藉著改變量子井厚度來調整，因為 $E \propto L_z^{-2}$ ，所以量子井愈薄，其發光波長愈短。

對電子而言，其能量在 z 方向上形成量子化，但在 x，y 方向仍是連續的狀態，結合(4-75)式，電子的 E-k 關係式可表示為：

$$E(n,k_x,k_y)=E_n+\frac{\hbar^2}{2m_{cn}^*}(k_x^2+k_y^2) \tag{4-99}$$

其中 m_{cn}^* 為在對應能階上電子的有效質量，E_n 為量子化後的能階，其圖形如圖 4-16 所示。

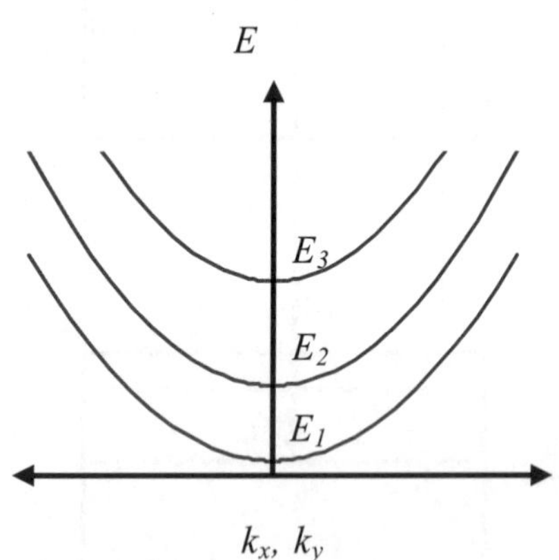

圖 4-16　量子井電子在 $k_{\parallel}$ 方向上的 E-k 關係圖

同理，對電洞而言，

$$E(n,k_x,k_y)=E_n+\frac{\hbar^2}{2m_{vn}^*}(k_x^2+k_y^2) \tag{4-100}$$

其中 m_{vn}^* 為在對應能階上電洞的有效質量，注意的是(4-100)式中的 E_n 為電洞在價電帶中形成量子化的能階。

範例 4-3

單一量子井由 GaAs 材料構成，量子井的厚度為 10 nm，而量子井兩旁的能障層(barrier layer) 材料為 $Al_{0.38}Ga_{0.62}As$，假設 GaAs/AlGaAs 的能帶偏移比率為 67：33，試求

(a) 在導電帶中的量子化能階

(b) 在價電帶中的量子化能階

(c) 最長的發光波長

解：

對 $Al_xGa_{1-x}As$ 而言

$$\because E_g(x)=1.424+1.247x$$
$$=1.424+1.247\times 0.38$$
$$=1.898\text{ eV}$$

GaAs 之 E_g = 1.424 eV

$$\therefore \Delta E_g = 1.898-1.424$$
$$= 0.474\text{ eV}$$

$$\Delta E_c = 0.67\times\Delta E_g = 0.318\text{ eV}$$

$$\Delta E_v = 0.33\times\Delta E_g = 0.156\text{ eV}$$

(a) 在 GaAs 中，電子的有效質量 $m_c^* = 0.067m_0$，先計算無限位能井中 $n = 1$ 之能階值：

$$\begin{aligned} E_{1\infty} &= \frac{\hbar^2\pi^2}{2m_c^* L_z^2} \\ &= \frac{(1.054\times10^{-34})^2\pi^2}{2\times0.067\times9.1\times10^{-31}\times(10\times10^{-9})^2} \\ &= 9\times10^{-21}\ \text{J} \\ &= 0.056\ \text{eV} \end{aligned}$$

因此對電子而言，位能井的深度若表示成(4-92)式中 $E_{1\infty}$的倍數 V'，

$$V' = \frac{\Delta E_c}{E_{1\infty}} = \frac{0.318}{0.056} = 5.68$$

對照圖 4-14，我們發現共有三個量子態可以存在，使用圖解法可得

$$E_{1c}=0.678E_{1\infty}=0.038\text{eV}$$

$$E_{2c}=3.097E_{1\infty}=0.173\text{eV}$$

$$E_{3c}=5.527E_{1\infty}=0.309\text{eV}$$

(b) 另一方面在 GaAs 中電洞的有效質量為 $m_v^* = 0.45m_0$ ，因此

$$\begin{aligned} E_{1\infty} &= \frac{\hbar^2\pi^2}{2m_v^* L_z^2} \\ &= 0.0083\ \text{eV} \end{aligned}$$

而

$$V' = \frac{\Delta E_v}{E_{1\infty}} = 18.80$$

我們可解得 5 個量子態，分別為

$$E_{1v}=0.819E_{1\infty}=0.0068 \text{ eV}$$
$$E_{2v}=3.600E_{1\infty}=0.02998 \text{ eV}$$
$$E_{3v}=8.275E_{1\infty}=0.0687 \text{ eV}$$
$$E_{4v}=14.516E_{1\infty}=0.1205 \text{ eV}$$
$$E_{5v}=18.676E_{1\infty}=0.1550 \text{ eV}$$

(c) 最長的波長發生在 E_{1c}- E_{1v} 的躍遷，因此

$$\lambda_1 = \frac{1.24}{1.424+0.038+0.0068} = 0.844 \ \mu\text{m}$$

4.3.2 二維能態密度與載子濃度

載子在量子井中有二個維度上可以自由移動，其能態密度可表示為(見第二章習題，但注意單位的不同)

$$N_{2D}(E_n) = \frac{m^*}{\pi\hbar^2 L_z} \ (\mathrm{J^{-1}cm^{-3}}) \tag{4-101}$$

其中 E_n 為特定之量子化能階，為計算載子的濃度，我們在上式中除上了量子井厚度 L_z。然而在量子井中可能存在好幾個可允許的能階，因此所有的能態密度和為:

$$N_{2D}(E) = \sum_{E_n} \frac{m_{cn}^*}{\pi\hbar^2 L_z} H(E - E_n) \tag{4-102}$$

其中 $H(E\text{-}E_n)$為 Heaviside 函數，代表當 $E < E_n$時 $H = 0$，當 $E > E_n$ 時，$H = 1$。我們可以比較塊材(三維自由度)和量子井(二維自由度)的能態密度如圖 4-17 所示。我們可以看到量子井的能態密度呈現階梯狀隨著能量增大而變大，每一個能量不連續處為量子化的能階值。而這種特殊的能態密度將影響到量子井中的載子分佈、費米能階、自發放射頻譜以及增益頻譜。

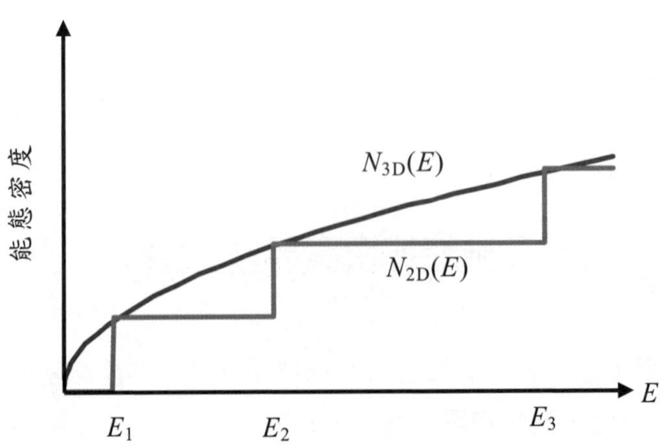

圖 4-17　塊材半導體和量子井結構的能態密度

接下來我們要計算量子井中的載子濃度，可將(4-102)式代入(2-64)式中，得：

$$\begin{aligned} n &= \int_{E_c}^{\infty} N_{2D}(E) f(E) dE \\ &= \sum_{E_n} \frac{m_{cn}^*}{\pi \hbar^2 L_z} \int_{E_n}^{\infty} \frac{1}{e^{(E-E_{fc})/k_B T}+1} dE \end{aligned} \tag{4-103}$$

其中 E_{fc} 為量子井導電帶中的準費米能階。令 $x = \exp[-(E-E_{fc})/k_B\mathrm{T}]$，則上式可化簡為：

$$n = \frac{k_B T}{\pi \hbar^2 L_z} \sum_{E_n} m_{cn}^* \ln\left[1 + e^{(E_{fc}-E_n)/k_B T}\right] \tag{4-104}$$

若只考慮量子井中的 $n = 1$ 的能階，且$(E_{fc}-E_1) >> k_B T$，(4-104)式可近似為

$$n = \frac{m_{c1}^*}{\pi \hbar^2 L_z}(E_{fc} - E_1) \tag{4-105}$$

和塊材半導體比，由於量子井結構的能態密度較小，因此在相同的載子濃度注入下，量子井結構中的費米能階會增加地更快，造成導電帶與價電帶中的準費米能階之間的能量差會迅速增加。圖 4-18 表示了 GaAs 塊材和 GaAs 量子井(L_z = 10 nm, $\Delta E_c \cong 0.28$ eV)時載子濃度和費米能階相對於導電帶底部的能量差異(能量的單位為 $k_B T$)，我們可以發現量子井結構中的費米能階約比塊材中的費米能階高約 $1k_B T$ (= 26 meV)。較快速的費米能階的移動將有助於增益係數隨著注入載子濃度的增加而迅速增大。

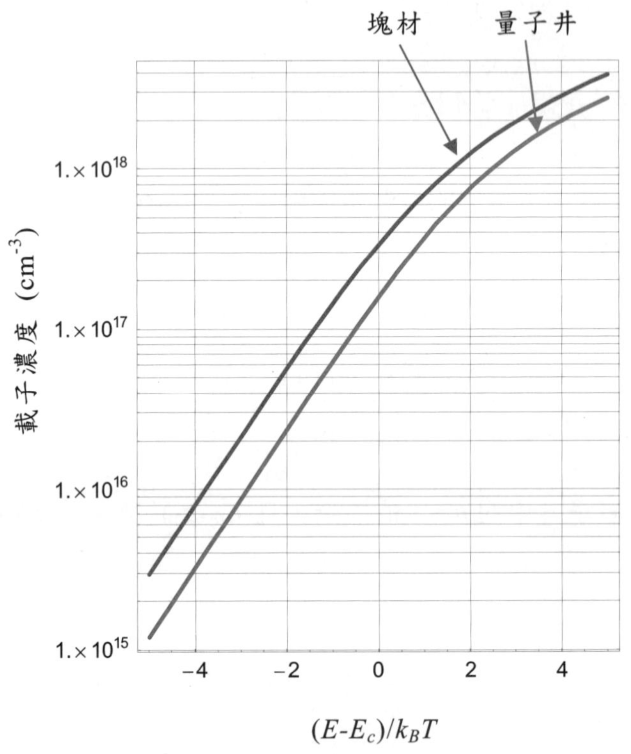

圖 4-18　GaAs 塊材和 GaAs 量子井(L_z = 10 nm)載子濃度和費米能階的關係

4.3.3 增益頻譜

量子井結構的發光行為除了受到特別的能態密度影響之外，還受到能階之間躍遷的選擇律(selection rule)所限制，例如在圖 4-15 中，導電帶中有三個能階 E_{1c}，E_{2c} 以及 E_{3c}；而在價電帶中也有三個能階分別為 E_{1h}，E_{2h} 以及 E_{3h}，選擇律限制只有量子數相同的二個能階可以躍遷，也就是 E_{1c}-E_{1h}，E_{2c}-E_{2h} 以及 E_{3c}-E_{3h} 是可允許的，其它如 E_{1c}-E_{2h} 是不允許的躍遷。在垂直躍遷的條件下，每一次的躍遷其 $k_{\parallel}$ 值需要相等，因此發射光子的能量為：

$$\begin{aligned} h\nu &= E_{21} = E_2 - E_1 \\ &= (E_{nc} + E_g + \frac{\hbar^2 k_{\parallel}^2}{2m_{nc}^*}) - (-E_{nv} + \frac{\hbar_2 k_{\parallel}^2}{2m_{nv}^*}) \\ &= E_{nc} + E_{nv} + E_g + \frac{\hbar^2 k_{\parallel}^2}{2m_{nr}^*} \end{aligned} \tag{4-106}$$

在此我們令價電帶頂點為 0，E_{nc} 和 E_{nv} 分別為電子和電洞在量子井中量子化的能階大小，而 m_{nr}^* 為該能階的縮減有效質量，

$$\frac{1}{m_{nr}^*} = \frac{1}{m_{nc}^*} + \frac{1}{m_{nv}^*} \tag{4-107}$$

因此，量子井中的聯合能態密度可表示為：

$$N_{r2D}(h\nu)=\sum_{E_{nc},E_{nv}}\frac{m_{nr}^*}{\pi\hbar^2 L_z}H\left[h\nu-(E_{nc}+E_{nv}+E_g)\right] \tag{4-108}$$

其中 E_{nc} 和 E_{nv} 的量子數 n 必須相等。有了聯合能態密度後，將上式代入(4-52)式即可得到量子井的增益係數：

$$\gamma_{QW}(\nu)=\frac{\lambda_0^2}{8\pi n_r^2\tau_r}\left[f_c(E_2)-f_v(E_1)\right]h\sum_{E_{nc},E_{nv}}\frac{m_{nr}^*}{\pi\hbar^2 L_z}H\left[h\nu-(E_{nc}+E_{nv}+E_g)\right] \tag{4-109}$$

我們應用上一小節的方法，使用電腦輔助計算可以得到量子井的增益頻譜如圖 4-19 所示。

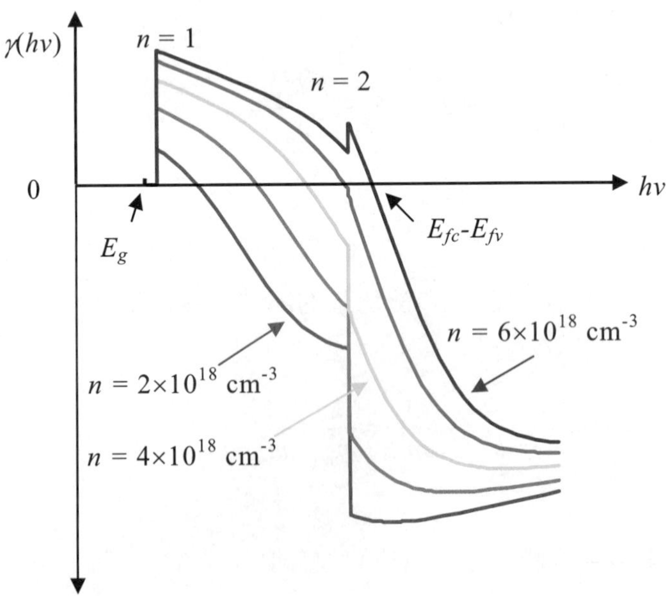

圖 4-19　量子井在不同注入濃度下的增益頻譜

我們可以發現在載子濃度較低的時候，最大增益的位置都在 $n = 1$ 的能量態($= E_{1c}+E_{1v}+E_g$)上，不會隨著注入載子濃度的增加而有藍移的現象，此外由於準費米能階的相對位置分離得很快，最大增益值會非常迅速的增加，增益頻寬也會快速地變大，而到了高注入濃度時，$n = 2$ 的能量態($= E_{2c}+E_{2v}+E_g$)的增益開始大於零，若繼續增加載子濃度，最大增益會從 $n = 1$ 跳到 $n = 2$ 的能量位置。

在圖 4-19 中，我們看到由於量子井中特殊的能態密度影響了增益頻譜，在量子化能階處增益頻譜表現出陡直不連續的變化。然而事實上，電子或電洞並不會精準地停留在某一特定的能階上，這使得增益頻譜線會呈現加寬(broadening)的現象。由於電子和電子之間會互相散射，我們定義**弛豫時間**(relaxation time) τ_{in} 來描述電子在特定能階中受到散射隨時間而衰減，通常 τ_{in} 約為 0.1 psec。既然電子不會精準地停留在特定的能階上，電子在某一特定能階的分佈可用一**線型函數**(lineshape function)來描述，基於測不準原理，我們可以估計此線型函數的半高寬為 $\Delta E_{21} = 2\hbar/\tau_{in}$，若線型函數的型式 Lorentzian 函數，則電子對 E_{21} 為中心能量的機率分佈可表示為：

$$\zeta(E - E_{21}) = \frac{1}{\pi}\frac{\hbar/\tau_{in}}{(\hbar/\tau_{in})^2 + (E - E_{21})^2} \tag{4-110}$$

因此在計算量子井結構的增益頻譜時，若將電子或電洞的不準確性考慮進去，(4-109)式便要修正為：

$$\gamma(h\nu) = \int_{Eg}^{\infty}\gamma_{QW}(E)\zeta(E - h\nu)dE \tag{4-111}$$

圖 4-20 畫出了使用上式加寬後的量子井結構所計算出來的增益頻譜以及原本未加寬的增益頻譜，我們可以發現在考慮加寬後的增益曲線變得較為圓滑平順，然而最大增益值也稍微下降了。

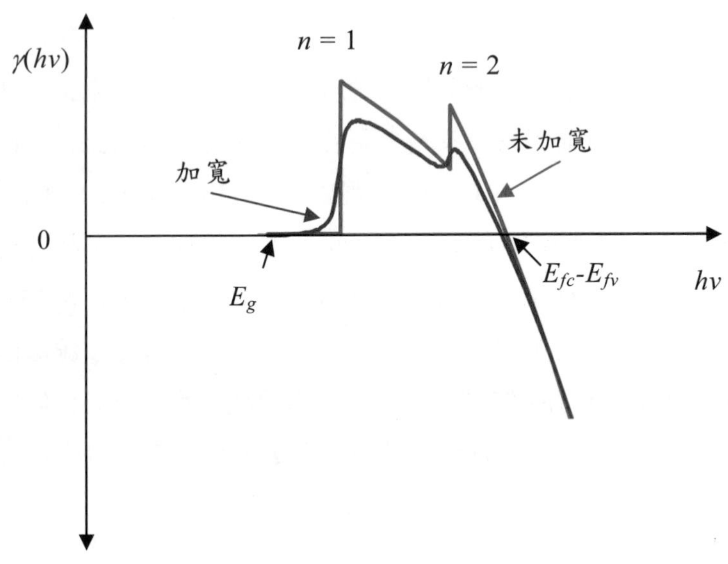

圖 4-20　加寬前和加寬後的量子井結構的增益頻譜

4.4 最大增益之線性近似與對數近似

半導體的增益頻譜隨著注入載子濃度的增加而逐漸變大，在載子濃度很低的時候，半導體在能隙以上的能量都呈現吸收的情況，而當增益正要開始大於零時，稱為透明狀態(transparency condition)，此時的載子濃度被稱為透明載子濃度(transparency carrier)n_{tr}，當注入的載子濃度大於 n_{tr} 以上時，半導體增益出現愈來愈高的增益值與愈來愈大的增益頻寬，如圖 4-10 所示。然而要達到半導體雷射的操作，往往是由增益頻譜中的最大值所決定的，我們將會在下一章說明雷射的臨界(threshold)條件之一在於增益的最大值等於損耗(loss)之際，一旦最大增益(peak gain)到達損耗值（或臨界值）時，雷射開始啟動發出同調的雷射光，而此時的載子濃度即為臨界載子濃度(threshold carrier density) n_{th}。由此可知，增益頻譜中最重要的資訊之一是最大增益值，我們若將圖 4-21 中塊材半導體的最大增益值對載子濃度作圖，將得到如圖 4-21 右半近似線性的圖形，其中最大增益 $\gamma_{\max}$ 和載子濃度 n 的關係可近似為：

$$\gamma_{\max} = a(n - n_{tr}) \tag{4-112}$$

其中 a 為 $\partial\gamma_{\max}/\partial n$，定義為微分增益(differential gain)。為了方便起見，我們在之後的討論均將 $\gamma_{\max}$ 視為 γ，即增益係數。

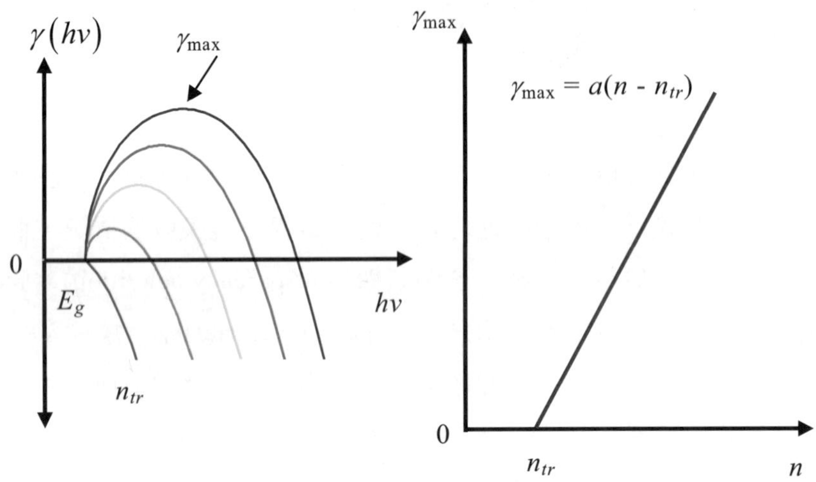

圖 4-21 塊材半導體隨不同載子濃度的增益頻譜以及最大增益對載子濃度呈現線性近似的關係

範例 4-4

室溫下，一光放大器主動層為 InGaAaP，其透明載子濃度 $n_{tr} = 1.25 \times 10^{18}$ cm^{-3}，而微分增益 $a = 2\times10^{-16}$ cm^2，當注入載子濃度 $n = 1.4n_{tr} = 1.75\times10^{18}$ cm^{-3}，試求增益係數。

解：

$$\begin{aligned}\gamma &= a(n-n_{tr})\\ &= 2\times10^{-16}\times0.4\times1.25\times10^{18}\\ &= 100\ \text{cm}^{-1}\end{aligned}$$

若此放大器的長度是 1 cm，假設不考慮飽和效應，則光放大的倍數為：

$$\frac{I_0}{I_i} = e^{\gamma L} = e^{100} = 2.7 \times 10^{43}$$

上面的數字實為非常驚人的放大倍率，這個例子告訴我們半導體的增益係數是相當大的！

(4-112)式增益係數的線性近似為最簡便使用的一種近似，然而增益係數的變化常會隨著載子濃度高低而不同，例如在量子井結構中的最大增益係數(見圖 4-19)隨著載子濃度的增加一開始上升很快，接下來就有飽和的趨勢，在這種情況下，我們可以用對數近似的方式來擬合增益係數對載子濃度的變化：

$$\gamma = \gamma_0 \ln(\frac{n}{n_{tr}}) \qquad (4\text{-}113)$$

上式為二參數對數近似，如圖 4-22 所示，事實上，當 n/n_{tr} 趨近於 1 時，(4-113)式可近似為：

$$\gamma = \gamma_0 (\frac{n}{n_{tr}} - 1) \qquad (4\text{-}114)$$

上式和(4-112)式相等，其中微分增益 $\gamma_0 / n_{tr} = a$。我們也可以將(4-113)

式對 n 微分，計算微分增益：

$$\frac{\partial\gamma}{\partial n}=\frac{\gamma_0}{n} \tag{4-115}$$

當 $n\cong n_{tr}$ 時，微分增益即為 γ_0/n_{tr} 。

若為了更精準擬合增益係數，可以在(4-113)式中再加一個參數，成為三參數對數近似：

$$\gamma=\gamma_0\ln(\frac{n+n_s}{n_{tr}+n_s}) \tag{4-116}$$

其中 n_s 為擬合參數，若 $n_s\to 0$ ，上式變回(4-113)式。表 4-1 列出了幾種主動層的二參數與三參數對數近似的擬合常數。

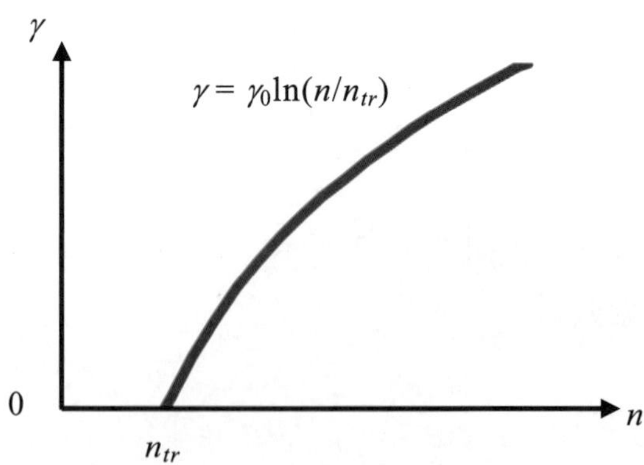

圖 4-22　對數近似的增益係數對載子濃度之關係曲線

表 4-1 常見主動層材料之二參數與三參數對數近似之擬合常數

主動層材料	$\gamma=\gamma_0 \ln(\frac{n+n_s}{n_{tr}+n_s})$			$\gamma=\gamma_0 \ln(\frac{n}{n_{tr}})$	
	n_{tr} $\times 10^{18} cm^{-3}$	n_s $\times 10^{18} cm^{-3}$	γ_0 cm^{-1}	n_{tr} $\times 10^{18} cm^{-3}$	γ_0 cm^{-3}
GaAs 塊材	1.85	6	4200	1.85	1500
$GaAs/Al_{0.2}Ga_{0.8}As$ 量子井(80Å)	2.6	1.1	3000	2.6	2400
$In_{0.2}Ga_{0.8}As/GaAs$ 量子井(80Å)	1.8	-0.4	1800	1.8	2100
$In_{0.53}Ga_{0.47}As$ 塊材	1.1	5	3000	1.1	1000
InGaAs 量子井 (80Å, 1%應變)	3.3	-0.8	3400	3.3	4000
InGaAs 量子井 (60Å, 0%應變)	2.2	1.3	2400	2.2	1800

我們得到了簡單的最大增益對載子濃度的近似曲線之後，再來看載子濃度和注入電流的關係。假設一半導體雷射結構，主動層厚度為 d，面積為 A，注入電流為 I，則依據(3-78)式可得：

$$n=\frac{\tau_n}{ed}(\frac{I}{A})=\frac{\tau_n}{ed}J \tag{4-117}$$

其中 τ_n 為載子生命期，由於載子的復合包含了輻射復合與非輻射復合，由(2-154)式的內部量效率得知

$$\eta_i=\frac{\frac{1}{\tau_r}}{\frac{1}{\tau_r}+\frac{1}{\tau_{nr}}}=\frac{\frac{1}{\tau_r}}{\frac{1}{\tau_n}}=\frac{\tau_n}{\tau_r} \tag{4-118}$$

其中 τ_r 為輻射復合生命期，τ_{nr} 為非輻射復合生命期。真正可以貢獻到增益係數的只有輻射復合的那些載子，因此(4-117)式可修正為：

$$n_{rad}=\eta_i\frac{J\tau_n}{ed} \tag{4-119}$$

這些可放出光子的載子濃度若引入線性近似的(4-112)式中，可得：

$$\begin{aligned}\gamma&=a(n-n_{tr})_{rad}\\&=a(\frac{\eta_i J\tau_n}{ed}-\frac{J_{tr}\tau_n}{ed})\\&=(\frac{a\tau_n}{ed})(\eta_i J-J_{tr})\end{aligned} \tag{4-120}$$

其中 J_{tr} 為透明電流密度。若 $\eta_i=1$，(4-120)式可改寫為：

$$\gamma = (\frac{a\tau_n}{e})(\frac{J}{d} - \frac{J_{tr}}{d}) = b(\frac{J}{d} - J_0) \quad (4\text{-}121)$$

上式為常用的線性近似的經驗公式，例如，對 GaAs 而言，$\gamma = 4.4\times10^{-2}\times(J/d-3800)$；而對 InGaAaP 而言，$\gamma = 1.7\times10^{-2}\times(J/d-1900)$，其中 J 的單位為 A/cm^2，而主動層厚度 d 的單位則為 μm。

範例 4-5

室溫 $T = 300$K 時，一 InGaAsP 的光放大器具有下列參數：

$\tau_n = 2.5$ ns　　$d = 2$ μm

$\eta_i = 50\%$　　$L = 200$ μm, $W = 10$ μm

$a = 1.2\times10^{-16}$ cm^2　　$n_{tr} = 1.25\times10^{18}$ cm^{-3}

試求：

(a) 在 $J = 3.5\times10^4$ A/cm^2 時，$\gamma =?$

(b) 入射光通過此光放大器厚度 $L = 200$ μm 後的放大倍率。

解：

(a) $\gamma = 1.2\times10^{-16}(n - n_{tr})$

因為 $\eta_i = 0.5$，因此真正有貢獻的載子濃度為

$$n = \eta_i \frac{J\tau_n}{ed} = 0.5\times\frac{3.5\times10^4\times2.5\times10^{-9}}{1.6\times10^{-19}\times2\times10^{-4}} = 1.37\times10^{18}\ \text{cm}^{-3}$$

$$\gamma = 1.2\times 10^{16}(1.37\times 10^{18} - 1.25\times 10^{18})$$
$$= 14.4\ \text{cm}^{-1}$$

(b)

$$G = e^{\gamma L} = e^{14.4\times 200\times 10^{-4}}$$
$$= 1.33$$

4.5 透明載子濃度

不管是增益係數的線性近似或是對數近似，都需要知道透明載子濃度 n_{tr}，來表示增益開始大於零的初始載子濃度。由於增益的條件為

$$E_g \le h\nu < E_{fc} - E_{fv} \tag{4-122}$$

而 E_{fc} 和 E_{fv} 和電子和電洞濃度相關，因此決定增益大於等於零的必要條件為

$$E_{fc} - E_{fv} \ge E_g \tag{4-123}$$

當上式等號成立時的載子濃度即為透明載子濃度。我們先使用

Boltzmann 近似來推導 n_{tr}，儘管透明載子濃度通常相當高，而使用 Boltzmann 近似並不合用，但是我們可以很快地先從此方式的推導中看到透明載子濃度和哪些因素相關。

首先，我們先求 E_{fc} 和 E_{fv} 準費米能階的位置。若主動層中的電子濃度和電洞濃度分別為 n 和 p，則

$$E_{fc} = E_c + k_B T \ln(\frac{n}{N_c}) \tag{4-124}$$

$$E_{fv} = E_v - k_B T \ln(\frac{p}{N_v}) \tag{4-125}$$

其中 N_c 和 N_v 為有效能態密度。上二式相減得：

$$\begin{aligned} E_{fc} - E_{fv} &= (E_c - E_v) + k_B T \ln(\frac{np}{N_c N_v}) \\ &= E_g + k_B T \ln\frac{np}{N_c N_v} \end{aligned} \tag{4-126}$$

由(4-123)式我們知道$(E_{fc} - E_{fv}) \geq E_g$才有增益大於等於零的情況產生，因此 np 乘積的最小值至少要等於 N_cN_v 的乘積，此時$(E_{fc} - E_{fv}) = E_g$，所以：

$$\begin{aligned} n \bullet p &= N_c N_v = 4(\frac{2\pi k_B T}{h^2})^3 (m_c^* m_v^*)^{3/2} \\ &= 4(\frac{m_c^*}{m_0})^{3/2} (\frac{m_v^*}{m_0})^{3/2} (\frac{2\pi m_0 k_B T}{h^2})^3 \end{aligned} \tag{4-127}$$

在高注入下，$n = p = n_{tr}$，則

$$\begin{aligned} n_{tr} &= \sqrt{N_c N_v} \\ &= 2(\frac{m_c^*}{m_0})^{3/4}(\frac{m_v^*}{m_0})^{3/4}(\frac{2\pi m_0 k_B T}{h^2})^{3/2} \end{aligned} \quad (4\text{-}128)$$

由上式我們可以看到 n_{tr} 和有效質量有關，而有效質量是材料的基本參數，若有效質量越小的半導體，其透明載子濃度就愈小，反之，那些有效質量越大的半導體，如寬能隙半導體 GaN 等，其透明載子濃度就愈大。此外，(4-128)式中透明載子濃度和溫度的 3/2 次方成正比，這說明了透明載子濃度對溫度非常敏感，溫度愈高，透明載子濃度就愈大。我們可將(4-128)式最後一項的常數展開，得：

$$n_{tr} = 2(\frac{m_c^*}{m_0})^{3/4}(\frac{m_v^*}{m_0})^{3/4}(\frac{T}{300})^{3/2} \times 1.25 \times 10^{19}(\mathrm{cm}^{-3}) \quad (4\text{-}129)$$

對 GaAs 而言，$m_c^* = 0.067 m_0$，$m_v^* = 0.45 m_0$，在 T = 300K 時，使用(4-129)式可計算出 $n_{tr} = 1.8 \times 10^{18}\, cm^{-3}$。另外，對能隙 E_g = 3.4 eV 的 GaN 而言，若 $m_c^* = 0.2 m_0$，$m_v^* = 1.1 m_0$，在 T = 300K 下，可計算出 $n_{tr} = 8 \times 10^{18}\, cm^{-3}$，足足比 GaAs 高出 4.4 倍的濃度！

上面的例子告訴我們 n_{tr} 的值大部分已接近甚至超過 10^{18} cm^{-3}，此時使用 Boltzmann 近似並不適合。接下來，我們改用 Joyce-Dixon 近似來計算透明載子濃度。由於：

$$E_{fc}-E_c=k_BT\left[\ln(\frac{n}{N_c})+\frac{1}{\sqrt{8}}\frac{n}{N_c}\right] \tag{4-130}$$

$$E_{fv}-E_v=-k_BT\left[\ln(\frac{p}{N_v})+\frac{1}{\sqrt{8}}\frac{p}{N_v}\right] \tag{4-131}$$

上二式相減得：

$$E_{fc}-E_{fv}=E_g+k_BT\left[\ln(\frac{np}{N_cN_v})+\frac{1}{\sqrt{8}}(\frac{n}{N_c}+\frac{p}{N_v})\right] \tag{4-132}$$

在透明狀態下，E_{fc} - $E_{fv}=E_g$，若 $n=p=n_{tr}$，則

$$\ln(\frac{n_{tr}^2}{N_cN_v})+\frac{n_{tr}}{\sqrt{8}}(\frac{1}{N_c}+\frac{1}{N_v})=0 \tag{4-133}$$

由於上式並無解析解存在，我們必須使用迭代法來求得 n_{tr}，以下以一個範例來說明。

範例 4-6

$T=300$K 時，$E_g=0.8$ eV 的 InGaAsP 之有效質量分別為 $m_c^*=0.04m_0$，$m_v^*=0.35m_0$，試以 Joyce-Dixon 近似求透明載子濃度。

解：

對 InGaAsP 而言：

$N_c=2.05\times10^{17}$ cm^{-3}

$N_v=5.31\times10^{18}$ cm^{-3}

令 $n = p$；

(1) 設 $n = 5\times10^{17}\text{cm}^{-3}$ 代入(4-130)及(4-131)式，得

$E_{fc} = E_c + 0.0456$

$E_{fv} = E_v + 0.0606$

而 $E_{fc} - E_{fv} = E_g - 0.015$，

表示 $E_{fc} - E_{fv}$ 仍小於 E_g，我們要再多加一些載子

(2) 嘗試 $n = 6\times10^{17}\ \text{cm}^{-3}$，則

$E_{fc} = E_c + 0.0561$

$E_{fv} = E_v + 0.0567$

而 $E_{fc} - E_{fv} \cong E_g$

因此我們得到 $n_{tr} \cong 6\times10^{17}\ \text{cm}^{-3}$

若和使用 Boltzmann 近似所得的 $n_{tr} = 1.0\times10^{18}\ \text{cm}^{-3}$ 相比，Boltzmann 近似顯然高估了透明載子的濃度！

4.6 光放大器

根據最大增益的線性近似或對數近似，當一半導體的外加載子密度超過了 n_{tr}，此半導體即開始有增益，也就是具有放大光的能力，若半導體長度為 L，如圖 4-23(a)所示，假設入射光強度為 I_i，出射光強度為 I_0，若不考慮介面反射及飽和效應，則

$$I_0 = I_i e^{\gamma L} \tag{4-134}$$

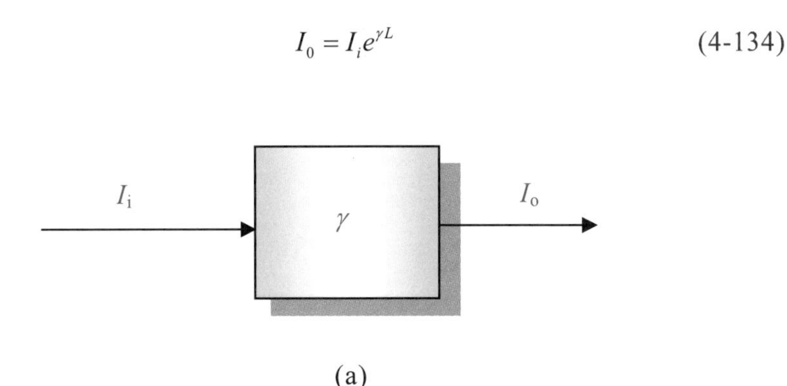

(a)

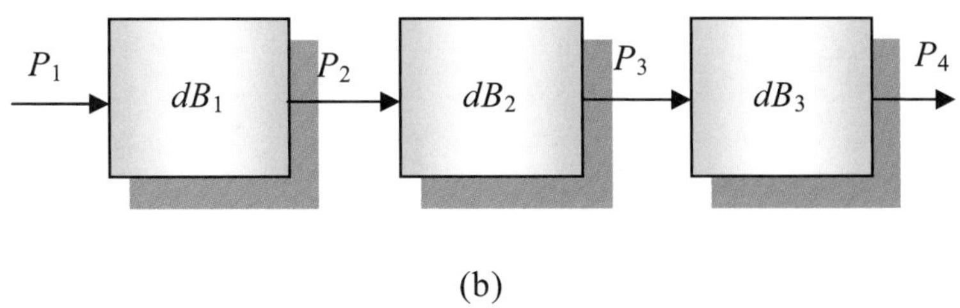

(b)

圖 4-23 (a)半導體光放大器示意圖；(b)串疊之光放大器

其中 γ 為在入射光波長的增益係數。我們可以定義**功率增益**(power gain)為

$$G = \frac{I_0}{I_i} = e^{\gamma(\nu)L} \tag{4-135}$$

或 **dB**(dB gain)：

$$dB)_{Gain} = 10\log_{10} G \tag{4-136}$$

$$= 10\log_{10} e^{\gamma L} \tag{4-137}$$

$$= 4.34\gamma L \tag{4-138}$$

範例 4-7

若一半導體光放大器之增益係數為 50 cm^{-1}，求其長度分別為 1 cm 及 400 μm 時的功率增益。

解：

(a) 當 $L = 1$ cm 時

$$G = e^{\gamma L} = e^{50\times 1}$$
$$\cong 5\times 10^{21}$$

此值非常大，若表示成 dB 增益為

$$dB)_{Gain} = 10\log_{10} G$$
$$= 217dB$$

(b) 當 $L = 400$ μm 時

$$G = e^{50\times400\times10^{-4}}$$
$$= e^{2} = 7.4$$

若表示成 dB 增益為 8.7dB

以 GaAs 而言，增益係數約介於 20 cm^{-1} 和 100 cm^{-1} 之間，由此例可知半導體的光放大能力非常驚人，因此以半導體製成的光放大器和半導體雷射的長度不需要太長，可以達到微型化的元件。

延伸 dB 增益的定義，我們可以將光功率的大小定義為 1 mW 的倍數再取 dB 值，則

$$\text{dBm} = 10\log_{10} P(mW) \tag{4-139}$$

因此，1 mW 為 0 dBm，2 mW 為 3 dBm，100 mW 為 20 dBm，以此類推。若光放大器彼此串疊在一起，如圖 4-23(b)所示，各光放大器有其 dB 增益，如 dB_1，dB_2 和 dB_3，則串疊後的 dB 增益為

$$dB)_{Gain} = \frac{p_4}{p_1} = dB_1 + dB_2 + dB_3 = \sum_i dB_i \tag{4-140}$$

習題

1. 若 GaAs 和 Si 在靠近其能隙的吸收係數分別為 3×10^4 cm^{-1} 以及 2×10^3 cm^{-1}。假設不考慮反射，試求要達到可吸收 85%的入射光的 GaAs 和 Si 的最小厚度。
2. 室溫下，試計算未摻雜之 GaAs 與 p-型 GaAs(p = 7×10^{17} cm^{-3})之透明載子濃度。其中 GaAs 之 $N_c = 4.4\times10^{17}$ cm^{-3}，以及 $N_v = 8.2\times10^{17}$ cm^{-3}。
3. 若一半導體光放大器之參數如下：
   $E_g = 2.4\ \text{eV}, m_c^* = 0.07m_0, m_v^* = 0.4m_0, n_r = 3.6,$
   注入載子濃度 $n = p = 7\times10^{18}$ cm^{-3}，
   使用零度(T = 0K)近似計算：
   (a) 增益寬頻
   (b) 若 $\tau_r = 3\,\text{nsec}$ ，試求最大增益係數
4. 若一半導體光放大器長度為 300 μm，主動層厚度為 0.5 μm，寬度為 3 μm，若內部量子效率為 0.8，載子生命期為 1.5 nsec，不考慮光放大器兩端之反射以及飽和效應，使用線性增益近似，n_{tr} = 1×10^{18} cm^{-3}，若此放大器被注入 100 mA 之電流，而功率增益為 10dB，試計算此半導體光放大器之微分增益係數。
5. 若一量子井結構為 $Al_{0.3}Ga_{0.7}As/GaAs/Al_{0.3}Ga_{0.7}As$，若量子井的厚度為 5 nm，10 nm，15 nm 以及 20 nm，試分別計算 n = 1 之發光波長。
6. 若一不對稱的位能井，兩側的位障不同(V_1>V_2>0)，且

$$V=\begin{cases} V_1, & x\le 0 \\ 0, & 0<x<a \\ V_2, & x\ge a \end{cases}$$

在此位能井中，若有一粒子，其能量 E 為($V_2>E>0$)，試證明：

$$\tan(ka)=\frac{k(\lambda_1+\lambda_2)}{k^2-\lambda_1\lambda_2},$$

其中 $k=\dfrac{\sqrt{2mE}}{\hbar}$, $\lambda_1=\dfrac{\sqrt{2m(V_1-E)}}{\hbar}$, $\lambda_2=\dfrac{\sqrt{2m(V_2-E)}}{\hbar}$

閱讀資料

1. J. Wilson and J.F.B. Hawkes, *Optoelectronics, An introduction*, 2nd ed. Prentice Hall, 1989
2. G.H.B. Thompson, *Physics of Semiconductor Laser Devices*, John Wiley & Sons, 1980
3. L. A. Coldren, and S. W. Corzine, *Diode Lasers and Photonic Integrated Circuits*, John Wiley & Sons, Inc., 1995
4. E. F. Schubert, *Light Emitting Diodes*, Cambridge University Press, 2003
5. P. Bhattacharya, *Semiconductor Optoelectronic Devices*, 2nd Ed., Prentice-Hall, 1997
6. S.L. Chuang, *Physics of Optoelectronics Devices*, Wiley, 1995
7. J. Singh, *Semiconductor Optoelectronics – Physics and Technology*, McGraw-Hill, Inc., 1995
8. G. P. Agrawal, and N. K. Dutta, *Semiconductor Lasers*, 2nd Ed., Van Nostrand Reinhold, 1993
9. J. Piprek, *Semiconductor Optoelectronic Devices – Introduction to Physics and Simulation*, Academic Press, 2003

第五章

半導體雷射振盪條件與連續操作特性

5.1 半導體雷射之共振腔結構

5.2 雷射振盪條件一：振幅條件

5.3 雷射振盪條件二：相位條件

5.4 垂直共振腔面射型雷射

5.5 雷射輸出特性

5.6 速率方程式之穩態特性

我們回顧了基本的半導體物理，接著瞭解了主動層雙異質結構的特性，然後說明了半導體的增益，在最後一章中，我們進入了本書最重要的部份，也就是討論半導體雷射的閾值條件與操作特性。回顧第一章的圖 1-2，構成雷射的要件有增益介質、泵浦系統、光學共振腔以及輸出耦合，而半導體雷射也必須要由這四個要件組成，其中半導體雷射的增益介質是由雙異質結構所形成的主動層，此主動層可以是塊材結構，也可以是量子井或多重量子井結構；半導體雷射的泵浦系統是由 *P*-型及 *N*-型披覆層分別提供電洞與電子注入到增益介質也就是主動層中，一旦主動層中注入了多餘的載子，就會產生輻射復合而放出光子，這些多餘的載子使得主動層中對光的吸收係數隨著注入載子濃度的增加而逐漸減少，當載子濃度到達透明條件以上時，主動層開始有增益，也就是對能量介於增益頻寬中的光子具有放大的效果，此時的半導體可視為一光放大器。儘管此時的半導體具有光放大的能力，仍不能發出雷射光，從主動層發出的光尚不具極窄頻的單光性，光子與光子之間散亂的相位也不具同調性，更不會有一致的發光行進方向。為了要進一步使半導體的主動層達到受激放射，我們還得加入上面所提到的雷射另二個要件：一光學共振腔與輸出耦合，因此在本章一開始，我們要先介紹半導體雷射的共振腔結構以及共振腔與主動層的相對位置；接下來我們要推導自發放射和受激放射的分野，即**閾值條件**(threshold condition)的概念，進而得到雷射中最基本且重要的觀念－”閾值條件為增益與損耗相等”，接著我們就可以由閾值條件求得半導體雷射的**閾值載子濃度**(threshold carrier density)與**閾值電流**(threshold current)。

半導體 *P-N* 接面在達到閾值條件之前，為發光二極體的狀態，其自發性輻射的頻譜約有 10-30 nm 寬，而在閾值條件以上時，雷射光的頻譜縮減到僅有幾個 Å，甚至更窄，在本章中我們將針對半導體雷射隨著注入載子密度的變化討論發光頻譜如何演變，以及我們將說明決定雷射光單頻波長的機制為何。接下來，我們要推導在閾值條件以上時雷射光輸出的功率和注入電流的關係，進而討論半導體雷射的操作效率。最後，我們引入半導體雷射的**速率方程式**(rate equation)來推導閾值條件與輸出特性。

5.1 半導體雷射之共振腔結構

半導體雷射的結構均由在半導體基板上磊晶成長一層接著一層的材料而形成雙異質結構，此時成長出來的主動層材料即決定了半導體雷射的一些主要特性，包括發光波長、發光效率等。我們要將光學共振腔整合到半導體中有二種基本的配置方法，第一種是將二平行的反射鏡和主動層平面成垂直配置，如圖 5-1(a)所示，此二平行反射鏡提供了光在半導體中來回振盪的機制，而二平行反射鏡之間即形成光學共振腔，二反射鏡之間的長度為共振腔長度。這種半導體雷射是在磊晶成長完雙異質結構後，經由**劈裂**(cleaving)的方式，使得半導體可延著原子排列的平面處平整斷裂而形成天然的**鏡面**(facet)，此鏡面具有特定的反射率，一方面提供雷射光在共振腔中來回振盪，一方面也可以讓雷射光通過鏡面，成為輸出耦合的雷射光，因為雷射光的振盪方向與異質接面平行，且雷射光由二端面射出，此種雷射又稱為**邊射型雷射**(edge emitting laser, EEL)。

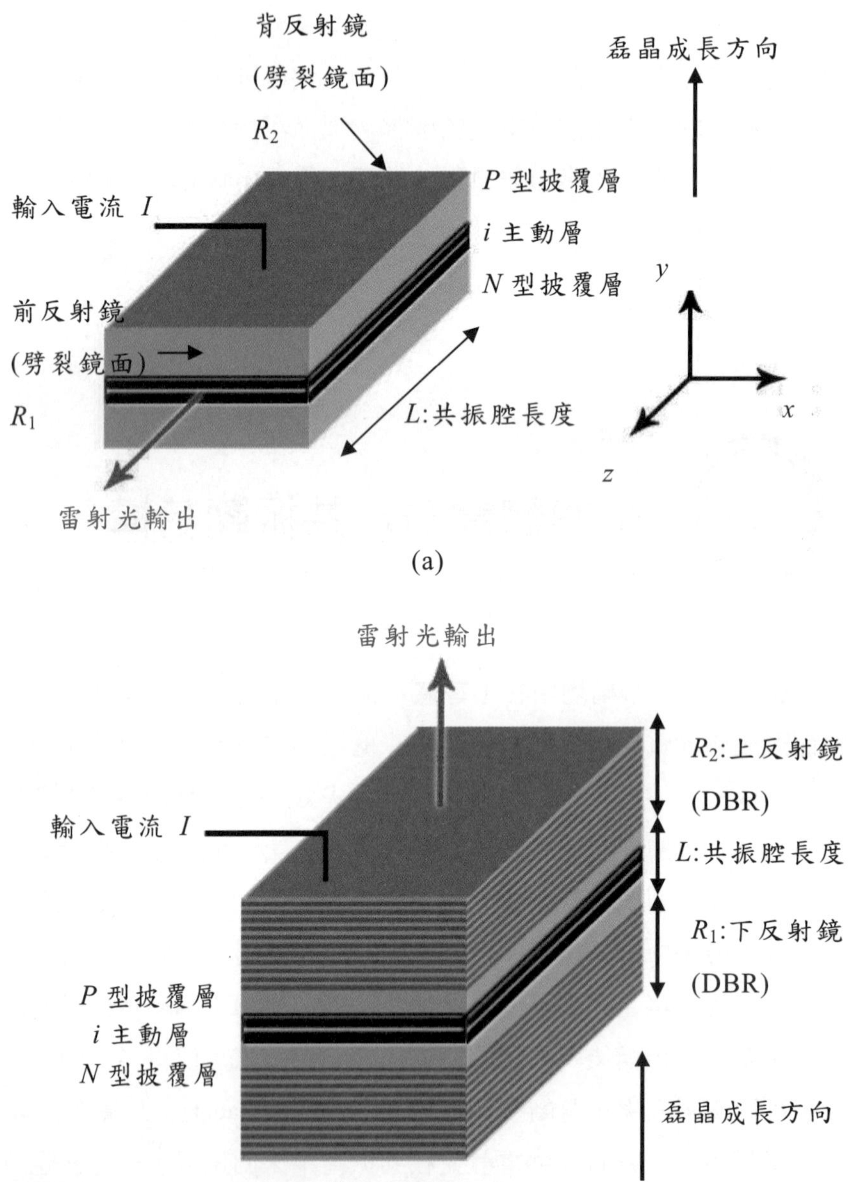

圖 5-1　(a)邊射型雷射的結構示意圖；(b)垂直共振腔面射型雷射的結構示意圖

光學共振腔的第二種配置方式是將二平行的反射鏡和主動層平面平行擺放，如圖 5-1(b)所示，由於反射鏡和異質接面平行，反射鏡不適合使用劈裂的方式形成，因此最好的辦法是直接使用磊晶成長的方式來製作，這種磊晶成長的反射鏡通常是由二種折射率差異大的材料成對搭配反覆循環成長，當成長的對數愈多時，反射鏡的反射率就愈高，此種反射鏡稱為**布拉格反射鏡**(distributed Bragg reflector, DBR)，在成長完下反射鏡之後，才開始成長 *P-i-N* 雙異質結構形成主動層，在其之上接著再成長上反射鏡。由圖 5-1(b)可知光學共振腔由二 DBR 提供，雷射光在光學共振腔中振盪的方向正好和主動層平面成垂直，而雷射光通過 DBR 後，剛好是由磊晶成長的平面射出，因此這種半導體雷射又稱為**垂直共振腔面射型雷射**(vertical cavity surface emitting laser, VCSEL)。

邊射型雷射的共振腔可簡化如圖 5-2(a)所示，其發光的方向和磊晶片的平面平行，而其共振腔由二片平行的反射鏡組成 Fabry-Perot (FP) 共振腔，由於主動層的長度和共振腔的長度相同，因此在共振腔中來回振盪的雷射光一直都會受到主動層增益的影響。另一方面，垂直共振腔面射型雷射的簡圖如圖 5-2(b)所示，其發光的方向和磊晶片的平面垂直，其共振腔的長度相當短，大約在 1 μm 以下，而邊射型雷射的共振腔長度約 300 μm 以上，二相比較之下，垂直共振腔面射型雷射(以下皆簡稱 VCSEL)的光學共振腔已屬於**微共振腔** (micro-cavity)的類型之一了。由圖 5-2(b)中可知雷射光在 VCSEL 的共振腔來回振盪時並不會一直處於和主動層交會而有增益的情況，也就是共振腔的長度和光通過主動層的長度不相等，在這些情況下，VCSEL 主動區的體積相當小，為了補償增益不足的缺點，VCSEL 的二個由 DBR 構成的反射鏡之反射率就要非常高。不過，由於 VCSEL 的反射鏡皆可由磊晶成長直接形成，不需要另外進行劈裂的製程，再加上 VCSEL 面發光的特性，使得 VCSEL 可以在平面上形成二維陣列的發光源有許多潛在的應用，相對而言，邊射型雷射僅能在端面形成一維陣列的發光源。

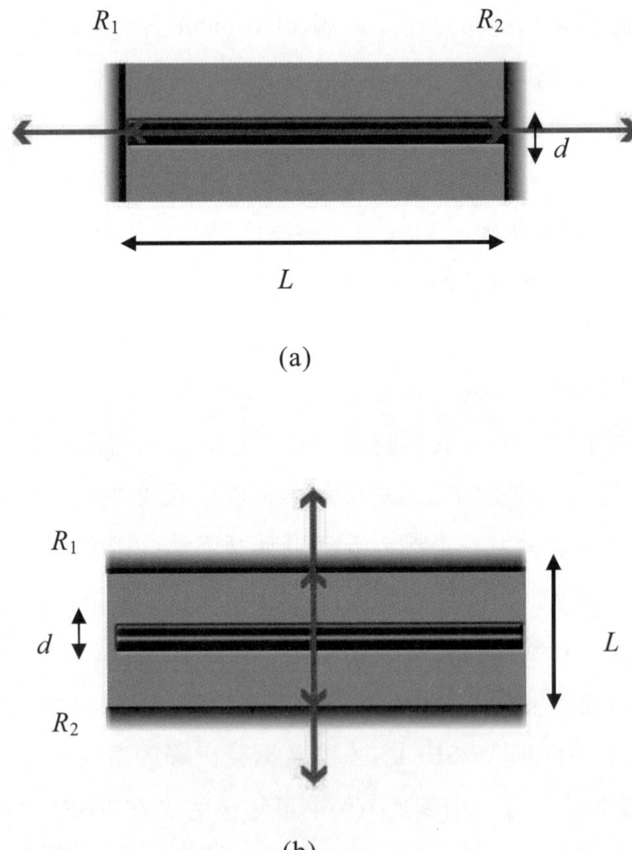

圖 5-2　(a)邊射型雷射共振腔簡化示意圖；(b)垂直共振腔面射型簡化示意圖

5.2 雷射振盪條件一：振幅條件

5.2.1 閾值增益

在本小節中我們先以邊射型雷射的共振腔為基礎來推導半導體雷射的振盪條件。推導半導體雷射振盪條件的方式有很多種，本小節中我們使用在共振腔中雷射光來回振盪(round trip)後必須保持光學自再現(self-consistency)的邊界條件。圖 5-2(a)的共振腔可進一步等效為圖 5-3 的共振腔，假設雷射光在共振腔中的主動層來回傳遞，共振腔和主動層的長度皆為 L，而共振腔是由二面反射率分別為 R_1 和 R_2 的反射鏡組成，圖中 A、B、C 和 D 為雷射光在一直線來回振盪時不同的時間點，其中 A 和 D 正好發生在 R_1 反射鏡的一側，而 B 和 C 正好發生在 R_2 反射鏡的一側，雷射光在共振腔行經時會有主動層提供增益 γ，同時也會遇到內部損耗(internal loss) α_i，假設雷射光的波數為 k，而 A 為雷射光某一時刻的出發點，則在 A 點的光強可表示為

$$A: I_O e^{jkz_o} \tag{5-1}$$

其中 kz_o 為光波在 A 點的特定相位。

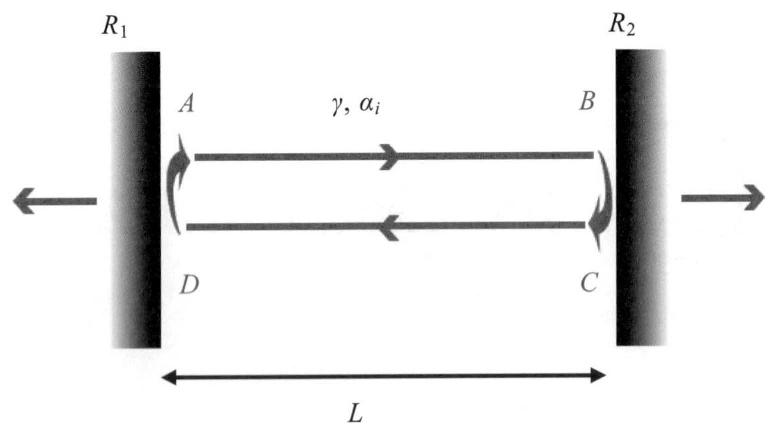

圖 5-3　雷射光在共振腔中來回振盪之模型

若光往 B 點行進，在經過了 L 的長度後，光強和相位變為：

$$B : I_O e^{(\gamma-\alpha_i)L} e^{jk(z_o+L)} \tag{5-2}$$

接著，遇到 R_2 反射鏡而來到 C 點，假設相位不因此反射而改變，則在 C 點的光強和相位為：

$$C : R_2 I_o e^{(\gamma-\alpha_i)L} e^{jk(z_o+L)} \tag{5-3}$$

光繼續從 C 點行進到 D 點經過了 L 的長度，光強和相位變為：

$$D : R_2 I_O e^{2(\gamma-\alpha_i)L} e^{jk(z_o+2L)} \tag{5-4}$$

接著在 D 點的光遇 R_1 反射鏡反射回到 A 點，光強和相位為

$$A: R_1 R_2 I_o e^{2(\gamma-\alpha_i)L} e^{jk(z_o+2L)} \tag{5-5}$$

若(5-5)式和(5-1)式不相等的話，將不會有穩定雷射輸出的狀態存在。舉例來說，若(5-5)式的值大於(5-1)式，表示雷射光在此共振腔每來回振盪一次強度即增強，來回多次以後，光的強度會無限制的增加，產生無法收斂的結果；反過來說，若(5-5)式的值小於(5-1)式，表示經過一段時間雷射光的來回振盪之後，光強度就會趨近於零，也就是不會有雷射光的輸出，這也不是我們要的狀態。因此，在有雷射光穩定輸出的條件下，(5-5)式和(5-1)式必須相等，也就是所謂的一致性條件，因此

$$R_1 R_2 I_o e^{2(\gamma-\alpha_i)L} e^{jk(z_o+2L)} = I_o e^{jkz_o} \tag{5-6}$$

上式中，等號二邊的振幅部分必須相等，可得到振幅條件為：

$$R_1 R_2 I_o e^{2(\gamma-\alpha_i)L} = I_o \tag{5-7}$$

同時，(5-6)式中等號二側的相位部份必須相等，因此可得到相位條件，即：

$$e^{jk(z_o+2L)} = e^{jkz_o} \tag{5-8}$$

我們在這一小節裏先討論振幅條件，而相位條件留待下一小節再作說明。若不考慮相位部分，我們可將圖 5-3 中 $ABCD$ 各點的光強度

對位置的圖形畫成圖 5-4。假設 $(\gamma-\alpha_i)>0$，那麼從 A 點出發原本強度為 I_o 的光在到達 R_2 反射鏡前會不斷地被放大，因為 R_2 反射鏡的反射率不是 100%，部份的光耦合到共振腔之外，只有一部分的光再回到共振腔中，幸而這道強度減弱的光在回頭往 R_1 反射鏡行進時又會不停地被放大直到到達 R_1 反射鏡為止，此時 R_1 反射鏡又會讓部分的光輸出到共振腔之外，部分從 R_1 反射回的光強就必須和原本出發的光強要一致。由於反射鏡 R_1 和 R_2 的反射率有限，雷射光在遇到這二面反射鏡後強度都會被損耗。此時若 $(\gamma-\alpha_i)<0$，也就是光在共振腔任何一方向行進時都無放大的作用反而光強逐漸變小的情況下，是不可能有雷射光輸出。因此，整理(5-7)式的振幅條件，我們可得：

$$R_1R_2e^{2(\gamma-\alpha_i)L}=1 \tag{5-9}$$

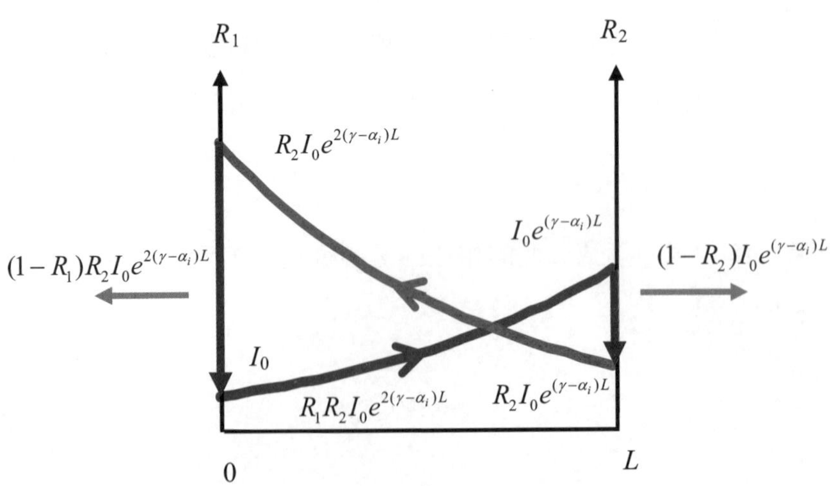

圖 5-4　穩定狀態下，雷射光強在共振腔中的分佈

或可表示為

$$\gamma_{th} = \alpha_i + \frac{1}{2L}\ln(\frac{1}{R_1 R_2}) \quad (\text{單位: cm}^{-1}) \tag{5-10}$$

在上式中，等號左側為增益，右側包含了二種損耗來源，一為內部損耗 α_i，另一為**鏡面損耗**(mirror loss)。當雷射共振腔形成之後，二面反射鏡的反射率與共振腔長度已固定，而內部損耗也已固定，也就是在此共振腔中能讓光損耗的因素已經決定了，而(5-10)式中等號的左側增益係數卻可隨著注入載子濃度的增加而變大，若增益不足以克服(5-10)式等號右邊的損耗時，如圖 5-4 的光來回振盪的強度就會愈來愈弱，最後不足以發出雷射光。唯有當半導體主動層的增益等於(5-10)式右側的損耗時，才會達到穩定條件而發出雷射光，此時的增益值即稱**閾值增益**(threshold gain)，我們在(5-10)式中增益符號的下標寫為 *th*。另一方面，在達到閾值條件之後，當雷射光開始穩定的輸出，即使多注入載子到主動層中，主動層的增益係數將不再增加，因為若增益係數大於損耗時，共振腔中的雷射光就會不停地被放大而形成不穩定的狀態，為維持一致性的條件，這些多出的載子都會轉變為同調的光子形成雷射光輸出。

由此，我們得到一個雷射操作的重要觀念，就是雷射的閾值條件為「增益等於損耗」。我們除了可以從這個條件去計算閾值載子濃度與閾值電流，這個觀念在之後許多關於雷射其它特性的推導時，仍會持續的被提到。

因為大部分邊射型雷射的鏡面是由劈裂形成的，雷射光輸出可視為由半導體內部垂直入射到這個鏡面，部分反射回半導體，部分穿透到空氣中，若半導體的折射率為 n_r，則此劈裂鏡面的反射率為：

$$R=(\frac{n_r-1}{n_r+1})^2 \tag{5-11}$$

因此二端都是相同的劈裂鏡面，其反射率皆相等，即 $R_1= R_2= R$。例如 GaAs 的折射率為 $n_r= 3.6$，其劈裂境面的反射率為 $R = (3.6\text{-}1)^2 / (3.6+1)^2 = 32\%$，又如 InGaN 的折射率約為 $n_r= 2.6$，其劈裂鏡面的反射率為 $R = (2.6\text{-}1)^2 / (2.6+1)^2 = 19.8\%$。

儘管半導體雷射的劈裂鏡面為天然形成的反射鏡，但大部分的半導體雷射鏡面會另外鍍上介電材料。藉由改變為這些介電材料的厚度與種類順序的組合，可以使二端鏡面的反射率不相等。由於邊射型雷射的二端都會輸出雷射光，實際應用時，我們只會使用其中一端的雷射光輸出，因此可藉由將後反射鏡的反射率提高，使得在共振腔中向後傳播的雷射光可儘量地反射回共振腔內，如此可以降低鏡面損耗，同時可以增加前出光的效率。另一方面，劈裂鏡面暴露在空氣中很容易氧化，在雷射鏡面上形成缺陷，這些缺陷很容易在雷射光通過時造成鏡面損壞而使雷射失效，這種現象稱為**災難性光學損壞**(catastrophic optical damage, 簡稱 COD)，因此，若以介電材料鍍在劈裂的雷射鏡面上，將可有效地提高半導體雷射抵抗 COD 的能力，並增加半導體雷射操作的壽命。

(5-10)式中的內部損耗有幾個來源，若我們將圖 5-2(a)靠近主動層的區域放大來看，如圖 5-5 所示，主動層的邊界並不是完美的平面，這是由於磊晶成長雙異質結構時表面並不一定平整，或在橫向波導的邊緣有粗糙的現象，而雷射光的強度分佈有一部份會經過這些不平整的地方，造成雷射光的**散射損耗**(scattering loss)，我們標示為 α_{sc}。此外，並不是所有的雷射光強度位於主動層中，那些位在披覆層的光強部份會有被吸收的現象，這是由於在披覆層中有許多自由載子所造成的吸收，稱為自由載子吸收(free carrier absorption)，我們標示為 α_{fc} ，對 GaAs 而言，自由載子吸收和載子濃度成正比，約可表示為：

$$\alpha_{fc} \cong 3\times10^{-18}n + 7\times10^{-18}p \quad (\text{單位: cm}^{-1}) \tag{5-12}$$

其中 n 和 p 為載子濃度。因此，在共振腔中所有的內部損耗可表示為

$$\alpha_i = \alpha_{sc} + \alpha_{fc} \tag{5-13}$$

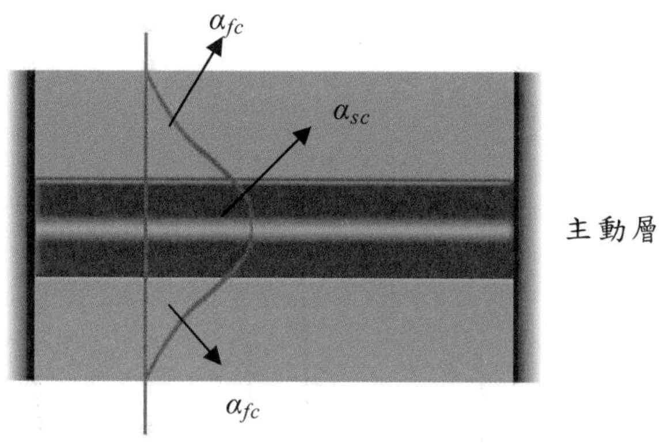

圖 5-5 內部損耗的來源

既然不是所有的光強都在主動層的區域內，主動層對光學共振腔所貢獻的增益必然小於 1，因此(5-10)式需要修正。我們看到圖 5-6 中，主動層為提供增益的區域，而主動層中的折射率和披覆層的折射率因存在差異而形成波導結構，若主動層的厚度為 d，我們可以計算光強度在主動層中佔所有光強的比率，此比率定義為光學侷限因子(optical confinement factor)：

$$\Gamma = \frac{\int_{-d/2}^{d/2} |E(y)|^2 \, dy}{\int_{-\infty}^{\infty} |E(y)|^2 \, dy} \tag{5-14}$$

計算出Γ的值之後，(5-10)式就可以修正為：

$$\begin{aligned}\Gamma\gamma_{th} &= \alpha_i + \alpha_m \\ &= \alpha_i + \frac{1}{2L}\ln\left(\frac{1}{R_1 R_2}\right)\end{aligned} \tag{5-15}$$

其中 α_m 為鏡面損耗。

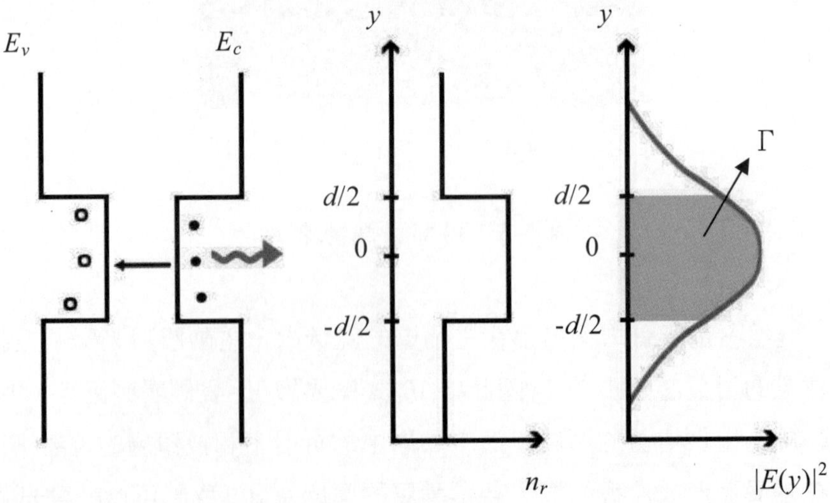

圖 5-6　光強在主動層附近的分佈

範例 5-1

若一雙異質結構的 GaAs 半導體雷射，共振腔長度 $L = 500\ \mu m$，$\alpha_i = 10\ cm^{-1}$，$n_r = 3.6$，$\Gamma = 0.8$，試求 γ_{th}。

解：

由於此半導體雷射二端為劈裂鏡面，因此反射率為

$$R_1 = R_2 = R = (\frac{n_r - 1}{n_r + 1})^2 = (\frac{3.6 - 1}{3.6 + 1})^2 = 0.32$$

而由(5-15)式的閾值條件為：

$$\Gamma \gamma_{th} = \alpha_i + \frac{1}{2L}\ln(\frac{1}{R^2}) = \alpha_i + \frac{1}{L}\ln(\frac{1}{R})$$

所以

$$\begin{aligned}\gamma_{th} &= \frac{1}{\Gamma}(\alpha_i + \frac{1}{L}\ln\frac{1}{R}) \\ &= \frac{1}{0.8}(10 + \frac{1}{500 \times 10^{-4}}\ln\frac{1}{0.32}) \\ &= 41\ cm^{-1}\end{aligned}$$

5.2.2 閾值載子濃度與電流密度

在上一節中我們得到了雷射操作的閾值條件與閾值增益，我們若使用線性近似的增益係數，則由(4-112)式，可得到閾值載子濃度為：

$$n_{th} = (\frac{\gamma_{th}}{a}) + n_{tr} \tag{5-16}$$

γ_{th} 由(5-15)式決定後，我們即可計算出閾值載子濃度 n_{th}。

又由(4-121)式並將內部量子效率引入，我們可以得到

$$\gamma_{th} = b(\eta_i \frac{J_{th}}{d} - J_o) \tag{5-17}$$

其中 $b = a\tau_n / e$ ， $J_o = J_{tr} / d$ ，因此

$$J_{th} = (\frac{\gamma_{th}}{\eta_i b})d + \frac{J_o d}{\eta_i} \tag{5-18}$$

由(5-15)式，上式又可表示為：

$$J_{th} = \frac{d}{b\eta_i\Gamma}\left[\alpha_i + \frac{1}{2L}\ln(\frac{1}{R_1R_2})\right] + \frac{dJ_o}{\eta_i} \tag{5-19}$$

若主動層的面積為 A，則閾值電流 $I_{th} = J_{th} \times A$ 為

$$I_{th}=\frac{d\times A}{b\eta_i\Gamma}\left[\alpha_i+\frac{1}{2L}\ln(\frac{1}{R_1R_2})\right]+\frac{dAJ_o}{\eta_i} \tag{5-20}$$

由(5-19)式可知影響閾值電流密度的因素很多，若要使閾值電流密度降低，我們要將光學共振腔中的內部損耗減少，光學侷限因子Γ要增加，內部量子效率要提昇，透明電流密度 J_o 要降低，微分增益 a 要增加等。從(5-19)式中可以明顯看出，降低主動層厚度 d 可以讓 J_{th} 下降，然而主動層厚度 d 下降反而會使光學侷限因子Γ跟著下降造成 J_{th} 的上升，因此主動層厚度是需要最佳化的參數，圖 5-7(a)中可以看到 J_{th} 隨 d 的變化，對單純的雙異質結構而言，主動層的最佳厚度約為 0.1 μm。另外，從圖 5-7(b)中可以看到，隨著共振腔長度的增加，由於電流注入面積增加，使得閾值電流跟著增加；但是閾值電流密度卻隨著共振腔長度的增加而下降，如圖 5-7(c)所示。這同時意味著閾值電流載子密度跟著下降，其主要的原因是因為長的共振腔其鏡面損耗低($\alpha_m \propto 1/L$)，閾值增益就降低了。而較低的閾值載子濃度可減少逃脫主動層形成漏電流的機率，這對高功率雷射的應用非常重要，儘管增加 L 會增加操作電流，但為了換取更高的操作效率，高功率半導體雷射的共振腔長都會設計在 500 μm 以上，有些甚至長達 2 mm。

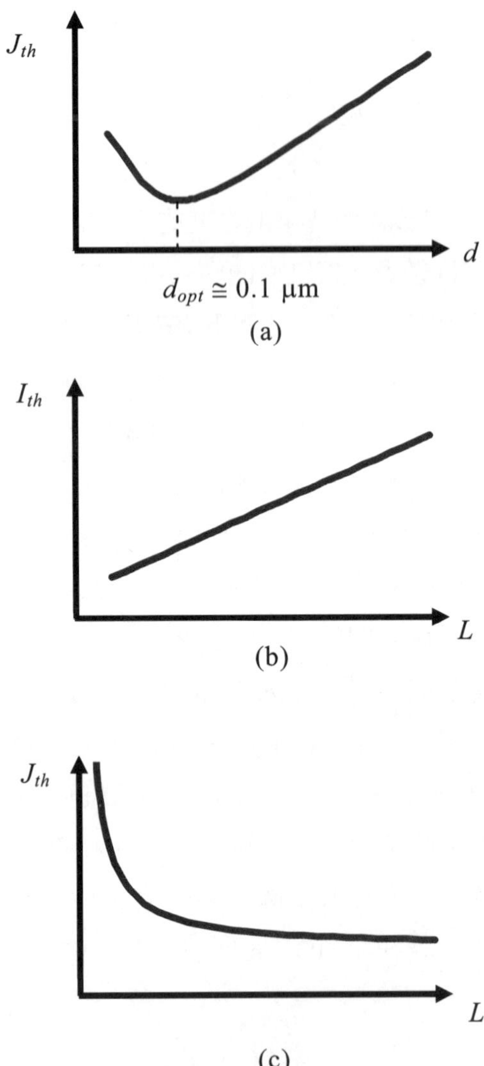

圖 5-7　(a)閾值電流密度對主動層厚度之關係；(b)閾值電流對共振腔長之關係；(c)閾值電流密度對共振腔長之關係

範例 5-2

若 GaAs 雷射有下列參數：

L = 500 μm，τ_n = 4 nsec

α_i = 10 cm^{-1}，R = 0.31

Γ = 1.0，d = 0.1 μm

η_i = 1.0，a = 1.6×10^{-16} cm^2

試求 J_{th}。

解：

我們先計算閾值增益 γ_{th}

$$\begin{aligned}\gamma_{th} &= \alpha_i + \frac{1}{L}\ln\frac{1}{R} \\ &= 10 + \frac{1}{500\times10^{-4}}\ln\frac{1}{0.31} \\ &= 33.4\ \text{cm}^{-1}\end{aligned}$$

若用線性近似 $\gamma = a(n - n_{tr})$，則

$$\begin{aligned}n_{th} &= (\frac{\gamma_{th}}{a}) + n_{tr} = \frac{33.4}{1.6\times10^{-16}} + 1.5\times10^{18} \\ &= 1.7\times10^{18}\ \text{cm}^{-3}\end{aligned}$$

因此

$$\begin{aligned}J_{th} &= \frac{1.6\times10^{-19}\times1.7\times10^{18}}{4\times10^{-9}}\times0.1\times10^{-4} \\ &= 680\ \text{A/cm}^2\end{aligned}$$

若此雷射的內部量子效率 η_i 降為 0.5，而電極寬度 $w = 4$ μm，則閾值電流為

$$I_{th} = \frac{J_{th} \times w \times L}{\eta_i}$$
$$= \frac{680}{0.5} \times 4 \times 10^{-4} \times 500 \times 10^{-4}$$
$$= 27.2 \text{ mA}$$

若主動層的發光譜線 $g(\nu)$ 可近似為如圖 5-8 所示，發光譜線的半高寬為 $\Delta\nu$ 同時也就是自發性輻射的線寬，而譜線的最大值為半高寬的倒數，則主動層的增益頻譜可表示為：

$$\gamma(\nu) = A_{21} \frac{\lambda^2}{8\pi n_r^2} n \cdot g(\nu) \tag{5-21}$$

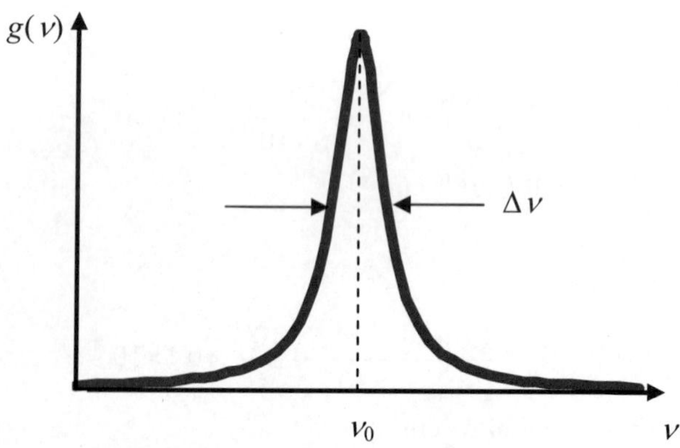

圖 5-8　半導體發光譜線

其中 n 為載子密度，n_r 為折射率，因為 $g(v)\cong 1/\Delta v$ ，因此

$$\gamma_{\max}\cong A_{21}\frac{\lambda^2}{8\pi n_r^2\Delta v}\cdot n \tag{5-22}$$

因此，閾值載子濃度 n_{th} 為：

$$n_{th}=\frac{8\pi n_r^2\Delta v}{\lambda^2 A_{21}}(\gamma_{th}) \tag{5-23}$$

$$=\frac{8\pi n_r^2\Delta v}{\lambda^2 A_{21}\cdot\Gamma}\left[\alpha_i+\frac{1}{2L}\ln(\frac{1}{R_1R_2})\right] \tag{5-24}$$

若假設 $A_{21}=1/\tau_n$ ，則閾值電流密度為

$$J_{th}=\frac{8\pi n_r^2\Delta v\cdot e\cdot d}{\eta_i\Gamma\lambda^2}\left[\alpha_i+\frac{1}{2L}\ln(\frac{1}{R_1R_2})\right] \tag{5-25}$$

範例 5-3

若 GaAs 半導體雷射有下列參數：

$\lambda = 0.84$ μm，$\Delta v = 1.45\times10^{13}$ Hz

$\alpha_i = 10$ cm^{-1}，$n_r = 3.6$

$L = 400$ μm，$d = 2$ μm，$\eta_i = 1$，$\Gamma = 0.5$

試求 J_{th}。

解：

劈裂鏡面的反射率為：

$$R = (\frac{n_r - 1}{n_r + 1})^2 = 0.32$$

而閾值增益 γ_{th} 為：

$$\begin{aligned}\gamma_{th} &= \alpha_i + \frac{1}{2L}\ln(\frac{1}{R_1 R_2}) = \alpha_I + \frac{1}{L}\ln(\frac{1}{R}) \\ &= 10 + \frac{1}{400 \times 10^{-4}}\ln(\frac{1}{0.32}) \\ &= 38.5\ \text{cm}^{-1}\end{aligned}$$

所以

$$\begin{aligned}J_{th} &= \frac{8\pi \times (3.6)^2 \cdot (1.6 \times 10^{-19}) \cdot (1.45 \times 10^{13}) \cdot (2 \times 10^{-4})}{0.5 \times (0.84 \times 10^{-4})^2} \times 38.5 \\ &= 1.65\ \text{KA/cm}^2\end{aligned}$$

5.2.3　閾值電流密度的溫度特性

當操作溫度改變時，對邊射型雷射而言，其輸出雷射光功率和注入電流密度的關係如圖 5-9(a)所示。一般來說，當溫度愈高，閾值電流密度愈高，且操作效率愈差，因為有許多和溫度相關的因素可能會影響閾值電流密度，若我們對測量到的 J_{th} 取自然對數後對溫度 T 作圖，大致可以獲得如圖 5-9(b)的線性圖形，因此，我們以經驗式來表示閾值電流密度與溫度的關係為：

$$J_{th}(T) = J_{tho} e^{T_j / T_o} \tag{5-26}$$

其中 T_j 為主動層的接面溫度，J_{tho} 為常數，而 T_o 為半導體雷射的特徵溫度(characteristic temperature)，圖 5-9(b)中的圖形斜率的倒數即為 T_o。T_o 是用來衡量半導體雷射特性對溫度敏感度的指標，若 T_o 愈大，此半導體雷射的溫度特性愈好；反之若 T_o 愈小，此半導體雷射的溫度特性愈差。對 GaAs 雷射而言，典型的 T_o 值約為 100-160 K，對 InGaAsP 雷射而言，典型的 T_o 值約為 50-70 K，InGaAsP 雷射的波長大都應用在 1.3 μm 和 1.55 μm 光纖通訊用的波段，此材料的導電帶能帶偏移(ΔE_c)較小，很容易產生漏電流，再加上因為此材料的能隙(E_g)較小，Auger 復合的速率較快，因此閾值電流密度非常容易隨溫度的上昇迅速增加。

以下我們仔細討論溫度如何影響閾值電流密度：首先是透明電流密度，因為注入電流需先達到透明狀態才能有正的增益出現，因此閾值電流密度會受到透明電流密度的影響，而透明電流密度正比於透明載子濃度 n_{tr}，且 $n_{tr} \propto T^{3/2}$，由此可知，溫度昇高時，閾值電流密度會迅速上昇。溫度造成的第二個影響是漏電流，載子在雙異質結構的主動層中的能量分佈會隨著溫度的昇高而變大，那些能量高於 ΔE_c (或 ΔE_v)的載子便會貢獻到漏電流，如圖 3-19 所示。一旦主動層中的有效載子密度因溫度昇高而不足，就必須要增加電流密度以維持閾值條件，因此閾值電流密度提高。接下來是溫度昇高會使得非輻射復合的速率增快，使得內部量子效率下降，因而提高了閾值電流密度。另外，溫度昇高往往會使共振腔中的吸收增加，使得閾值增益增加而提高閾值電流密度，以上的各種因素不僅會同時發生，也會互相影響，由於機制複雜，我們僅用 T_o 來作為衡量雷射的溫度特性。

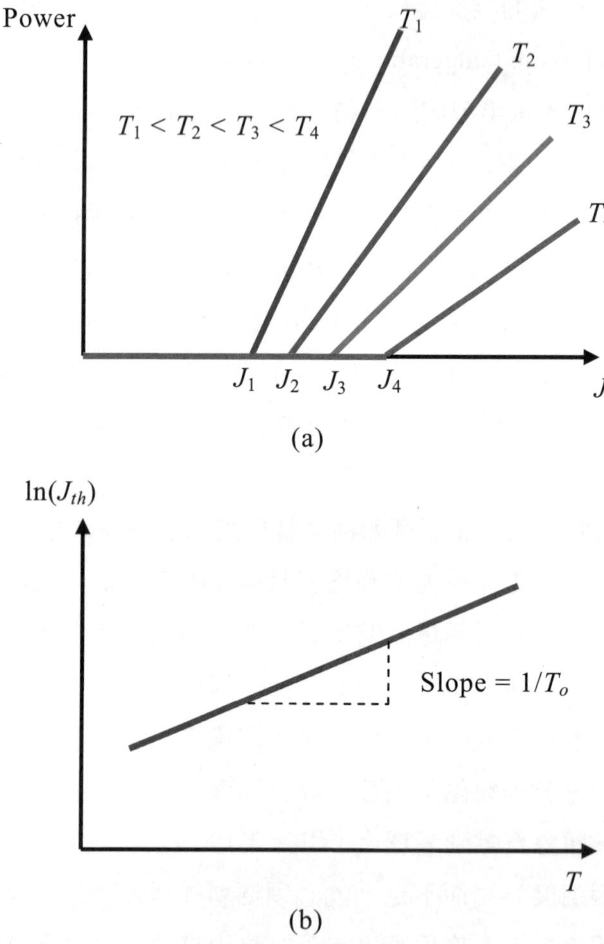

圖 5-9 (a)邊射型雷射在不同溫度下的操作特性；(b)邊射型雷射的閾值電流密度對數值和溫度的關係

範例 5-4

若 AlGaAs 雷射的 $T_o = 160\ K$，InGaAaP 雷射的 $T_o = 55\ K$，試比較此二種雷射在 80°C 和 20°C 的閾值電流的比值。

解：

對 AlGaAs 雷射：$T_o = 160\ K$

$$\frac{J_{th}(80^\circ\text{C})}{J_{th}(20^\circ\text{C})} = e^{(80-20)/160} = 1.46$$

對 InGaAaP 雷射：$T_o = 55\ K$

$$\frac{J_{th}(80^\circ\text{C})}{J_{th}(20^\circ\text{C})} = e^{(80-20)/55} = 2.98$$

由此可知，InGaAaP 雷射在 80°C 的閾值電流密度幾乎是 20°C 時的三倍，由此可見半導體雷射對溫的變化相當敏感！

5.3 雷射振盪條件二：相位條件

5.3.1 雷射縱模

在上一小節中，我們得到二個閾值條件，振幅條件讓我們獲致增益要和損耗相等的要求，另一個相位條件如(5-8)式，等號左右二邊要相等，則其中相位的變化要等於 2π 的整數倍，即：

$$2kL = q \cdot 2\pi \tag{5-27}$$

其中 q 為正整數，因為 $k = 2n_r\pi / \lambda$，(5-27)式可整理得：

$$q(\frac{\lambda}{2n_r}) = L \tag{5-28}$$

上式符合駐波條件，也就是雷射共振腔的長度為雷射半波長的整數倍。對於一般的 GaAs 雷射，波長為 0.8 μm，n_r 為 3.5，若 L = 300 μm，則 $q = L(2n_r / \lambda) \cong 2625$，也就是在此 GaAs 雷射共振腔中有 2625 個雷射半波長在振盪，這種模態我們稱為雷射**縱模**(longitudinal mode)。

由於在雷射共振腔中，不同的 q 值對應到不同的雷射縱橫，q 值愈大，雷射光波長愈短；相反的，q 值愈小，雷射光波長愈長。當雷射共振腔中的折射率有**色散**(dispersion)特性，也就是 n_r 會隨著 λ 的變化而變化時，我們若將雷射共振腔的縱模從 q 變化到 q-1，對應的波長則由 λ 變成 $\lambda+\Delta\lambda$，則：

$$(q-1)=\frac{2n_r(\lambda+\Delta\lambda)}{\lambda+\Delta\lambda}\cdot L \tag{5-29}$$

因為 $n_r(\lambda)$可以近似成：

$$n_r(\lambda+\Delta\lambda)=n_r(\lambda)+\frac{\partial n_r(\lambda)}{\partial\lambda}\cdot\Delta\lambda \tag{5-30}$$

代入(5-29)式，可得：

$$q-1=\frac{2n_r(\lambda)L}{\lambda}-1=\frac{2\left[n_r(\lambda)+\frac{\partial n_r(\lambda)}{\partial\lambda}\Delta\lambda\right]}{\lambda+\Delta\lambda}\cdot L \tag{5-31}$$

整理可得：

$$\Delta\lambda=\frac{\lambda^2}{2L\left[n_r(\lambda)-\lambda\frac{\partial n_r(\lambda)}{\partial\lambda}-\frac{\lambda}{2L}\right]} \tag{5-32}$$

對一般邊射型半導體雷射來說，$\lambda<<2L$，因此上式可簡化為：

$$\Delta\lambda = \frac{\lambda^2}{2n_r L[1-(\frac{\lambda}{n_r})\frac{\partial n_r(\lambda)}{\partial\lambda}]} \tag{5-33}$$

$$= \frac{\lambda^2}{2n_{eff} L} \tag{5-34}$$

其中

$$n_{eff} \equiv n_r\left[1-(\frac{\lambda}{n_r})\frac{\partial n_r}{\partial\lambda}\right] \tag{5-35}$$

通常 n_r 會隨著 λ 的增加而變小，因此 n_{eff} 會比原本的 n_r 還大。若我們以 Δv 來表示縱模的頻率差異，因為 $\Delta v / v = \Delta\lambda / \lambda$ ，則：

$$\Delta v = \Delta\lambda \cdot \frac{v}{\lambda} = \frac{\Delta\lambda \cdot c}{\lambda^2} = \frac{c}{2n_{efff} L} \tag{5-36}$$

若 n_r 的色散效應很小，使得 $(\frac{\lambda}{n_r})\frac{\partial n_r}{\partial\lambda} << 1$，則(5-34)和(5-36)式又可簡化為：

$$\Delta\lambda = \frac{\lambda^2}{2n_r L} \tag{5-37}$$

$$\Delta v = \frac{c}{2n_r L} \tag{5-38}$$

不管是 $\Delta\lambda$ 或 Δv 都是指雷射縱模之間的模距(mode spacing)，其中

(5-38)式較常被使用，因為模距僅和 n_r 及 L 有關，一旦雷射共振腔長決定了，模距也就會固定下來。而這些模態表示在雷射共振腔中可容許的頻率，如圖 5-10 所示，只有在這些頻率上才可以發出雷射光，圖 5-10 中顯示了此雷射的增益頻譜在不同的電流密度注入下的曲線，隨著電流密度愈高，增益頻譜就愈大且頻寬愈廣，若 γ_{th} 為閾值增益，在注入 J_1 時的增益尚未超過 γ_{th} ，因此仍不能發光雷射光，圖 5-10 下半部顯示由雷射共振腔的一端所測得的發光頻譜，在 $J_1 < J_{th}$ 時，因為發光頻譜和準費米能階的位置有關，其發光頻譜的半高寬很大；當注入電流密度為 J_2 時的增益頻譜其最高點和 γ_{th} 相等，符合了雷射振盪的振幅條件-增益等於損耗，因此在 $J_2 = J_{th}$ 時開始發出雷射光，若此時增益的最高點位置恰在縱模上，則雷射光的波長則由此縱模決定，我們可以看到圖 5-10 中當 $J_2 = J_{\mathrm{th}}$ 時，雷射頻譜只有單一個非常窄線寬的模態被測得。

在理想情況下，當注入半導體的電流持續時，主動層中的增益不再隨之變大，這些大於閾值電流而多出來的載子都會變成雷射光子輸出，雷射頻譜也仍舊維持單模操作。然而實際上，由於主動層可能在空間上有不均勻的現象，使得半導體雷射的增益頻譜存在著不均勻加寬(inhomogeneous broadening)的情形，在這種情況下，增益只會在縱模的譜線位置上被耗盡並箝制在 γ_{th} 上，多注入的載子可貢獻到其它的增益頻譜上，如圖 5-10 下半部所示，因此在那些超過 γ_{th} 的增益頻寬 Δv_{osc} 中的雷射縱模都會發出雷射光，形成多縱模態雷射光輸出，而這些可輸出的模態數目大約為

$$雷射輸出縱模數目=\frac{\Delta v_{osc}}{\Delta v} \tag{5-39}$$

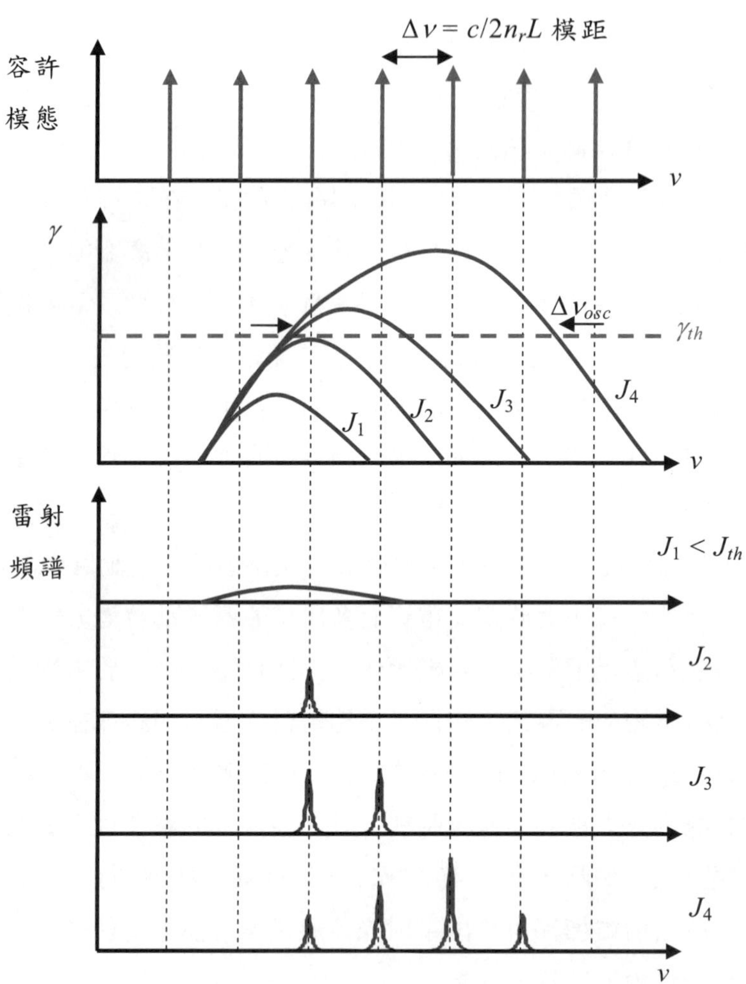

圖 5-10　雷射共振腔中可容許的模態、雷射增益頻譜以及功率頻譜圖

範例 5-5

長度 L = 200 μm 的 GaAs 雷射，波長為 0.9 μm，n_r=3.6，若折射率沒有色散現象，試求模距 Δλ 以及模數 q。

解：

(a)因為

$$\Delta\lambda = \frac{\lambda^2}{2n_r L} = \frac{(0.9)^2}{2\times 3.6\times 200} = 5.63\,\mathring{A}$$

(b)

$$q = \frac{2n_r L}{\lambda} = \frac{2\times 3.6\times 200}{0.9} = 1600$$

範例 5-6

780 nm 雷射其腔長 L= 250 μm，n_r = 3.54，試求模距及模數。

解：

(a)

$$\text{模數}q = \frac{2n_r L}{\lambda} = \frac{2\times 3.54\times 250}{0.78} = 2269$$

(b) 若不考慮色散

$$\Delta\lambda = \frac{\lambda^2}{2n_r L} = \frac{(0.78)^2}{2\times 3.54\times 250} = 3.4\,\mathring{A}$$

(c) 若考慮色散，且

$$\frac{\lambda}{n}\left(\frac{dn}{d\lambda}\right) = -0.38$$

則

$$\begin{aligned} n_{eff} &= n\left[1-\left(\frac{\lambda}{n}\right)\frac{dn}{d\lambda}\right] \\ &= 3.54\times[1+0.38] \\ &= 4.89 \end{aligned}$$

模距變小為：

$$\Delta\lambda = \frac{\lambda^2}{2n_{eff} L} = \frac{(0.78)^2}{2\times 4.89\times 250} = 2.49\,\mathring{A}$$

(d) 若大於 γ_{th} 的增益頻寬 $\Delta\lambda_{osc} = 2\text{ nm}$，則可輸出的雷射縱模數為：

$$\frac{\Delta\lambda_{osc}}{\Delta\lambda} = \frac{20}{2.49} \cong 8\text{個縱模}$$

5.3.2 縱模的溫度特性

由於雷射縱模是由增益頻寬與可允許的縱模所決定的，當溫度改變時，半導體的增益頻寬及折射率會隨之改變，因而影響了模態的頻率位置。首先我們討論雷射波長和增益頻寬間的關係。因為增益頻寬介於 E_g 和(E_{fc}-E_{fv})之間，而 E_g 又和溫度相關，若純粹考慮波長和能隙 E_g 之間的關係，我們可得：

$$\lambda = \frac{1.24}{E_g} \tag{5-40}$$

而由(2-33)式知，E_g 和溫度的關係為：

$$E_g(T) = E_g(0) - \frac{\alpha T^2}{T + \beta} \tag{5-41}$$

因此(5-40)式對溫度微分可得：

$$\frac{d\lambda}{dT} = -\frac{1.24}{E_g{}^2}\left(\frac{dE_g}{dT}\right) \tag{5-42}$$

由於(5-41)式中的 α 參數對大部分的半導體材料而言皆大於零，因此 dE_g / dT 通常小於零，則(5-42)式將大於零，也就是雷射發光波長因能隙的變化會隨著溫度的昇高而紅移。例如，由表 2-2 知，GaAs 之

$\alpha = 5\times10^{-4}$ eV/K 而 $\beta = 204$K，則 $dE_g/dT \cong -4.18\times10^{-4}$ eV/K，代入(5-42)式可得 $d\lambda/dT \cong 2.16$ Å/K。

另一方面，因為雷射模態的波長由駐波條件(5-28)式所決定，若將(5-28)式對溫度 T 微分可得：

$$\frac{d\lambda}{dT} = (\frac{2L}{q})(\frac{dn_r}{dT}) = (\frac{\lambda}{n_r})(\frac{dn_r}{dT}) \quad (5\text{-}43)$$

一般而言，dn_r/dT 皆大於零，因此雷射波長因共振腔折射率的變化也會隨著溫度的上昇而紅移，只不過紅移的量較小。例如，GaAs 的 $dn_r/dT = 4\times10^{-4}$，若 GaAs 的折射率是 3.6，則 $d\lambda/dT \cong 0.97$ Å/K，此值大約比因能隙隨溫度變化的波長變動還要小二倍。

在上述的二個因素影響之下，若我們量測強度最強的雷射縱模主要模態(main mode)波長對溫度的變化，將如圖 5-11(a)所示，呈現一種往上微傾階梯的圖形。此種現象可由圖 5-11(b)三個不同溫度操作下的增益頻譜與可容許模態圖形來說明，三個溫度 $T_1 < T_2 < T_3$，當溫度上昇時，增益頻譜和模態頻率皆會紅移往長波長移動，但增益頻譜紅移的速度較快，我們看到溫度 T_1 時，增益頻寬可讓三個雷射縱模發出雷射光，其中增益最大的頻率為最強的主要模態，設其模數為 q_0，而左右二個側模(side mode)其模數為 $q_{\mp1}$。當溫度上昇至 T_2 時，增益曲線和雷射縱模皆紅移，但最強的主要模態仍為 q_0，只是 q_0 的波長紅移了，其紅移的趨勢為 $(d\lambda/dT)_{n_r}$ 如圖 5-11(a)中的藍線斜率由折射率的變化所決定。當溫度再昇高至 T_3，增益曲線的最高點移至 q_{-1} 模數附近，使得 q_{-1} 成為最強的主要模態，而原來的 q_0 成為側模，這種現象稱為**模態跳躍**(mode hopping)，因此在圖 5-11(a)中的藍線呈現不連續的跳躍，而模態跳躍的間距即為模距，這是由於增益曲線隨溫度較為迅速

移動的結果，所以圖 5-11(a)中雷射光波長隨溫度的變化趨勢大致上要符合 $(d\lambda/dT)_{E_g}$ 的規範。

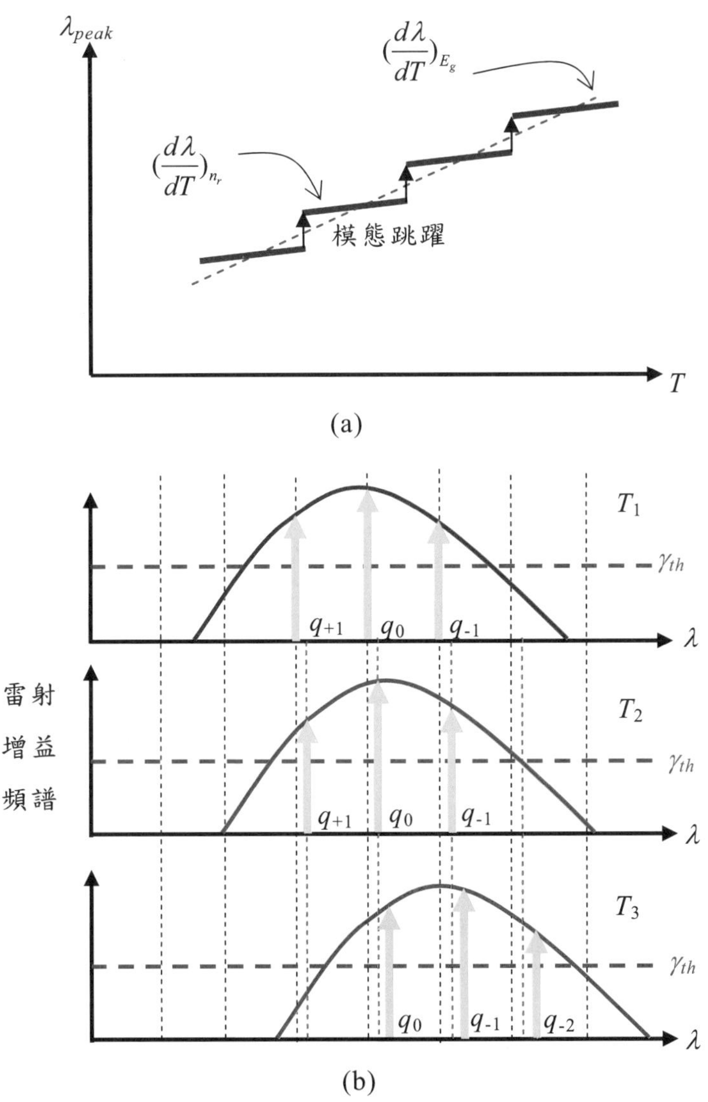

圖 5-11 (a)雷射主要模態之波長對溫度的變化；(b)不同溫度下雷射的增益頻譜與縱模

5.3.3　載子濃度對縱模的影響

當半導體中存在自由載子時會產生自由載子吸收，而這些自由載子會傾向隨入射光波的振盪而影響了半導體晶格中的極化程度並使得半導體介電常數改變，而折射率也隨之改變，因此折射率隨外加自由載子濃度的變化可表示為：

$$n_r(n)-n_r(0)=\Delta n_{fc}=-(\frac{ne^2}{2\varepsilon m^* \omega_0^2})n_{r_0} \quad (5\text{-}44)$$

其中 n 為載子濃度，n_{r_0} 為載子濃度為零時的折射率，m^*為有效質量，ε 為介電常數，$\omega_0=2\pi c/\lambda$ 為入射光的頻率。我們可以看到載子濃度的增加會使折射率降低，這會使雷射共振腔中的縱模藍移，並使模距變大。

範例 5-7

GaAs 雷射的參數如下：

$\varepsilon=13.1\varepsilon_0, m_c^*=0.067m_0$

$\lambda_0=0.9\ \mu\text{m}, n_{r_0}=3.6$

試求注入載子濃度為 $10^{18}\ \text{cm}^{-3}$ 折射率的改變量。

解：

$$\omega_0^{\ 2} = (\frac{2\pi c}{\lambda_0})^2 = 4.4\times 10^{30}\ \mathrm{rad/s}$$

$$\therefore \Delta n_{fc} = -\frac{3.6\times(1.6\times10^{-19})^2\times10^{18}\times10^{6}}{2\times13.1\times8.854\times10^{-12}\times0.067\times9.1\times10^{-31}\times4.4\times10^{30}}$$

$$= -1.5\times10^{-3}$$

若和 $dn_r/dT \simeq 4\times10^{-4}$ 相比，溫度約要上昇 3K 才能抵消 $n = 10^{18}\ \mathrm{cm^{-3}}$ 注入載子對折射率的效應。

5.4 垂直共振腔面射型雷射

在第一小節中已簡單地介紹過垂直共振腔面射型雷射(以下簡稱 VCSEL)的結構，除了共振腔和主動層的配置和邊射型雷射不同之外，VCSEL 另一個重要的特點是使用 DBR 作為上下反射鏡，DBR 的結構如圖 5-12 所示，由二種不同折射率分別為 n_1 和 n_2 的材料組成一對，厚度分別為 $\lambda_o/4n_1$ 和 $\lambda_0/4n_2$，λ_0 為中心波長，則波長為 λ_0 的光由折射率為 n_0 的介質入射至多對 DBR 時會在每一層介面反射，這些反射會形成建設性干涉，最後會達到相當高的反射率，對正向入射的中心波長 λ_0 而言，其反射率可簡化表示為：

$$R=\left[\frac{1-(n_1/n_2)^{2N}}{1+(n_1/n_2)^{2N}}\right]^2 \tag{5-45}$$

其中 N 為 DBR 對數。當 DBR 對數愈多，N 愈大時，反射率愈高；另一方面，當 n_1 和 n_2 的差異愈大的話，反射率也會愈高。我們若採用較為嚴謹的 Transfer Matrix Method 來計算 DBR 的反射頻譜如圖 5-13 所示，當 DBR 對數很多時，最高反射率可達到 99%以上，而且有一段反射率相當高的頻帶，我們稱之為**禁止帶**(stop band)，禁止帶的中央即為中心波長，禁止帶的寬度由 n_1 和 n_2 間的差異決定，若 n_1 和 n_2 差異很大則禁止帶很寬；若 n_1 和 n_2 差異很小，禁止帶則變窄。

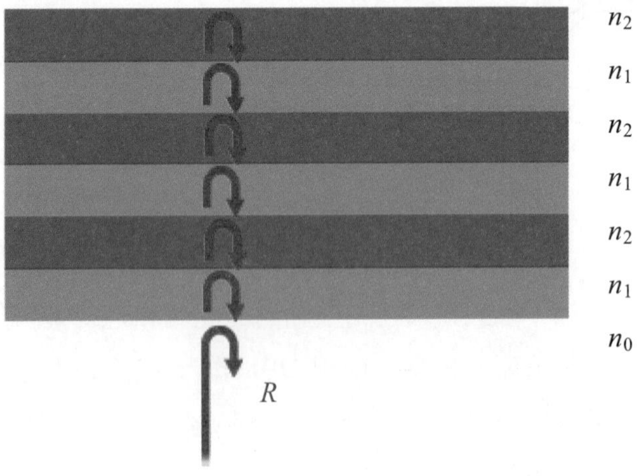

圖 5-12　布拉格反射鏡示意圖

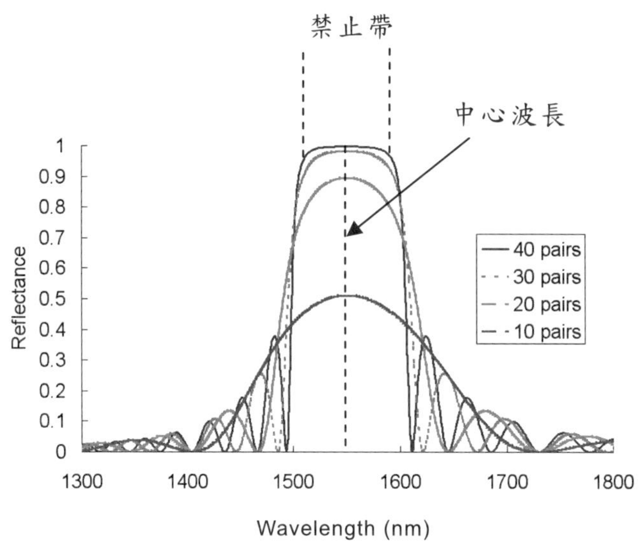

圖 5-13 不同對數 DBR 的反射頻譜

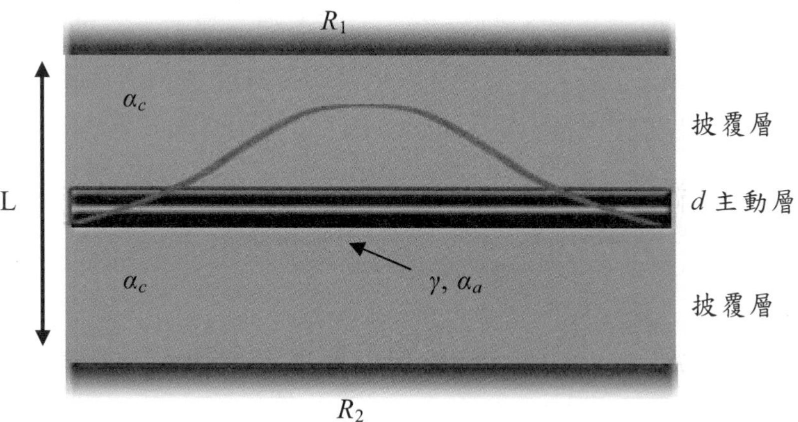

圖 5-14 簡化 VCSEL 共振腔示意圖

我們將圖 5-1(b)的 VCSEL 結構簡化如圖 5-14 所示，R_1 和 R_2 分別為上下 DBR 的反射率，若不考慮穿透深度(penetration depth)的效應，則 VCSEL 的共振腔長 L 包括了 P, N 披覆層以及主動層厚度 d，若主動層的吸收為 α_a，披覆層中的吸收為 α_c，使用 5-2 節中的來回振盪模型中需保持一致性的原則，我們可以得到：

$$2\gamma_{th}d = 2\alpha_a d + 2\alpha_c(L-d) + \ln\frac{1}{R_1R_2} \tag{5-46}$$

整理上式可得 VCSEL 的閾值增益：

$$\gamma_{th} = \alpha_a + \alpha_c(\frac{L-d}{d}) + \frac{1}{2d}\ln\frac{1}{R_1R_2} \tag{5-47}$$

由於雷射光為上下來回振盪，如圖 5-14 中雷射光在水平方向的強度分佈會和主動層完全重疊，因此在(5-47)式的左邊不需要再乘上光學侷限因子 Γ，因為水平方向的 $\Gamma \cong 1$。一般使用量子井或多重量子井的 VCSEL，其主動層的厚度若為 d = 50 nm，其共振腔長約 500 nm，若 $\alpha_a = \alpha_c$ = 10 cm^{-1}，$R_1 = R_2 = R$，則閾值增益為

$$\begin{aligned}\gamma_{th} &= 10\times\frac{500}{50} + \frac{1}{2\times 50\times 10^{-7}}\ln\frac{1}{R^2} \\ &= 100 + 2\times 10^5\ln\frac{1}{R}\ (\text{cm}^{-1})\end{aligned}$$

由此可知反射率 R 需要趨近於 1 才能使鏡面損耗該項降下來，對

一般 GaAs 的 VCSEL，即使其增益係數達到 2000 cm^{-1}，DBR 的反射率也必須要大於 99%才能達到閾值增益。和邊射型雷射相比，VCSEL 的雷射光經過主動層的長度太短，需要高的反射率讓雷射光能夠盡量停留在共振腔內以達到閾值條件。

範例 5-8

若一 VCSEL 的 $\gamma_{th} = 1000\ \text{cm}^{-1}$，主動層厚度 $d = 2$ μm，共振腔長度為 5 μm，$\alpha_i = \alpha_c = \alpha_a = 20\ \text{cm}^{-1}$，試求所需的 DBR 反射率。

解：

(a) 由(5-45)式：

$$1000 = 20 + 20(\frac{5-2}{2}) + \frac{1}{2\times 2\times 10^{-4}} \ln\frac{1}{R^2}$$
$$R = 83\%$$

(b) 若 γ_{th} 降為 500 cm^{-1}，則

$$500 = 20 + 20(\frac{5-2}{2}) + \frac{1}{2\times 2\times 10^{-4}} \times \ln\frac{1}{R^2}$$
$$R = 97\%$$

(c) 若主動層的折射率 3.6，披覆層的折射率為 3.3，雷射波長為 0.9 μm，不考慮色散效應則此 VCSEL 的縱模模距為：

$$
\begin{aligned}
\Delta\lambda &= \frac{\lambda^2}{2\left[n_{ra}d + n_{rc}(L-d)\right]} \\
&= \frac{0.9^2}{2\left[3.6\times 2 + 3.3\times(5-2)\right]} \\
&\cong 23.7\ \text{nm}
\end{aligned}
$$

由於一般的 VCSEL 共振腔長度約為 1 μm，因此縱模模距會比範例 5-8 所計算的值再大五倍以上，而半導體主動層的增益頻寬多在數十奈米以內，在此增益頻寬中僅會有一個縱模位於其中，因此 VCSEL 特別容易達到單一縱模輸出的特性。然而這種短共振腔的特點也讓 VCSEL 結構在設計時需特別注意，由 5.3.2 節得知，半導體主動層的增益譜線受到溫度變化的影響比共振腔的模態位置變化還要大，當半導體主動層的增益最大值和共振腔的模態重合時，VCSEL 才會有最低的閾值電流與最佳的操作效率，因此 VCSEL 共振腔的設計必須考慮到元件的實際操作溫度，使得縱模能和半導體主動層的增益譜線在頻率上有良好的重疊。

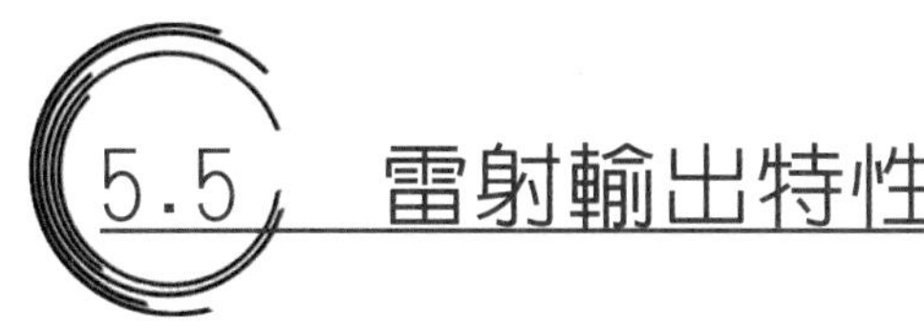

5.5 雷射輸出特性

在這一小節我們將討論半導體雷射在連續波(CW)操作的穩定條件下，雷射光輸出和驅動電流之間的關係，也就是 L-I 曲線的計算。在理想的情況下，當半導體雷射的注入電流密度到達 J_{th} 後，增益開始大於零，若使用線性近似，半導體增益隨著電流密度的增加而增加，如圖 5-15(a)所示。圖 5-15(b)為共振腔中的光子密度，而此光子為同一模態往二端鏡面來回振盪的光子，在尚未達到閾值條件前，共振腔中的光子皆屬於雜亂分佈且屬於不同模態的自發放射的光子，因此圖 5-15(b)中在達到閾值條件以前，光子密度 n_{ph} 幾乎為零。

增益隨電流密度增加持續增加，當增益等於損耗 γ_{th} 時，到達了閾值條件，此時的電流密度為 J_{th}，在閾值條件以上，多注入的載子所提供的增益不需要去克服或補償共振腔中的光損耗，因此可以透過受激放射放出單模的同調光子，所以我們看到 J_{th} 以上，n_{ph} 開始線性增加，而增益卻箝止在 γ_{th} 為一定值。這箝止的現象是發光二極體中所沒有的現象，對發光二極體而言，在理想的情況下，主動層中的載子濃度和注入電流成線性正比的關係，而發光強度又和載子濃度成正比。然而對半導體雷射而言，在閾值條件之前，主動層中的載子濃度和注入電流密度成正比，但在閾值條件以上，多注入的載子會透過受激放射而非常迅速地復合發出光子，因此主動層中的載子濃度也會箝止在 n_{th} 而不會隨著注入電流密度的上昇而變化，如圖 5-15(c)所示。

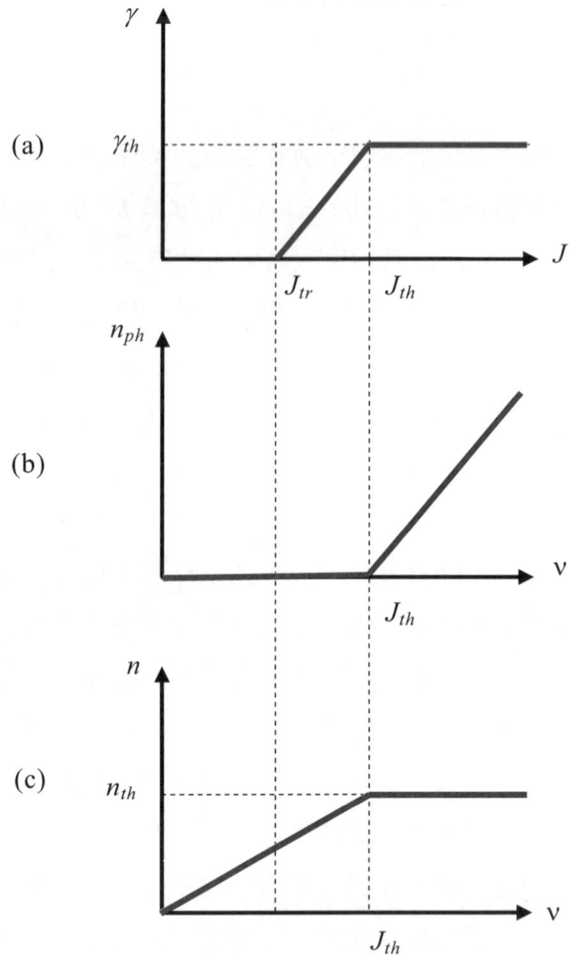

圖 5-15　半導體雷射在理想情況下(a)增益對電流密度的關係；(b)共振腔內部單模光子對電流密度的關係；(c)主動層載子濃度對電流密度的關係

我們可以計算在閾值電流以上半導體雷射共振腔中受激放射的速率，因此在注入電流 I 時，共振腔中每秒產生的光子數目為：

$$N_{ph} = \eta_i \frac{I - I_{th}}{e} \tag{5-48}$$

其中 η_i 為內部量子效率，我們在前面定義內部量子效率為載子生命期比上輻射復合生命期(τ_n / τ_r)，然而在閾值條件以上，受激放射的速率非常快使得 τ_r 幾乎等於 τ_n ，也就是內部量子效率幾乎為 1，因此(5-48)式中的 η_i 意義要作修正，這裡的 η_i 是指有效地留在主動層中的載子密度比上總注入的載子密度，因為有漏電流的存在，使得 η_i 總是小於 1。

若光子的能量為 hv，則在共振腔中所產生的總光功率為：

$$P_{ph} = N_{ph} \cdot hv = \eta_i (I - I_{th}) \frac{hv}{e} \tag{5-49}$$

由圖 5-4 可知這些在共振腔中的光子將透過內部損耗與鏡面損耗來使共振腔中的能量保持穩定以達到一致性，因此

$$P_{ph} = P_{\alpha_i} + P_{\alpha_m} \tag{5-50}$$

其中 P_{α_i} 和內部損耗 α_i 成正比，而 P_{α_m} 和鏡面損耗 α_m 成正比，由於只有逃離共振腔的光子才會成為我們可以使用的雷射光，因此雷射的輸出功率為：

$$P_o = P_{ph} \cdot \frac{P_{\alpha_m}}{P_{\alpha_i} + P_{\alpha_m}}$$

$$= P_{ph} \cdot \frac{\alpha_m}{\alpha_i + \alpha_m} \tag{5-51}$$

$$= \eta_i (I - I_{th}) \frac{h\nu}{e} \left[\frac{\frac{1}{2L} \ln \frac{1}{R_1 R_2}}{\alpha_i + \frac{1}{2L} \ln \frac{1}{R_1 R_2}} \right]$$

$$= \eta_s (I - I_{th}) \tag{5-52}$$

其中 η_s 為一常數，稱作斜率效率(slope efficiency)。由(5-52)式我們可以得到如圖 5-16 的 *L-I* 曲線，其中 *L* 為雷射輸出功率(P_o)。

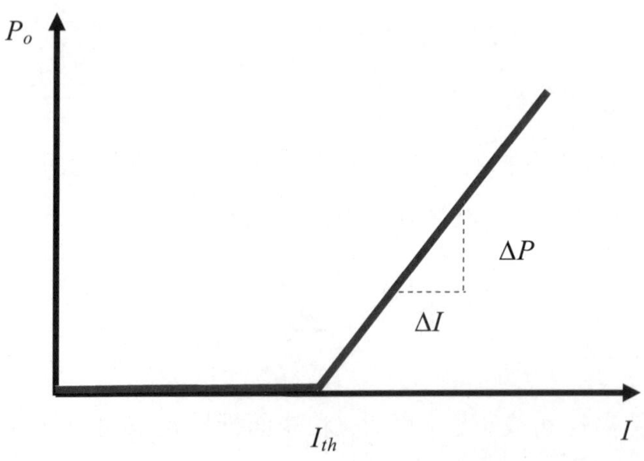

圖 5-16　半導體雷射的 *L-I* 曲線

5.5.1 微分量子效率與斜率效率

為了要衡量半導體雷射的電光轉換效率，我們定義微分量子效率(differential quantum efficiency)為：

$$\eta_d \equiv \frac{\text{每秒光子輸出數目的增加量}}{\text{臨界條件以上每秒注入載子數目的增加量}} \tag{5-53}$$

$$= \frac{d(\frac{P_o}{hv})}{d(\frac{I - I_{th}}{e})}$$

$$= \frac{dP_o}{d(I - I_{th})} \cdot (\frac{e}{hv})$$

$$= \eta_s \cdot (\frac{e}{hv})$$

$$= \eta_i \frac{\frac{1}{2L}\ln(\frac{1}{R_1 R_2})}{\alpha_i + \frac{1}{2L}\ln(\frac{1}{R_1 R_2})} \quad (\text{單位:\%})$$

簡單的說，微分量子效率是用來衡量每注入一個載子轉換為一個光子的比率。而斜率效率為

$$\eta_s \equiv \frac{\text{輸出功率增量}}{\text{輸入電流增量}} \tag{5-54}$$

$$=(\frac{\Delta P_o}{\Delta I})$$
$$=(\frac{hv}{e})\cdot\eta_d \quad (\text{單位: W/A})$$

這裏要注意的是，一般半導體雷射有二個端面可供雷射光輸出，因此(5-51)式的 P_o 是指二端鏡面所輸出的功率總合，而(5-53)式及(5-54)式所計算的效率也是加計算雷射所有的輸出功率。然而我們通常只會使用以及量測雷射二極體一端的輸出功率，若雷射二端為劈裂鏡面，二端鏡面的反射率相同，因此雷射二端的輸出光功率相等，我們所量測到的功率以及效率需乘上 2 才是雷射所有的出光功率與效率。至於雷射二端鏡面的反射率若不同，二端不同出光功率的比值計算則留待本章習題練習。

範例 5-9

設一 GaAs 半導體雷射，波長為 0.9 μm，$n_r = 3.6$，共振腔長 $L = 300$ μm，二端鏡面為劈裂鏡面，$\eta_i = 0.8$，$\alpha_i = 20$ cm^{-1}，閾值電流為 20 mA，試求 $I = 30$ mA 時，輸出功率 P_o 的大小。

解：

鏡面反射率為：

$$R = R_1 = R_2 = (\frac{n_r - 1}{n_r + 1})^2 = 0.32$$

鏡面損耗為：

$$\alpha_m = \frac{1}{L}\ln\frac{1}{R} = \frac{1}{300\times10^{-4}}\ln\frac{1}{0.32}$$
$$= 38\ \text{cm}^{-1}$$

而

$$\frac{\alpha_m}{\alpha_i+\alpha_m} = \frac{38}{20+38} = 0.655$$
$$\frac{hv}{e} = \frac{1.24}{0.9} = 1.378$$

因此

$$P_o = \eta_i(\frac{\alpha_m}{\alpha_i+\alpha_m})\frac{hv}{e}(I-I_{th})$$
$$= 0.8\times0.655\times1.378\times(30-20)\times10^{-3}$$
$$= 7.22\times10^{-3}\ \text{W}$$
$$= 7.22\ \text{mW}$$

微分量子效率為：

$$\eta_d = \eta_i\frac{\alpha_m}{\alpha_i+\alpha_m} = 0.8\times0.655 = 0.524$$

斜率效率為：

$$\eta_s = (\frac{hv}{e})\eta_d = 1.378\times0.524 = 0.722\ \text{W/A}$$

若將(5-53)式取倒數，可以得到

$$\frac{1}{\eta_d}=\frac{1}{\eta_i}\left[1+\frac{2\alpha_i}{\ln(\frac{1}{R_1R_2})}\cdot L\right] \qquad (5\text{-}55)$$

對相同的半導體雷射磊晶結構，我們可以將其劈裂成不同的長度，分別量測不同長度雷射的微分量子效率，並取其倒數，將可得到如圖 5-17 的直線，由(5-55)式可知，此直線在 $L=0$ 的截距即為 $1/\eta_i$，而此直線的斜率為 $\alpha_i/[\eta_i \ln(1/R)]$，其中 R 為劈裂鏡面的反射率。藉由這種技巧，可以讓我們得到此雷射結構的 α_i 以及 η_i，進而判斷此半導體雷射磊晶結構需改善的方向。

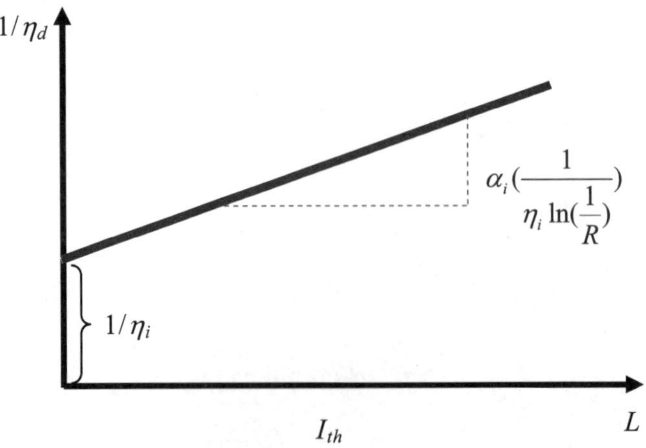

圖 5-17 微分量子效率倒數對共振腔長的關係

5.5.2 總體效率

總體效率(total efficiency, η_t)或稱為**插電效率**(wall-plug efficiency, η_{WPE})用來衡量半導體雷射的輸入功率對輸出雷射功率的比值。半導體的有效電路如圖 5-18 所示，由一個理想二極體，其接面電壓為 V_j，和一個串聯電阻 R_s 所組成，若外部供應的電壓為 V_{app}，輸入電流為 I，則

$$V_{app} = V_j + I \times R_s \tag{5-56}$$

因此總體輸入半導體雷射的功率為

$$P_i = V_{app} \times I \tag{5-57}$$

若半導體雷射的輸出功率為 P_o，則總體效率為：

$$\begin{aligned} \eta_t &= \frac{P_o}{P_i} \\ &= \eta_i \left(\frac{\alpha_m}{\alpha_i + \alpha_m}\right) \cdot \frac{h\nu}{eV_{app}} \left(\frac{I - I_{th}}{I}\right) \end{aligned} \tag{5-58}$$

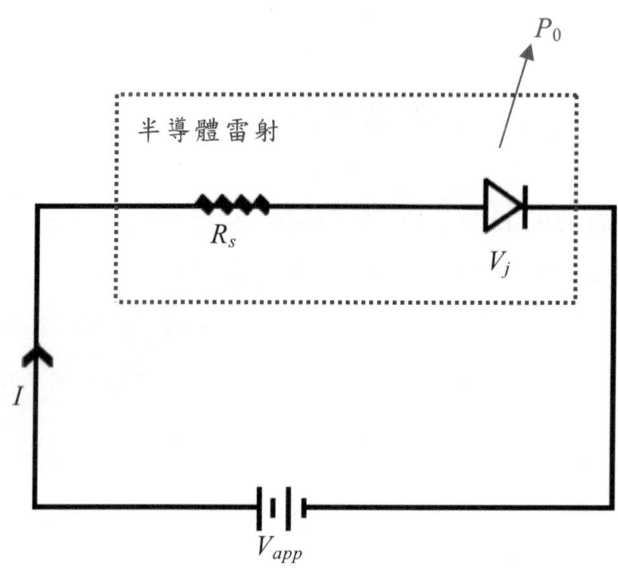

圖 5-18 簡化的半導體雷射有效電路圖

我們在第三章提到 eV_j 大約等於主動層的能隙 E_g，而發光波長的能量 hv 大致和 E_g 相等。若 GaAs 雷射的 R_s= 5 Ω，輸入電流為 100 mA 時，$eV_{app} \cong E_g + I \cdot R_s e = 1.424 + 0.1 \times 5 \cong 1.924eV \cong 1.33E_g$。假設此雷射的 $\eta_i = 0.8$，$\alpha_m /(\alpha_i + \alpha_m) = 0.8$，在 $I >> I_{th}$ 的條件下，總體效率為 $\eta_t = 0.8 \times 0.8 \times 1/1.33 \times 1 = 50\%$。

在極為理想的情況下，η_i 趨近於 1，且 $\alpha_m >> \alpha_i$，同時操作電流遠大於閾值電流，則(5-58)式可近似為：

$$\eta_t \cong \frac{h\nu}{eV_{app}} \cong \frac{h\nu}{E_g + IR_s e} \cong \frac{1}{1+\dfrac{IR_s e}{E_g}} \quad (5\text{-}59)$$

則半導體雷射的效率由串聯電阻 R_s 所決定。若 $R_s = 3\,\Omega$， $I = 100$ mA，$E_g = 1.424$ eV，則 $\eta_t \cong 82.6\%$。但實際的情況下，η_i 可能只有 0.6，則 η_t 降為 50%，而且 α_i 不可忽略。或 $\alpha_i = \alpha_m$ 時，則 η_t 又降為 25%，若閾值電流很大，使得 $I = 4I_{th}$，則 η_t 又降到只有 18.75%。因此，要得到一高轉換效率的半導體雷射，我們要讓 η_i 趨近於 1，而串聯電阻、內部損耗以及閾值電流儘量小，才能獲致更高的轉換效率 η_t！

範例 5-10

GaAs 雷射的波長為 0.84 μm，鏡面為劈裂鏡面，折射率為 3.6，內部損耗為 10 cm^{-1}，共振腔長 $L = 500$ μm，輸入電壓為 2 V，$\eta_i = 0.9$，若 $I_{th} = 200$ mA，試計算 η_t、η_d 以及要輸出 5 mW 所需要的電流 I。

解：

鏡面反射率為

$$R = R_1 = R_2 = \left(\frac{n_r - 1}{n_r + 1}\right)^2 = 0.32$$

微分量子效率為：

$$\eta_d = \eta_i \frac{\frac{1}{2L}\ln\frac{1}{R_1R_2}}{\alpha_i + \frac{1}{2L}\ln\frac{1}{R_1R_2}} = 0.9 \times \frac{\frac{1}{2\times 500\times 10^{-4}}\ln\frac{1}{0.32^2}}{10 + \frac{1}{2\times 500\times 10^{-4}}\ln\frac{1}{0.32^2}}$$

$$= 0.6255$$

因為

$$P_o = \eta_d (I - I_{th})\frac{1.24}{0.84} = 5\ \text{mW}$$

因此

$$5 = 0.6255\times(I - 200)\times\frac{1.24}{0.84}$$

$$I = 205.4\ \text{mA}$$

總體效率為：

$$\eta_t = \frac{P_o}{I\cdot V_{app}} = \frac{5\times 10^{-3}}{205.4\times 10^{-3}\times 2} = 1.2\%$$

5.5.3 雷射二極體規格表

半導體雷射要封裝成雷射二極體才容易使用，雷射二極體的封裝型式非常多樣，依各種應用有不同的封裝設計考慮，圖 5-19(a)為最簡單的 TO-can 封裝，外殼為導電的金屬，通常背後有三隻接腳，上蓋有一透明的玻璃或準直鏡供雷射光輸出，圖 5-19(b)為 TO-can 內部的正面放大實體電子顯微鏡照片，我們可以看到半導體雷射的**晶粒**(chip)被封裝在**承載基板**(submount)上，分別有金屬線連接到接腳接點上，除此之外，TO-can 內部還封裝了一顆**光偵二極體**(photo diode, PD)的晶粒，如圖 5-20(a)所示，此光偵二極體可以偵測由雷射晶粒後方輸出的雷射光進而轉為**監控電流**(monitor current, I_m)，因為 I_m 正比於雷射前方的輸出功率，因此可做為負回授的**自動功率控制**(auto power control, APC)的功能。在雷射二極體的規格表中會附上如圖 5-20(b)之接腳圖，以利電路設計與實際的使用。

此外，雷射二極體的規表中還會附上此雷射的電性與光學特性的表格如表 5-1 所示，分別列出了雷射的閾值電流、操作電流、操作電壓、斜率效率、監控電流與主要波長。此規格要先定義出測試溫度，如 T_c=25°C，與測試方式是連續操作(CW)還是脈衝操作(pulse)。除了閾值電流以外，操作電流、操作電壓、斜率效率的測試需標明雷射輸出功率的條件。而規格表中的最大值(Max)與最小值(Min)則定義出此雷射的規範。

雷射二極體規格表中還有一個重要的資訊是**最大定額**(maximum rating)表，如表 5-2 所示，在這個表中明確定義了雷射二極體輸出功率的上限、逆向電壓的上限、光偵二極體逆向電壓的上限、雷射二極體的操作溫度與儲存溫度。

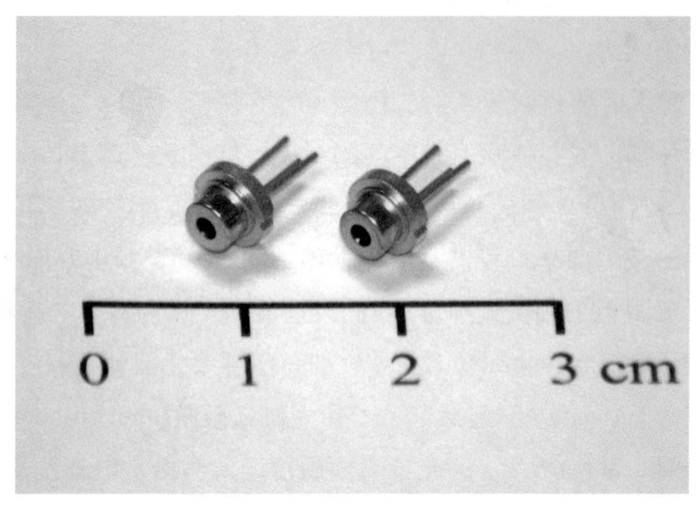

(a)

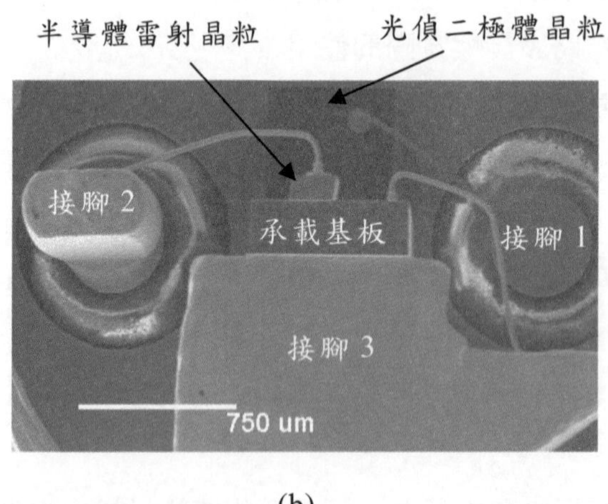

(b)

圖 5-19 (a)雷射二極體 TO-can 封裝型式；(b) TO-can 內部正面的電子顯微鏡圖片

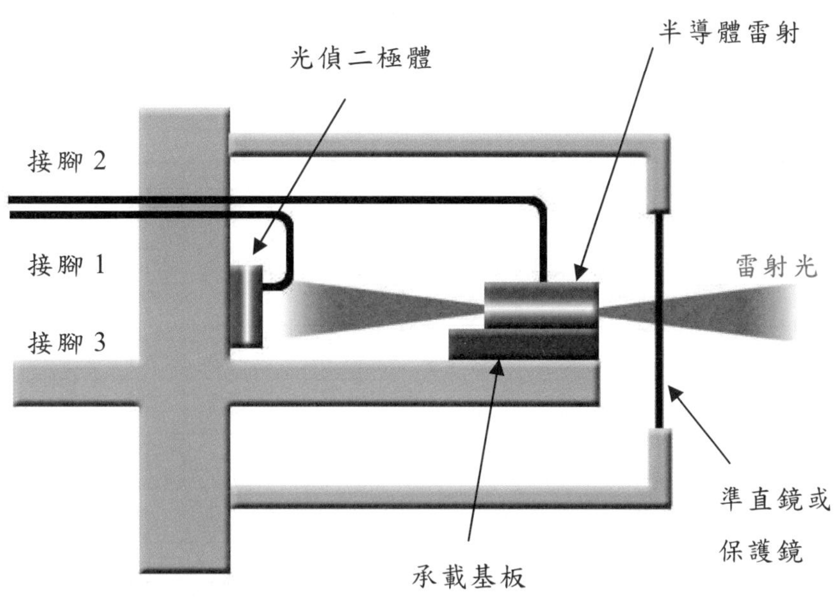

(a)

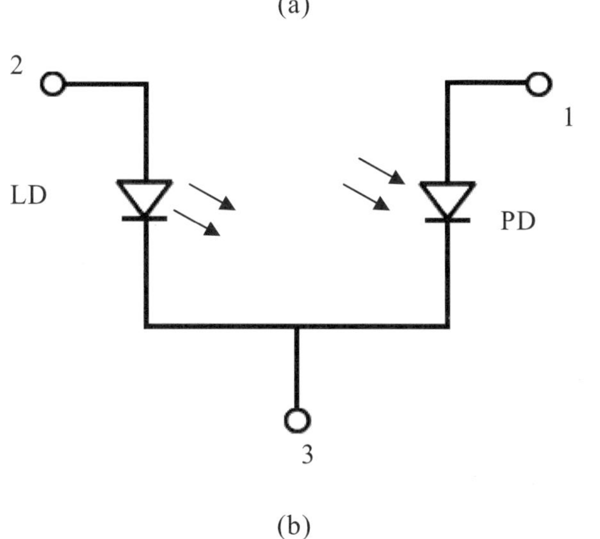

(b)

圖 5-20 (a)雷射二極體封裝示意圖；(b)雷射二極體接腳電路圖

表 5-1　雷射二極體規格表

Parameter	Symbol	Conditions	Min.	Typ.	Max.	Unit
Threshold Current	I_{th}	--	20	30	40	mA
Operating Current	I_{op}	P_o=5mW	30	40	50	mA
Operating Voltage	V_{op}	P_o=5mW	1.7	1.8	2.1	V
Slope Efficiency	SE	1~3mW	0.3	o.5	0.7	W/A
Monitor Current	I_m	P_o=5mW	0.1	0.2	0.3	mA
Lasing Wavelength	λ	P_o=5mW	770	780	790	nm
Test conditions：CW, T_c=25°C						

表 5-2　雷射二極體之最大定額表

Parameter	Symbol	Rating	Unit
Output Power	P_o	8	mW
LD Reverse Voltage	$V_{R(\mathrm{LD})}$	2	V
PD Reverse Voltage	$V_{R(\mathrm{PD})}$	30	V
Operating Temperature	T_{OP}	-10~80	°C
Storage Temperature	T_{stg}	-15~90	°C

5.5.4 雷射操作過程圖示

到目前為止，我們已經說明了半導體雷射的基本操作原理，在結束本小節之前，圖 5-21 總結了半導體雷射的各個操作階段，每個階段分別表示出半導體雷射共振腔中的光子數目與行進方向示意圖，能帶圖與費米能階位置，增益頻譜，雷射發光之功率頻譜，以及 *L-I-V* 曲線。我們將半導體雷射操作過程分為六個階段，從熱平衡到放射出雷射光分述如下：

(a) 熱平衡階段：

我們以雙異質 *P-i-N* 結構邊射型半導體雷射為例，在未施予電流電壓時，半導體雷射呈現熱平衡狀態，因此在能帶圖中，只有一條水平的費米能階，此時主動層在 E_g 以上的的頻譜僅呈現吸收的情形，而無光子放出。

(b) 克服位障階段：

欲注入載子到主動層中，要先克服 *P-i-N* 雙異質結構中內建的位障，因此外加電壓要先迅速地上升到接近主動層能隙。由於原本的熱平衡被破壞，費米能階一分為二成為準費米能階，而電子和電洞所面臨的位能障逐步下降，使得載子有機會注入到主動層中，讓吸收的現象稍微和緩，而主動層也開始有微弱的發光現象。

(c) **LED** 階段：

在克服位障之後，此 *P-i-N* 雙異質結構即進入 LED 的發光階段，在這個階段不需要再施加太大的電壓於此雙異質結構上，電流就能迅速地注入至主動層。由於電子和電洞可以輕易地越過位障，開始有大量的載子注入主動層，產生自發性輻射，這些光子的頻譜分布很寬，且向主動層的四面八方射出，由於載子濃度增加，

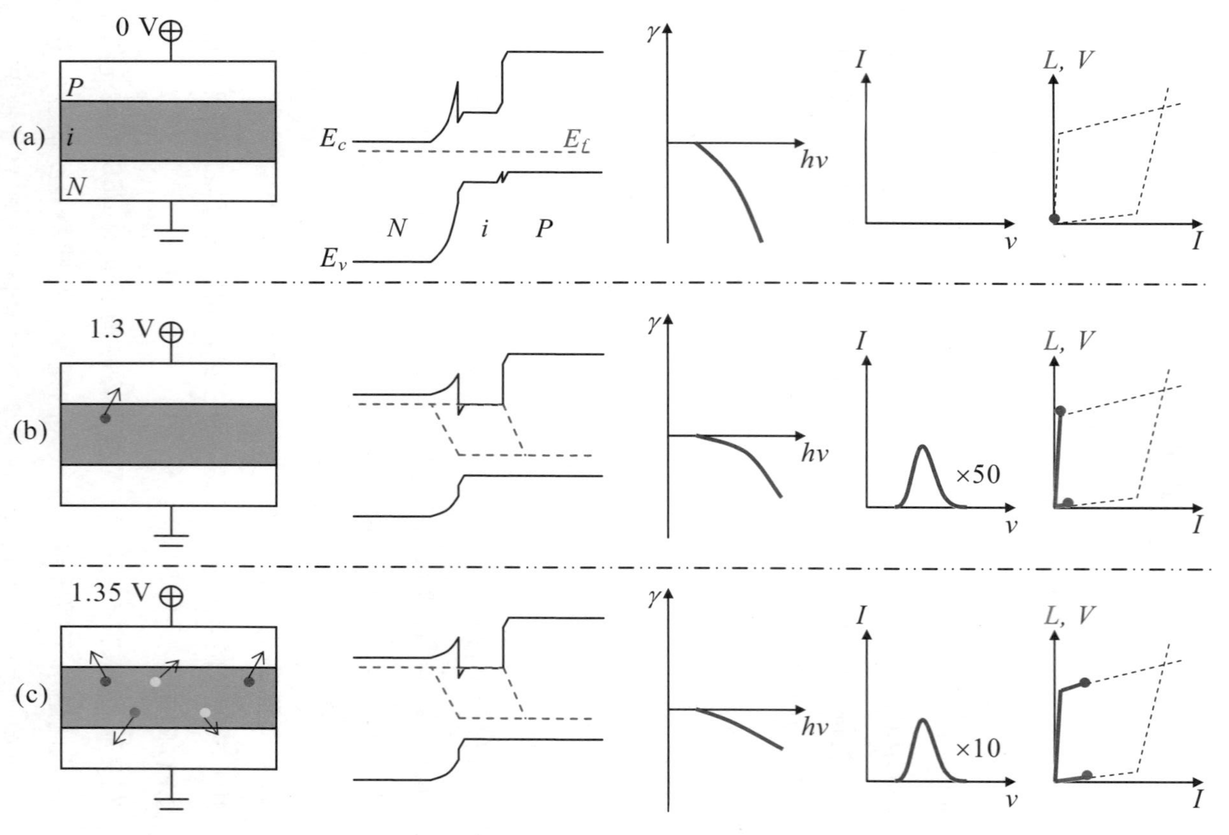

圖 5-21　半導體雷射操作過程

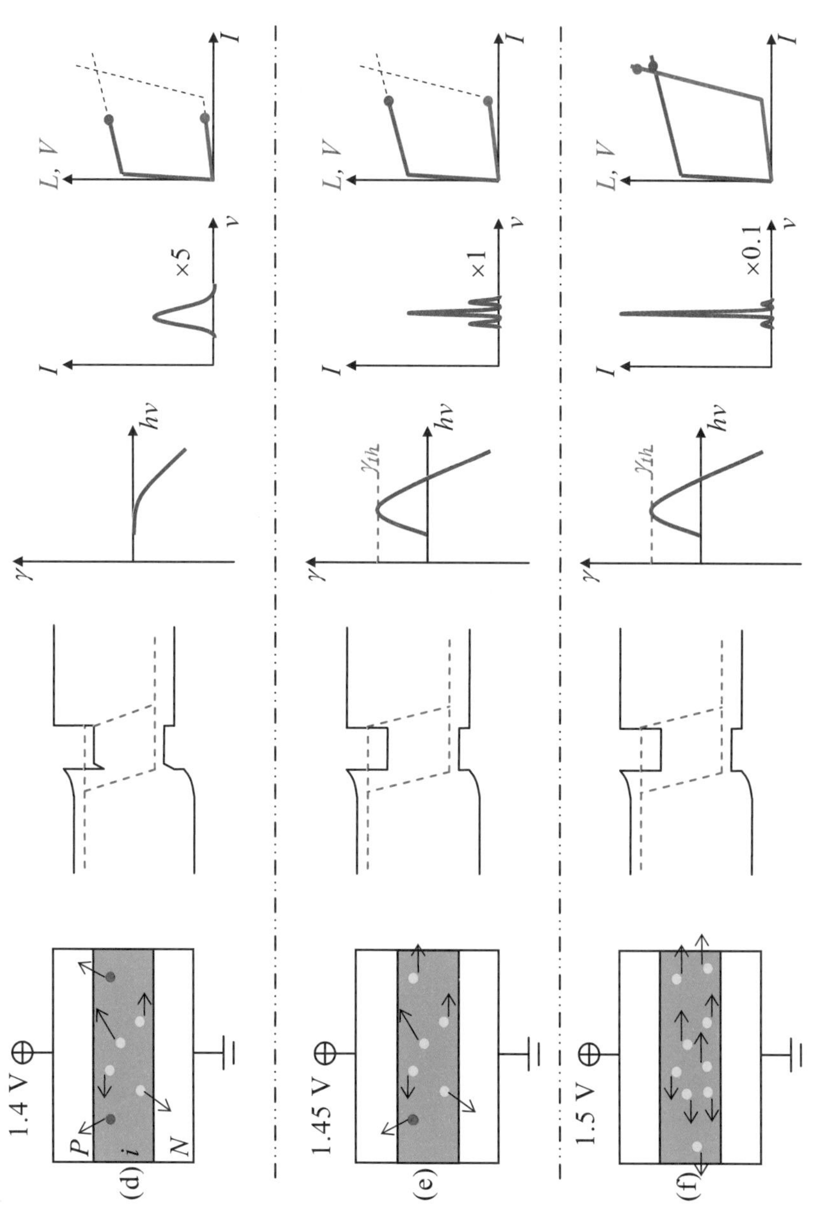

圖 5-21 半導體雷射操作過程（續）

主動層中的吸收又進一步減少了。

(d) 透明狀態：

當電流電壓繼續增加，使得 E_{fc}-E_{fv} 等於主動層的 E_g 時，主動層達到透明狀態，也就是主動層中開始有增益大於等於零的狀態，由於載子大量增加，輸出光功率也變強，但仍然是自發性輻射的光子，因此發光頻譜還是很寬。

(e) 閾值狀態：

由於主動層中的載子持續注入，增益跟著上升，當增益接近或等於閾值增益 γ_{th} (或損耗)時，達到閾值狀態，主動層中開始放出同調的受激放射的光子，發光頻譜突然變成幾根很窄線寬的譜線，這些譜線是由增益頻寬和共振腔模距所決定，雷射光從二端鏡面射出，由原本散亂無方向性的自發性輻射轉為在空間上有一定方向的光束，而 *L-I* 曲線達到閾值的轉折，且輸出光功率開始迅速上升。

(f) 雷射階段：

隨著注入電流愈來愈大，輸出的雷射光就愈來愈強，同調、同向的光子數目就會愈來愈多，而發光頻譜中的主要模態會相對地愈來愈強，然而主動層中的載子濃度和增益卻會一直被箝止在閾值狀態，因為大於閾值載子濃度的那些多注入的載子都極為有效率地轉換為雷射光。

5.6 速率方程式之穩態特性

半導體雷射的操作基本上是注入電流(或電流密度 J)，在主動層中形成載子濃度 n，而光子 n_{ph} 隨之產生。我們感到有興趣的是在半導體雷射中 J 和 n 以及 n_{ph} 之間的相對變化，因為 J 是輸入變量，而 n 和 n_{ph} 為隨著 J 的輸入而變化的應變量，我們可以列出分別對載子濃度 n 以及對光子密度 n_{ph} 的速率方程式。

為清楚地介紹半導體雷射中的速率方程式，我們在理想情況下作一些預設條件。其一是假設半導體雷射是單模操作，也就是 n_{ph} 只有一種，具有單一的頻率、固定的相位與一致的方向。第二個條件是載子注入到主動層後，在尚未進行輻射復合之前就已經弛豫到主動層能帶的底部，也就是 $\tau_r >> \tau_{relaxation}$，我們不需要考慮載子在更高能階復合的問題。此外，我們假設電流注入主動層後，載子均勻地分佈在主動層中，而不考慮載子在空間中不均勻地分佈所產生的擴散效應。

半導體雷射共振腔可簡化如圖 5-22 所示，在一共振腔長度為 L 的邊射型雷射中，二端鏡面反射率為 R_1 和 R_2，J 為注入的電流密度，在共振腔中產生載子濃度 n，以及光子密度 n_{ph}。而圖 5-22 中其它的符號：τ_n 為載子生命期，τ_{ph} 為光子生命期(photon lifetime)，β_{sp} 為自發放射因子(spontaneous emission factor)而 $g(n)$ 為增益速率(gain per unit time)，這些定義分別介紹如下。

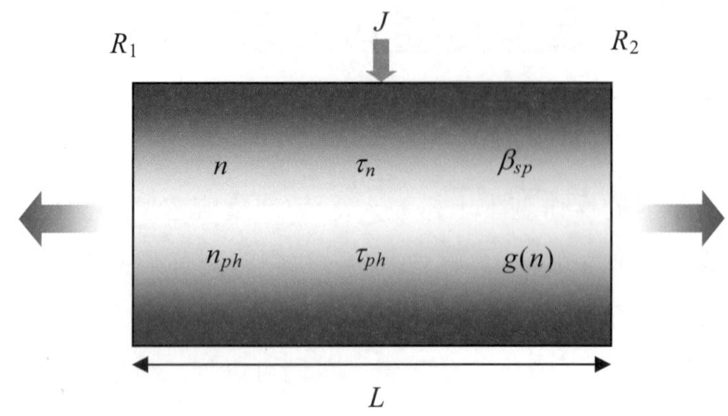

圖 5-22 雷射共振腔示意圖

載子注入到主動層中會經由復合的過程而逐漸減少，其生命期即為τ_n，然而復合包括了輻射復合和非輻射復合，其中輻射復合的生命期為τ_r，而非輻射復合的生命期為τ_{nr}，因此$1/\tau_n = 1/\tau_r + 1/\tau_{nr}$。若主動層中輻射復合的效率很高，載子注入主動層後經復合所放出自發性輻射的光子的速率可表示為n/τ_n。

同樣地，當一群同調的光子n_{ph}在共振腔中也會隨著時間而遞減，我們可以用τ_{ph}來表示光子生命期，而$1/\tau_{ph}$則正比於光子每秒損耗的速率，我們知道光子在共振腔中的損耗機制有二種，一種為內部損耗，另一為鏡面損耗，因為在共振腔中的光速為$\upsilon_g = c/n_r$，n_r為折射率，對內部損耗而言，光子損耗的速率正比於$\upsilon_g \cdot \alpha_i$，同樣地，對鏡面損耗而言，光子損耗的速率正比於$\upsilon_g \cdot \alpha_m$，因此光子總損耗率速率為：

$$\frac{1}{\tau_{ph}} = \upsilon_g \cdot \alpha_i + \upsilon_g \cdot \alpha_m = (\frac{c}{n_r})(\alpha_i + \alpha_m) \tag{5-60}$$

因為 $\alpha_i + \alpha_m = \gamma_{th}$，上式又可寫為：

$$\frac{1}{\tau_{ph}} = (\frac{c}{n_r})\gamma_{th} \tag{5-61}$$

範例 5-11

半導體雷射共振腔長為 300 μm，內部損耗 $\alpha_i = 10\ \text{cm}^{-1}$，二端為劈裂鏡面，折射率為 3.4，試求光子生命期。

解：

二鏡面反射率為 $R = R_1 = R_2 = (\frac{3.4-1}{3.4+1})^2 = 0.3$，

而鏡面損耗為

$$\alpha_m = \frac{1}{L}\ln\frac{1}{R} = \frac{1}{300\times10^{-4}}\ln\frac{1}{0.3}$$
$$= 40.1\ \text{cm}^{-1}$$

所以

$$\tau_{ph} = \frac{1}{(\frac{c}{n_r})(\alpha_i + \alpha_m)}$$

$$
\begin{aligned}
&= \frac{1}{\dfrac{3\times10^{10}}{3.4}(10+40.1)} \\
&= 2.26\times10^{-12}\ \text{sec} \\
&= 2.26\ \text{psec}
\end{aligned}
$$

由此可知，光子生命期相當短。若共振腔越短，或反射鏡之反射率愈低，或是內部損耗大等，都會縮短光子的生命期。

接下來我們要討論增益速率 $g(n)$的意義。由(5-61)式我們知道光子的損耗速率正比於 $(c/n_r)\cdot\gamma_{th}$，而光在主動層中因受到增益 γ 而放大，γ 的單位為 cm^{-1}，是一個空間相依的參數，若光子走了 dz 的距離，其被放大的程度為 $\gamma\cdot dz$，而 $dz=\upsilon_g\times dt=(c/n_r)dt$，則

$$
\begin{aligned}
\gamma\cdot dz &= \gamma\cdot(\frac{c}{n_r})\cdot dt \\
&= g\cdot dt
\end{aligned}
\tag{5-62}
$$

我們得到 g 這樣一個和時間相依的增益速率，其單位為 sec^{-1}，正比於每秒光子增加的速率。由於增益和載子濃度有關，若使用線性近似，我們可以得到：

$$
\begin{aligned}
g(n) &= (\frac{c}{n_r})\cdot\gamma(n) \\
&= (\frac{c}{n_r})a(n-n_{tr})
\end{aligned}
\tag{5-63}
$$

$$\equiv g_0(n-n_{tr}) \tag{5-64}$$

其中 g_0 為時間上的微分增益。若 $n_r = 3.6$ ， $\gamma = 100\ \text{cm}^{-1}$ ，g 計算可得 $100\times(3\times10^{10})/3.6 = 8.33\times10^{11}\ \#/\text{sec}$ ，表示當增益為 $100\ \text{cm}^{-1}$ 時，每秒鐘可增加 8.33×10^{11} 個光子於共振腔中。

最後，我們要說明自發放射因子 β_{sp} 的意義。如圖 5-23 所示，在主動層中所放出的光子可分為自發放射的光子和受激放射的光子，其中受激放射的光子即為可用的雷射光，而自發放射的光子其頻率分布很廣，而發射的方向為整個 4π 的立體角。但有一小部分的自發放射的光子和受激放射的光子為相同模態，具有一致的頻率相位和方向，可以貢獻到雷射發光上，這個比率我們定義為自發放射因子，

$$\beta_{sp} = \frac{\text{耦合到特定雷射模態的自發放射}}{\text{所有自發放射}} \tag{5-65}$$

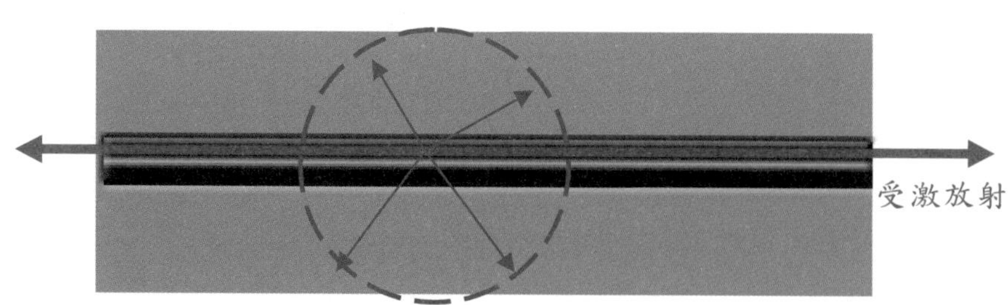

圖 5-23　自發放射耦合到特定雷射模態示意圖

假設自發放射的放射頻譜為 Lorentzian 形式，其單位體積下發射到每一特定模態(也就是特定ω)的速率為：

$$r_{sp}(\omega) = r_{spo}\frac{(\Delta\omega/2)^2}{(\omega-\omega_0)^2+(\Delta\omega/2)^2} \tag{5-66}$$

其中 r_{spo} 為在中心頻率 ω_0 時的放射率，$\Delta\omega$ 為自發放射頻譜的線寬。在某一特定的頻率範圍 $d\omega$以及立體角範圍 $d\Omega$ 之內，光子模態的數目為 dN，而

$$\begin{aligned} dN &= p(\omega)d\omega \times V\frac{d\Omega}{4\pi} \\ &= \frac{n_r^3\omega^2}{\pi^2c^3}d\omega \times V\frac{d\Omega}{4\pi} \end{aligned} \tag{5-67}$$

其中 $p(\omega)$為光子之能態密度(見(4-18)式)而 V 為共振腔體積。因此總自發放射的速率為：

$$\begin{aligned} R_{sp} &= \int r_{sp}dN \\ &= r_{spo}\frac{V}{2\pi}(\frac{n_r^3}{c^3})\omega_0^2\Delta\omega \end{aligned} \tag{5-68}$$

因此，當雷射模態為ω_o，則自發放射因子為

$$\beta_{sp} = \Gamma_a(\frac{r_{sp}}{R_{sp}}) = \Gamma_a\frac{2\pi}{V}(\frac{c}{n_r})^3\frac{1}{\omega_0^2\Delta\omega} \tag{5-69}$$

其中 Γ_a 為光侷限因子，表示自發性光子貢獻到主動層增益的比例。(5-69)式也可表示為：

$$\beta_{sp} = \frac{\Gamma_a \lambda_0^3}{4\pi^2 V n_r^3}(\frac{\lambda_0}{\Delta\lambda}) \tag{5-70}$$

由上式可知 β_{sp} 和 V 以及 $\Delta\lambda$ 成反比，例如 VCSEL 的共振腔很小，其 β_{sp} 比較大，約在 10^{-2} 到 10^{-3} 之間，而邊射型雷射的共振腔相對較大，其 β_{sp} 約在 10^{-4} 到 10^{-5} 之間，也就是每放出 10^5 個自發放射的光子，只有一個可以貢獻到雷射光子上。β_{sp} 的最大值是 1，表示所有的自發放射只會放出一種模態的光子，其單一模態的性質和雷射的同調光相似，因為不需要達到閾值條件，我們又稱這種發光元件為**無閾值雷射**(thresholdless laser)。

在瞭解圖 5-22 中各項參數之後，我們將可以寫出載子和光子的速率方程式。我們首先針對載子濃度對時間的變化：

$$\frac{dn}{dt} = \frac{J}{ed} - \frac{n}{\tau_n} - g(n) \cdot n_{ph} \ (\text{單位: cm}^{-3}\text{sec}^{-1}) \tag{5-71}$$

其中等式右邊的第一項代表電流密度的注入而轉換為主動層中的載子濃度增加率，主動層的厚度為 d，在此我們先假設所有的注入載子都會停留在主動層中，因此 $\eta_i = 1$。而等式右邊第二項代表載子經復合而消失的減少速率。而等式右邊第三項為載子受到共振腔中光子激發而放出受激放射光子的減少速率，因此和 $g(n)$以及 n_{ph} 成正比。

接著，我們要看光子密度的變化速率：

$$\frac{dn_{ph}}{dt} = g(n) \cdot n_{ph} - \frac{n_{ph}}{\tau_{ph}} + \beta_{sp}(\frac{n}{\tau_n}) \text{ (單位: cm}^{-3}\text{ sec}^{-1}\text{)} \tag{5-72}$$

其中等式右邊第一項表示光子的增加速率，而第二項表示光子的減少速率；第三項為自發性輻射貢獻到雷射光子數目的部份，在此我們若只考慮邊射型雷射的例子，因為 β_{sp} 太小可忽略不計，因此我們結合(5-71)式與(5-72)式，得到二個互相耦合影響的速率方程式：

$$\frac{dn}{dt} = \frac{J}{ed} - \frac{n}{\tau_n} - g(n)n_{ph} \tag{5-73}$$

$$\frac{dn_{ph}}{dt} = g(n)n_{ph} - \frac{n_{ph}}{\tau_{ph}} \tag{5-74}$$

我們可以在穩定條件下，分三個階段來解這二個耦合方程式。

(1) 低於閾值條件：

在未達閾值條件前，雷射共振腔中幾乎沒有光子，因此 $n_{ph} \cong 0$，而(5-73)式為：

$$\frac{dn}{dt} = 0 = \frac{J}{ed} - \frac{n}{\tau_n} \tag{5-75}$$

因此

$$n = \frac{J\tau_n}{ed} \tag{5-76}$$

載子濃度和注入電流密度成正比。

(2) 到達閾值條件：

到達閾值條件時，n_{ph} 雖不為零，但是值很小，因此在(5-73)式中仍可忽略，我們可以得到閾值載子濃度為：

$$n_{th} = \frac{J_{th}\tau_n}{ed} \tag{5-77}$$

另一方面由(5-74)式：

$$\frac{dn_{ph}}{dt} = 0 = g(n_{th})n_{ph} - \frac{n_{ph}}{\tau_{ph}} \tag{5-78}$$

若使用線性近似可得：

$$\begin{aligned} g(n_{th}) &= \frac{1}{\tau_{ph}} = (\frac{c}{n_r})a(n_{th} - n_{tr}) \\ &= g_0(n_{th} - n_{tr}) \end{aligned} \tag{5-79}$$

我們若考慮光學侷限因子 Γ ，則(5-74)式可重寫為

$$\frac{dn_{ph}}{dt} = \Gamma g(n) \cdot n_{ph} - \frac{n_{ph}}{\tau_{ph}} + \Gamma\beta_{sp}(\frac{n}{\tau_n}) \tag{5-80}$$

因此，在閾值條件下，

$$\Gamma g_0(n_{th} - n_{tr}) = \Gamma(\frac{c}{n_r})a(n_{th} - n_{tr}) = \frac{1}{\tau_{ph}} = (\frac{c}{n_r})(\alpha_i + \alpha_m) \tag{5-81}$$

所以

$$n_{th} = \frac{\alpha_i + \alpha_m}{\Gamma a} + n_{tr} \tag{5-82}$$

代回(5-77)式，我們得到閾值電流密度：

$$\begin{aligned} J_{th} &= \frac{n_{th} \cdot e \cdot d}{\tau_n} \\ &= \frac{ed}{\tau_n \cdot a \cdot \Gamma}(\alpha_i + \frac{1}{2L}\ln\frac{1}{R_1R_2}) + (\frac{ed}{\tau_n})n_{tr} \\ &= \frac{d}{b\Gamma}(\alpha_i + \frac{1}{2L}\ln\frac{1}{R_1R_2}) + dJ_0 \end{aligned} \tag{5-83}$$

若我們再將 η_i 內部量子效率引入(5-73)式，可修正為：

$$\frac{dn}{dt} = \frac{\eta_i J}{ed} - \frac{n}{\tau_n} - \Gamma g(n) n_{ph} \tag{5-84}$$

因此，(5-83)式變為

$$\begin{aligned} J_{th} &= \frac{n_{th} \cdot e \cdot d}{\eta_i \cdot \tau_n} \\ &= \frac{d}{b\eta_i\Gamma}(\alpha_i + \frac{1}{2L}\ln\frac{1}{R_1R_2}) + \frac{dJ_0}{\eta_i} \end{aligned} \tag{5-85}$$

此結果和我們前面所推導出來的(5-20)式完全相同！

(3) 高於閾值條件：

在閾值條件以上，載子濃度被箝止在 n_{th}，因此由(5-84)式，

$$\eta_i \frac{J}{ed} - \frac{n_{th}}{\tau_n} = g(n_{th}) n_{ph} \tag{5-86}$$

所以

$$\begin{aligned} n_{ph} &= \frac{1}{g(n_{th})}(\eta_i \frac{J}{ed} - \frac{n_{th}}{\tau_n}) \\ &= \tau_{ph}\eta_i(\frac{J}{ed} - \frac{J_{th}}{ed}) \\ &= (\frac{\tau_{ph}}{ed})\eta_i(J - J_{th}) \end{aligned} \tag{5-87}$$

若 $\eta_i = 1$，我們也可將上式表示為：

$$\frac{n_{ph}}{\tau_{ph}} = \frac{J - J_{th}}{ed} = \frac{n - n_{th}}{\tau_n} \tag{5-88}$$

其中等號左邊表示光子產生速率，而右邊為大於 n_{th} 的部份載子消失的速率。

而在共振腔中所產生的光子總數為：

$$N_{ph} = n_{ph} \cdot L \cdot w \cdot d = \frac{\tau_{ph}}{e} \eta_i (I - I_{th}) \tag{5-89}$$

因此，共振腔中的總功率為：

$$P_c = (\frac{N_{ph}}{\tau_{ph}}) \cdot hv = \eta_i (\frac{hv}{e})(I - I_{th}) \tag{5-90}$$

因為光子由鏡面損耗的速率為 $\upsilon_g \cdot \alpha_m$，則輸出到共振腔外的功率為：

$$P_o = \text{光子密度} \times \text{體積} \times \text{鏡面損耗速率} \times \text{光子能量} = n_{ph} \times Lwd \times (\frac{c}{n_r}) \alpha_m \times hv \tag{5-91}$$

若考慮內部量子效率，則由(5-87)式：

$$P_o = \eta_i (\frac{\tau_{ph}}{ed})(J - J_{th}) Lwd \cdot \frac{c}{n_r} \cdot \alpha_m \cdot hv = \eta_i (\frac{hv}{e})(\frac{\alpha_m}{\alpha_i + \alpha_m})(I - I_{th}) \tag{5-92}$$

上式和前面我們所推導的(5-51)式完全相同！

習題

1. 藍光 InGaN 半導體雷射，發光波長為 400 nm 時的增益線性近似可表示為：

$$G_{max}=6.3\times10^{-17}(n-9.2\times10^{19})\ (\text{cm}^{-1})$$

若閾值增益為 77 cm^{-1}，輻射復合生命期為 1.5 nsec，內部量子效率 $\eta_i=0.3$，主動層的厚度為 10 nm

(a) 試計算閾值電流密度。

(b) 若主動層的面積為 2.5 μm×600 μm，試求此半導體雷射之閾值電流。

(c) 若閾值增益降為 40 cm^{-1}，試求此半導體雷射之閾值電流。

2. 波長 1.3 μm 之 InGaAlAs 雷射的腔長為 500 μm，二端為劈裂鏡面，主動層之折射率為 3.4。此雷射的微分量子效率為 0.65

(a) 試估計斜率效率。

(b) 若此雷射之內部量子效率為 0.85，試求內部損耗的大小。

(c) 若此雷射的大於閾值條件的增益頻寬為 2.8 nm，在不考慮色散效應下，有多少縱模可以發出雷射？

3. 欲設計波長為 830 nm 的對稱雙異質結構 $Al_xGa_{1-x}As$ 半導體雷射，二端為劈裂鏡面，而 $Al_xGa_{1-x}As$ 之能隙與折射率和 Al 成分的關係為：

$$E_g(x) = 1.424 + 1.247x$$
$$n(x) = 3.59 - 0.71x$$

(a) 試求主動層所需的 Al 成份為多少？

(b) 若此半導體雷射具有以下的參數：

腔長 L = 300 μm，寬 w = 3 μm，主動層厚 d = 0.1 μm，內部量子效率為 1，內部損耗為 20 cm^{-1}，載子生命期為 2 nsec，透明載子密度 $n_{tr} = 1.5\times10^{18}$ cm^{-3}，微分增益 $a = 1.5\times10^{-16}$ cm^2，光學侷限因子 $\Gamma = 0.3$，試求此雷射之微分量子效率。

(c) 同(b)，試求欲使此半導體雷射輸出功率為 5 mW 時的注入電流。

4. 若半導體雷射的二端反射率分別為 R_1 和 R_2，而雷射由 R_1 和 R_2 輸出的功率分別為 P_1 和 P_2，試證明：

$$\frac{P_1}{P_1+P_2} = \frac{1-R_1}{1-R_1+\sqrt{\frac{R_1}{R_2}}(1-R_2)} \tag{5-93}$$

以及

$$\frac{P_2}{P_1+P_2} = \frac{1-R_2}{1-R_2+\sqrt{\frac{R_2}{R_1}}(1-R_1)} \tag{5-94}$$

5. 下圖為同一 FP 雷射切不同長度所量得之 L-I 關係圖。雷射二端為劈裂鏡面，發光波長皆為 1.55 μm，光學侷限因子為 0.4，折射率為 3.2，主動層寬為 2.5 μm，厚為 150 nm，載子生命期為 1.5 nsec，

(a) 試計算內部損耗 α_i 以及內部量子效量 η_i。

(b) 若主動層之增益係數符合線性近似，試求透明載子濃度 n_{tr} 以及微分增益 a。

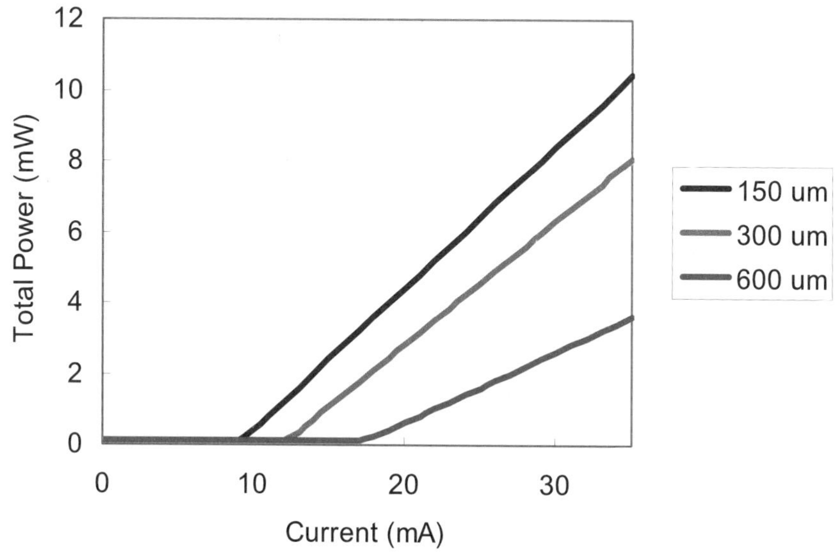

6. 在一 Fabry-Perot 共振腔中，主動層的增益頻譜可藉由量測端面的發光頻譜而計算出來。若發光頻譜如下圖所示，

(a) 試證明此共振腔的淨吸收可表示為：

$$\alpha_i - \Gamma\gamma = \frac{1}{L}\ln\left[\frac{\sqrt{P_{\max}}+\sqrt{P_{\min}}}{\sqrt{P_{\max}}-\sqrt{P_{\min}}}\right] + \frac{1}{2L}\ln(R_1R_2)$$

其中 $P_{\max}$ 和 $P_{\min}$ 為下圖功率頻譜中的相對最大值和最小值；L 為共振腔長；R_1 和 R_2 為共振腔二端反射率；α_i 為內部損耗；Γ 為光學侷限因子；γ 為主動層增益。

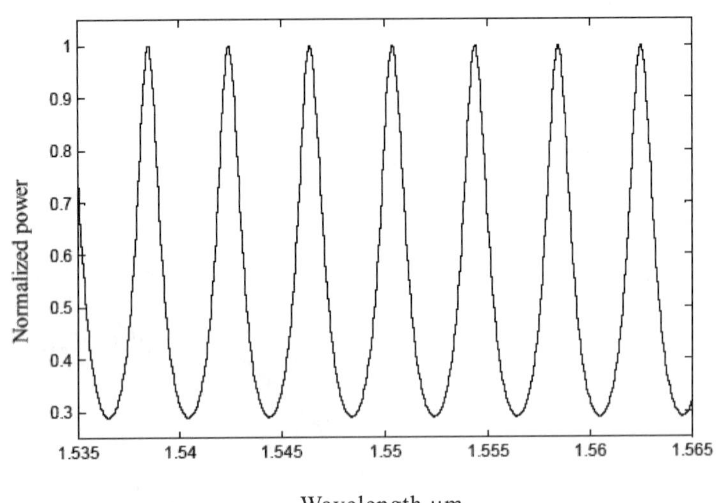

(b) 若上圖中的共振腔長為 80 μm，R_1=R_2= 0.32， α_i=25 cm^{-1}，試求 $\Gamma\gamma$ 的值。

(c) 不考慮色散效應，試由圖中的最大值位置，推導出主動層之有效折射率。

7. 若 1.3 μm 半導體雷射二端之反射分別為 R_1=90%以及 R_2=1%，共振腔長為 300 μm，內部損耗為 10 cm^{-1}。當雷射由 R_2 輸出的功率為 5 mW 時，試求每秒儲存在共振腔中的光總數目。

8. 下表為紅光 650 nm 雷射由前端鏡面量測到的結果：：

共振腔長(μm)	前端反射率	後端反射率	I_{th}(mA)	斜率效率(W/A)
300	0.32	0.85	27.7	0.89
400	0.32	0.32	36.9	0.53
500	0.5	0.5	46.1	0.46

若主動層的增益符合線性近似。

(a) 試求此雷射結構之內部損耗以及內部量子效率

(b) 若雷射共振腔長為 1000 μm，前端反射率為 0.04 而後端反射率為 0.98。當注入電流為 200 mA 時，由雷射前端輸出的功率為何？

閱讀資料

1. C. W. Wilmsen, H. Temkin, and L. A. Coldren, *Vertical-Cavity Surface-Emitting Lasers – Design, Fabrication, Characterization, and Applications*, Cambridge University Press 1999
2. T. E. Sale, *Vertical Cavity Surface Emitting Lasers*, Research Studies Press Ltd. And John Wiley & Sons Inc. 1995
3. J. Wilson and J.F.B. Hawkes, *Optoelectronics, An introduction*, 2nd ed. Prentice Hall, 1989
4. G.H.B. Thompson, *Physics of Semiconductor Laser Devices*, John Wiley & Sons, 1980
5. L. A. Coldren, and S. W. Corzine, *Diode Lasers and Photonic Integrated Circuits*, John Wiley & Sons, Inc., 1995
6. P. Bhattacharya, *Semiconductor Optoelectronic Devices*, 2nd Ed., Prentice-Hall, 1997
7. S.L. Chuang, *Physics of Optoelectronics Devices*, Wiley, 1995
8. J. Singh, *Semiconductor Optoelectronics – Physics and Technology*, McGraw-Hill, Inc., 1995
9. G. P. Agrawal, and N. K. Dutta, *Semiconductor Lasers*, 2nd Ed., Van Nostrand Reinhold, 1993
10. J. Piprek, *Semiconductor Optoelectronic Devices – Introduction to Physics and Simulation*, Academic Press, 2003

附錄 I

常用物理常數表

物理常數	符號	數值
電子電量	e 或 q	$= 1.6 \times 10^{-19}$ C
自由電子質量	m_0	$= 9.11 \times 10^{-31}$ Kg
光速	c	$= 3\times 10^{8}$ m/s
普朗克常數	h	$= 6.6261\times 10^{-34}$ J·s
波茲曼常數	k_B	$= 1.3807\times 10^{-23}$ J/K
真空中的介電常數	ε_0	$= 8.8542\times 10^{-12}$ F/m
真空中的導磁率	μ_0	$= 4\pi\times 10^{-7}$ H/m

附錄 II

常用半導體參數

物理常數	符號	Si	Ge	GaAs	InP	GaN	單位
晶格常數	a_0	5.43	5.64	5.65	5.86	3.19	Å
能隙	E_g	1.12	0.66	1.42	1.35	3.42	eV
電子有效質量	m_e^*	0.98	1.64	0.067	0.08	0.2	m_0
電洞有效質量	m_{hh}^*	0.49	0.28	0.45	0.56	0.8	m_0
電子移動率	μ_n	1500	3900	8500	4600	1500	$\mathrm{cm^2/Vs}$
電洞移動率	μ_p	450	1900	400	150	30	$\mathrm{cm^2/Vs}$
介電常數	ε_r	11.9	16.0	13.1	12.4	8.9	–

附錄 III

常用三元化合物半導體參數

$Al_xGa_{1-x}As$

物理常數	符號	表示式		單位
晶格常數	a_0	$5.6533+0.0078x$		Å
直接能隙	$E_g(\Gamma)$	$1.424+1.247x$	$(x<0.45)$	eV
間接能隙	$E_g(X)$	$1.424+1.247x+1.147(x-0.45)^2$	$(x>0.45)$	eV
電子有效質量	m_e^*	$0.067+0.083x$		m_0
電洞有效質量	m_{hh}^*	$0.45+0.31x$		m_0

$In_xGa_{1-x}As$

物理常數	符號	表示式	單位
晶格常數	a_0	$5.6533+0.40x$	Å
直接能隙	$E_g(\Gamma)$	$1.424-1.064x$	eV
電子有效質量	m_e^*	$0.067-0.045x$	m_0
電洞有效質量	m_{hh}^*	$0.45-0.05x$	m_0

附錄 IV

常用四元化合物半導體參數

$In_{1-x}Ga_xAs_yP_{1-y}$

物理常數	符號	表示式	單位
晶格常數	a_0	$5.8688-0.4176x+0.1896y+0.0125xy$	Å
能隙	E_g	$1.35+0.668x-1.068y+0.758x^2+0.078y^2-0.069xy-0.322x^2y+0.03xy^2$ (300 K)	eV
電子有效質量	m_e^*	$0.08-0.116x+0.026y-0.059xy+(0.064-0.02x)y^2+(0.06+0.032y)x^2$	m_0

索引

A

B

C

D

N

O

P

Q

R

S

T

V

W

延伸閱讀——能源與光電系統叢書

OLED：夢幻顯示器 Materials and Devices-OLED 材料與元件
OLED: Materials and Devices of Dream Displays

陳金鑫　黃孝文　著

台灣 OLED 顯示科技的發展，從零到幾乎與世界各國並駕齊驅的規模與氣勢，可說是台灣光電產業中極為亮麗的「奇蹟」，這股 OLED 的研發熱潮幾乎無人可擋，從萌芽、生根而茁壯，台灣現在已堂堂擠入世界「第一」之列。

本書可分為五個單元，分別為技術介紹、基礎知識、小分子材料、元件與面板製程等。為了達到報導最新資訊的目的，在這新版中我們加入了近二年國際資訊顯示年會（SID）及相關期刊文獻的論文，及添加了幾乎所有新興 OLED 材料與元件的進展，包括新穎材料的發明，元件構造的改良，發光效率與功率的提昇，操作壽命的增長，高生產量的製程，還有高效率白光元件（WOLED），雷射RGB轉印技術（LITI， RIST 及 LIPS）及未來的主動（AM）可撓曲式面板等。書中各章新增的參考文獻大約有一百多篇及超過 50張 新的圖表。作者都用深入淺出的教學方法、「系統化」的整理、明確的詮釋、生動的講解呈現給大家。

書號5DA1　　定價720元

光電科技與生活（附光碟）
Photoelectric Science and Life

林宸生　著

本書包含了光電科技技術之基本原理架構、發展應用及趨勢，內容採用淺顯易懂的表現方式，涵蓋了六大類光電產業範圍：「光電元件、光電顯示器、光輸出入、光儲存、光通訊、雷射及其他光電」，這些光電科技，都與我們日常生活息息相關。書中也強調一些生活中的簡易光電實驗，共分為兩大部分，分別為「一支雷射光筆可以作哪些光電實驗」與「結合電腦與光電的有趣實驗」，包含了「光的繞射觀察」、「光的散射與折射」、「光的透鏡成像與焦散」、「光的偏振」、「雷射光的直線性」、「光的干涉」、「照他的形象」、「奇妙的條紋」、「針孔相機」等相關光電科技實驗。

您將發現光電科技早已融入我們日常生活中，本書則是讓您從日常生活中去體會光電科技。

書號5D93　　定價540元

光子晶體－從蝴蝶翅膀到奈米光子學（附光碟）
Photonic Crystals

欒丕綱　陳啓昌　著

書號5D67　　定價720元

光子晶體就是人工製造的週期性介電質結構。1987年，兩位來自不同國家的科學家Eli Yablonovitch與Sajeev John不約而同地在理論上發現電磁波在週期性的介電質中的傳播模態具有頻帶結構。當某一電磁波的頻率恰巧落在光子晶體的禁制帶時，它將無法穿透光子晶體。

利用此一特性，各種反射器、波導與共振腔的設計紛紛被提出，成為有效操控電磁波行為的新手段。

光子晶體的實作是由在均勻介電質中週期性的挖洞，或是將介電質柱或介電質小球做週期性排列而成。早期的光子晶體結構較大，其工作頻率落在微波頻段。近年由於奈米製程的進步，使得工作頻率落在可見光區的各種光子晶體結構得以具體地實現，並成為奈米光學研究中最熱門的課題之一。本書詳細介紹光子晶體的理論、製作，以及應用，使讀者能從物理觀點到工程之面向都有深入的認識，為光子晶體相關課題研究（如：波導、LED、Laser等）必備之參考書籍。

光學設計達人必修的九堂課（附光碟）
DESIGN NINE COMPULSORY LESSONS OF THE PAST MASTER INF POTICS

黃忠偉　陳怡永　楊才賢　林宗彥　著

書號5DA6　　定價650元

本書主要是為了讓每一位對於光學領域有興趣的使用者，能透過圖形化介面(Graphical User Interface, GUI)的光學模擬軟體，進行一系列光學模擬設計與圖表分析。

本書主要分為三個部分：第一部份「入門範例操作說明」，經由翻譯FRED原廠（Photon Engineering LLC.）提供的Tutorial教學手冊，由淺入深幫助使用者快速掌握「軟體功能」，即使是沒有使用過光學軟體的初學者，也能輕鬆的上手；第二部份「應用實例」，內容涵蓋原廠所提供的三個案例，也是目前業界實際運用的案例，使用者可輕易的了解業界是如何應用模擬軟體來進行光學設計；第三部份「主題應用白皮書」，取材自原廠對外發佈的白皮書內容，使用者可了解FRED的最新功能及可應用的光學領域。

光電系統與應用
The Application of Electro-optical Systems

林宸生　策劃
林奇鋒　林宸生　張文陽　王永成　陳進益　李昆益　陳坤煌　李孝貽　編著

本書為教育部顧問室「半導體與光電產業先進設備人才培育計畫」之成果，包含了光電系統之基本原理、架構與發展、應用及趨勢，各章節主題條列如下：第一章太陽能與光電半導體基礎理論、第二章半導體概念與能帶、第三章光電半導體元件種類、第四章位置編碼器、第五章雷射干涉儀、第六章感測元件（光電、溫度、磁性、速度）、第七章光學影像系統元件、第八章太陽電池元件的原理與應用（矽晶太陽電池，化合物太陽電池，染料及有機太陽電池）、第九章材料科技在太陽光電的應用發展、第十章LED原理及驅動電路設計、第十一章散熱設計及電路規劃、第十二章LED照明燈具應用；各章節內容分明，清楚完整。

本書可作為大專院校專業課程教材，適用於光電、電子、電機、機械、材料、化工等理工科系之教科書，同時亦適合一般想瞭解光電知識的大眾閱讀。同時可提供企業中現職從事策略管理、或是新事業開發、業務、行銷、研究、企劃等人員作為參考，或給有興趣學習與研究的學生深入理解與認識光電科技。

書號5DF9　　定價420元

光機電產業設備系統設計

李朱育　劉建聖　利定東　洪基彬　蔡裕祥　黃衍任　王雍行　林央正　胡平浩
李炫璋　楊鈞杰　莊傳勝　林敬智　著

我國半導體光電產業經過二十餘年來的發展，已經形成完整的供應鏈體系。在這半導體光電產業鏈中，製程設備與檢測設備是最關鍵的一環。這些設備的性能，關係著生產的成本及品質。「設備本土化」將是臺灣半導體製程設備相關產業發展的重要根基。這也提醒了我們，提高產業的設備自製率、掌控關鍵技術與專利，才能有效降低生產成本，提高國家競爭力。

本書內容可分為兩部份，第一部份是由第一章至第六章所組成的基本技術原理介紹，內容包括各種光機電元件的介紹，電氣致動、氣壓致動、各式感應元件與光學影像系統的選配等。第二部份則是由第七章至第十章所組成的光機電實體機台與系統應用，內容包括雷射自動聚焦應用設備，觸控面板圖案蝕刻設備，LED燈具量測系統與積層製造設備等。

書號5F61　　定價520元

LED 原理與應用
Principles and Applications of Light-emitting Diode

郭浩中　賴芳儀　郭守義　著

書號5D91　　定價700元

在節能與環保的新世代，白光LED因省電低耗與輕薄短小又可製作為液晶顯示器背光板，LED已然成為照明領域一顆璀璨之星。現今，在光學、材料、機械與電子等學科領域，以白光LED與高亮度LED為主要發展方向，相信若LED能取代現有的照明光源會為全球能源產業帶來新一波的革命。

本書介紹發光二極體的基礎知識、原理及應用，並配合圖片清晰明瞭解說。全書共分為六個章節：第一章發光二極體發展歷史與半導體概念；第二章發光二極體的原理；第三章發光二極體磊晶技術介紹；第四章發光二極體的結構與設計；第五章發光二極體相關色度學；第六章發光二極體的應用。

本書可作為大學與技術學院光電、電子、電機、材料、機械、能源、應物與應化等系所教科書，亦可適用於業界的工程師、研發人員與管理階層學習參考，同時對LED有興趣之讀者朋友也適合閱讀。

LED 螢光粉技術
The Fundamentals, Characterizations and Applications of LED Phosphors

劉偉仁　主編／劉偉仁　姚中業　黃健豪　鍾淑茹　金風 著

書號5DH3　　定價680元

白光發光二極體（Light-Emitting Diode；white LED）具有體積小、封裝多元、熱量低、壽命長、耐震、耐衝擊、發光效率高、省電、無熱輻射、無污染問題、低電壓、易起動等多項優良特性，符合未來對照明光源的環保及節能訴求，為「綠色照明光源」中的明日之星，一般認為將會是取代熱熾燈與螢光燈的革命性光源，而螢光材料（Phosphor）在白光發光二極體中扮演相當重要的角色，本書內容主要針對LED螢光材料，包含發光原理、製備方法、LED封裝、光譜分析，乃至於近來非常熱門的螢光玻璃陶瓷技術以及量子點技術進行一系列的詳細介紹。

專為目前從事LED相關產業工程師以及大專院校LED相關技術之科普教材使用，也適合理工科系相關背景之讀者參考閱讀，期望藉由此書協助國內大專院校的學生進入LED發光材料的研究殿堂。

LED 工程師基礎概念與應用
Fundamental and Applications of LED Engineers

中華民國光電學會　編著

書號5DF2　　定價380元

節能與環保已是全人類的共識，這使得LED逐漸的在取代鎢絲燈泡及各類螢光燈，成為新照明的光源。因此LED燈源及其相關產品已成為一項新興產業，預期產業界將需要大量與LED照明相關的工程師。有鑑於此，經濟部工業局委託工研院產業學院與中華民國光電學會，擬定LED工程師能力鑑定制度，並辦理LED工程師基礎能力鑑定及LED照明工程師能力鑑定，期望我國的LED產業能領先全世界。

LED 元件與產業概況
Deevices & Introductory Industry of Light-Emitting Diode

陳隆建　編著

書號5DF6　　定價480元

現今科技進步帶動LED應用更為多元，從傳統的顯示訊號燈發展、至隨處可見的一般室內照明，路燈照明，商業工業應用照明等。以節能減碳為前提下，尋找高效率光源一直都是各國努力之目標。直到LED光源的出現，大量地取代過去發光效率較低的傳統光源，並確實運用在各式各樣的產業。LED發光效率提升，製造成本與LED燈具價格下滑，使得LED應用於照明對消費者而言不再是高不可攀的一項選擇。

本書著重於LED的製作和產業發展環境介紹，儘量避免提及艱深理論，並由LED產業概況、光電半導體元件、LED照明產品設計與應用及產品發展趨勢作通盤解析，使讀者能從中掌握產業動向。各單元文末皆附LED工程師鑑定考題，讓讀者從中順利掌握命題趨勢。

太陽能光電技術

Solar Photovoltaics Technologies

郭浩中　賴芳儀　郭守義　蔡閔安　編著

本書共分為9章，從半導體基本原理到各種不同材料之運作原理和元件結構皆涵蓋在內。第3、4章以佔據市場率最高的矽晶太陽能電池為主；第5章以效率接近矽晶而成本最低的CIGS薄膜太陽能電池為主；第6章介紹效率最高的III-V多接面太陽能電池。第章著重尚以學術界研發為主的新穎太陽能電池技術介紹。最後第8、9章則讓大家了解太陽能電池的應用及目前高科技的奈米檢測技術。

內容涵蓋範圍廣泛，適合有志從事太陽光電研發、生產和應用的工程技術人員閱讀，也可作為研究生和大學高年級學生固態照明課程的教科書或半導體物理、材料科學、照明技術和光學課程的參考書。

書號5DF4　　定價520元

LED 驅動電路設計與應用

周志敏　周紀海　紀愛華　著／戴亞翔　校訂

本書結合國內外LED技術的發展和應用情況，以LED驅動電路的設計和應用為核心內容，全面系統地闡述了LED的最新應用技術。全書共七章，分別介紹LED的發展情況、LED基本理論知識、LED驅動技術、白光LED及其驅動電路、LED集成驅動電路、LED的典型應用等。書後附錄中收集了100多幅LED典型應用電路圖，讀者可直接採用或結合實際應用特點在此基礎上進行改良，設計出自己所需要的電路。

本書題材新穎、內容豐富、通俗易懂、深入淺出，具有高參考價值，可供電信、電機、航空、汽車及家電等領域從事LED開發、設計和應用的工程技術人員和高等學院有關專業師生閱讀。

書號5DA3　　定價680元

國家圖書館出版品預行編目資料

半導體雷射導論=Introduction to semiconductor lasers／盧廷昌，王興宗著. -- 初版. -- 臺北市：五南，2008.09
面；　公分
ISBN 978-957-11-5299-8（平裝）

1.雷射光學　2.半導體

448.68　　97012960

5D92

半導體雷射導論

作　　者— 盧廷昌、王興宗
發 行 人— 楊榮川
總 經 理— 楊士清
總 編 輯— 楊秀麗
主　　編— 高至廷
責任編輯— 金明芬
封面設計— 姚孝慈
出 版 者— 五南圖書出版股份有限公司
地　　址：106台北市大安區和平東路二段339號4樓
電　　話：(02)2705-5066　傳　　真：(02)2706-6100
網　　址：https://www.wunan.com.tw
電子郵件：wunan@wunan.com.tw
劃撥帳號：01068953
戶　　名：五南圖書出版股份有限公司

法律顧問　林勝安律師事務所　林勝安律師

出版日期　2008年 8 月初版一刷
　　　　　2020年12月初版三刷

定　　價　新臺幣680元

盧廷昌